环境经济学

Environmental Economics

侯伟丽 编著

图书在版编目(CIP)数据

环境经济学/侯伟丽编著. —北京:北京大学出版社,2016.8
(21世纪经济与管理规划教材. 经济学系列)
ISBN 978-7-301-27469-9

Ⅰ. ①环… Ⅱ. ①侯… Ⅲ. ①环境经济学—高等学校—教材 Ⅳ. ①X196

中国版本图书馆CIP数据核字(2016)第205404号

书　　名	环境经济学 HUANJING JINGJIXUE
著作责任者	侯伟丽　编著
策划编辑	郝小楠
责任编辑	王　晶
标准书号	ISBN 978-7-301-27469-9
出版发行	北京大学出版社
地　　址	北京市海淀区成府路205号　100871
网　　址	http://www.pup.cn
电子信箱	em@pup.cn　　QQ:552063295
新浪微博	@北京大学出版社　@北京大学出版社经管图书
电　　话	邮购部62752015　发行部62750672　编辑部62752926
印 刷 者	北京虎彩文化传播有限公司
经 销 者	新华书店
	787毫米×1092毫米　16开本　17.25印张　388千字 2016年9月第1版　2023年4月第4次印刷
印　　数	4501—5500册
定　　价	38.00元

丛书出版前言

作为一家综合性的大学出版社，北京大学出版社始终坚持为教学科研服务，为人才培养服务。呈现在您面前的这套“21世纪经济与管理规划教材”是由我国经济与管理领域颇具影响力和潜力的专家学者编写而成，力求结合中国实际，反映当前学科发展的前沿水平。

“21世纪经济与管理规划教材”面向各高等院校经济与管理专业的本科生，不仅涵盖了经济与管理类传统课程的教材，还包括根据学科发展不断开发的新兴课程教材；在注重系统性和综合性的同时，注重与研究生教育接轨、与国际接轨，培养学生的综合素质，帮助学生打下扎实的专业基础和掌握最新的学科前沿知识，以满足高等院校培养精英人才的需要。

针对目前国内本科层次教材质量参差不齐、国外教材适用性不强的问题，本系列教材在保持相对一致的风格和体例的基础上，力求吸收国内外同类教材的优点，增加支持先进教学手段和多元化教学方法的内容，如增加课堂讨论素材以适应启发式教学，增加本土化案例及相关知识链接，在增强教材可读性的同时给学生进一步学习提供指引。

为帮助教师取得更好的教学效果，本系列教材以精品课程建设标准严格要求各教材的编写，努力配备丰富、多元的教辅材料，如电子课件、习题答案、案例分析要点等。

为了使本系列教材具有持续的生命力，我们将积极与作者沟通，争取三年左右对教材不断进行修订。无论您是教师还是学生，您在使用本系列教材的过程中，如果发现任何问题或者有任何意见或者建议，欢迎及时与我们联系（发送邮件至 em@pup.cn）。我们会将您的宝贵意见或者建议及时反馈给作者，以便修订再版时进一步完善教材内容，更好地满足教师教学和学生学习的需要。

最后，感谢所有参与编写和为我们出谋划策提供帮助的专家学者，以及广大使用本系列教材的师生，希望本系列教材能够为我国高等院校经管专业教育贡献绵薄之力。

北京大学出版社

经济与管理图书事业部

前　言

20世纪60年代以来,伴随着各类严重的环境问题的出现,世界各国先后开始探索控制污染、管理环境的政策手段,并在环境修复和污染防治领域进行了大量的投资。学者们则利用经济学的分析工具和方法论,同时借鉴其他学科的知识,对环境问题和环境政策进行研究,逐渐建立起了一门新兴学科——环境经济学。而自改革开放以来,我国经历了快速的经济增长,在这个过程中,各类污染物排放量大增,污染和生态退化等问题趋于严重化,不仅在当前威胁到国民的身体健康、造成经济损失,也损害了国家的长远利益和持续发展的基础。为了科学认识环境问题,制定经济有效的环境管制政策,我国急需培养这一领域的专业人才。在这种背景下,不少高校开设了与环境经济学相关的专业和课程,也有越来越多的学者加入到环境经济学的教学研究中来,他们翻译引进了不少国外的教材和著作,同时也自主编写了一批环境经济学教材,为推进这一学科的教学科研工作发挥了重要的作用。

环境经济学不是一门先验的学科,它是为了分析应对不断变化的环境问题而出现和发展的。我国作为处于经济和社会转型中的发展中大国,在经济快速增长的压力下,不仅环境问题更加复杂,实施环境政策的体制背景也与西方发达经济体不同,一些在发达经济体适用的很好的环境政策对解决我国的环境问题却作用有限。经过多年的教学实践,我们迫切感觉到在讲授环境经济学的基础理论之外,还需要向学生介绍这一学科在国内外的新发展,并将理论研究与中国国情结合起来,辅导学生分析中国的环境经济问题。为了完善丰富课程教学内容,我们尝试编写了本教程。与以往的教材相比,本书在内容和结构安排上有以下特点:

在内容上,本教程以平实简明的语言,较为系统地介绍了环境经济学的主要理论,并力求在三个方面有所改进:一是在介绍环境经济学基础知识之外,还介绍了相关领域的新进展和研究热点问题,有助于学生了解环境经济学的发展方向;二是基于案例分析,努力将环境经济学的基础理论与中国国情和环境管理政策相结合,有助于学生将标准的理论分析与实际的环境政策相比较,加深对环境经济问题的认识;三是结合文献,介绍了对一些热点问题进行分析研究的方法,有助于学生尝试进行本学科的科研选题和写作。

与结构安排上,本教程参考了刘传江、侯伟丽2006年版《环境经济学》教材的思路,将教材内容组织为三大块:基础知识、微观部分、宏观部分。在基础知识部分,介绍了环境经济学的基础概念、环境经济学的产生发展历程。微观部分(包括第3—8章)详细介绍了用经济学工具分析污染问题的方法和主要的污染管控政策,对庇古税、排污权交易、补贴、押金退款制等常用的削减污染的经济手段进行了比较分析。宏观部分(包括第9—14章)涵盖了影响环境质量变化的宏观因素分析、环境管制对宏观经济的影响分析、环境经济核算、跨界环境问题分析、中国环境政策、实现绿色增长的宏观经济对策等内容。通过这一部分内容的学习,有助于学生从宏观领域理解和掌握影响环境质量变化的因素以及国家的环境政策。

本书可作为经济类、地理类、环境类相关专业本科高年级学生和研究生的教材或参考书,也可作为政策研究人员的参考书。一般地,学习本课程的学生应该已完成了经济学和高等数学等基础课程的学习,为了保持内容的连贯性,本书直接应用了微观经济学和微积分的一些概念和分析方法,有需要的读者可自行补修这些知识。

本教材的编写得益于武汉大学经济与管理学院人口、资源、环境经济学专业的课程教学与讨论,其中硕士研究生郑肖南、吴亚芸、韦洁、朱静静不仅为书稿的编写工作收集了大量的资料和数据,还承担或参与了初稿的编写和校对工作。在教材的编写过程中,我们参考借鉴了大量同类教材和相关文献中的思想,在此向这些作者表示衷心的感谢。北京大学出版社的郝小楠编辑、王晶编辑不仅一直鼓励和督促本教程的编写,还在书稿的体例、结构、内容等方面提出了大量建设性的意见,本书的顺利完稿和出版离不开她们的辛勤劳动。

尽管编者对书稿进行了多次修改,但肯定还有许多不足,疏漏和纰谬之处恳请读者批评指正。

编　者

2016年8月

目　录

基础知识部分

微观分析部分

宏观分析部分

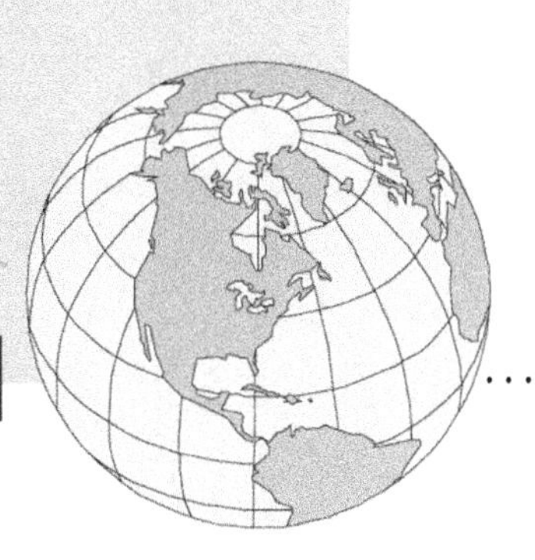

基础知识部分

第1章 导　　论

学习目标

- 了解环境对人类的主要功能
- 掌握不同经济发展时期环境系统和经济系统的关系特点
- 了解环境问题的主要分类及含义

环境围绕在人类的周围,既是人类生活活动的基础,也受到人类影响而发生变化。这些变化有些是有益的,有些却是有害的,会对人类造成负面的影响。人类自有历史以来,就在与环境的互动里发展进化。近代以来,人类的生产力和影响改造环境的能力大大增强,导致从地方性到全球性的各类环境问题渐渐严重起来,引起世人的关注。

1.1　环境及其功能

环境,是影响人类生存和发展的各种天然的和经过人工改造的自然因素的总体,包括大气、水、海洋、土地、矿藏、森林、草原、湿地、野生生物、自然遗迹、人文遗迹、自然保护区、风景名胜区、城市和乡村等。经济学中把这些环境因素视作能提供服务、增加人们福利水平的资本,并将这种资本与物质资本、人力资本及社会资本并列,称为自然资本(natural capital)。

环境可为人类提供许多不可或缺的服务:

① 环境是人类不可缺少的生命支持系统。在人类已知的范围内,地球是宇宙中唯一有生命的星球。自然环境精巧复杂,各种成分相互作用,形成具有一定稳定性的动态平衡。它的大气层有效地防止各种有害的宇宙影响,大气运动产生气候变化,江河湖海滋养万物,树木草地形成并保护了土壤,亿万物种组成庞大的基因库,使生命进化繁衍、生生不息。至今人们尚不能完全了解环境中各因素间复杂的相互作用关系,也无法复制自然环境系统。因此不能准确评估人类对环境的干扰和破坏产生的后果。

美国曾进行过代号为“生物圈2号”的实验,研究人类是否可以在密封的人工生态系统中长期生活。实验者建造了一个钢架玻璃密封体,占地13 000多平方米,里面精心设计布置有森林、草原、农田等多种生态系统,按计划这个生态系统能保持生态平衡。1993年,8名科学家进入其中,他们原计划在这个密封体内生活两年。但一年多后,由于食物不足和氧气含量下降,实验人员被迫提前撤出,“生物圈2号”实验宣告失败。这次实验失败表明人类尚不能脱离地球环境长久生存。

② 环境为人类的生活和生产提供物质基础,是人类的资源库。人们衣食住行的各种原料无一不取自于环境,人们所有的经济活动都以来自环境的初始产品为原料或能量。

其中原料经过生产过程转化为消费品，而能量为生产过程提供动力。经过生产和消费后，这些原料和能量以废弃物的形式返回到环境中去（图1-1）。统计数据显示，我国2013年消耗能源37.5亿吨标准煤，用水6 183亿立方米。没有这些能源和自然资源的投入，经济活动是无法进行的。

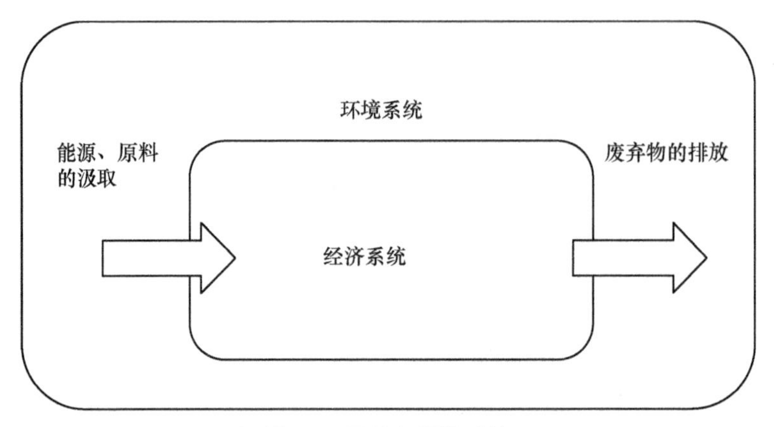

图1-1　环境与经济系统

③ 环境为人类提供废物消耗场所，即所谓的污染沉库（sinks）服务。人们的生产和消费活动会产生一些副产品，有些副产品不能被利用，成为废物排入环境。环境通过各种物理、化学、生物反应，容纳、稀释、分解、转化这些废弃物，使之重新进入生态系统的物质循环当中。环境具有的这种能力称为环境的自净能力，也称为环境容量（environmental capacity）。如果环境没有这种自净能力，整个自然界将充斥废弃物。

环境的自净能力是有限的。这种有限性表现在两个方面：一是环境不能分解转化所有的物质，如有些人工合成的物质（塑料、有毒化学品等）无法在环境中自行降解，会积累在环境中，产生污染；二是环境对废物的分解转化是要花费一定时间的。如果短时间内排入环境的可降解废物过多，废物不能及时得到净化，也会积累在环境中，产生污染。2012年，我国工业废水和生活污水的排放总量为684.76亿吨，工业废气排放量635 519亿立方米，产生的工业固体废弃物贮存的有60 633万吨，处置的有71 443万吨，还有144.2万吨直接倾倒丢弃到环境中去。这些排放的废弃物一部分可在环境中分解，其余则会在环境中留存累积起来，形成污染。

④ 环境为人类提供美学和精神上的享受，为人类的艺术创作提供灵感。同时，良好的环境有利于人的身体健康，有助于提高工作效率。

总之，从经济学意义上看，环境既可作为投入品为人类的生产提供服务，又可作为消费品直接供人消费。Costanza等人曾对全球生态系统服务与自然资本的经济价值进行了不完全估算（不包括不可再生燃料与矿物的价值，也不包括大气层本身的价值），认为全球生态系统的价值约为16万亿—54万亿美元，平均为33万亿美元，相当于当年全球GNP的1.8倍。①

① Robert Costanza, et al. The value of the world's ecosystem services and natural capital[J]. Nature, 1997, 387: 253—260.

由于环境要素和自然资源间的重叠，人们对“环境”和“自然资源”的概念有不同认识。有的人认为自然资源是环境的一部分，是环境为人类提供的一种服务功能；有的人认为环境是自然资源的一部分，可称为“环境资源”。这里我们将“自然资源”和“环境”作为两个概念理解：“自然资源”为人类提供有形的生产对象，为生活和生产提供物质基础；“环境”提供生命支持、废物吸纳、美学等功能。

如果把环境定义为地球，则它除了从太阳获得太阳能外，基本上是一个封闭系统。一个封闭系统是指不与外界有输入输出关系的系统。这样的系统符合热力学的两个定律。

热力学第一定律：能源与物质既不能被创造也不能被消灭，从环境中注入经济系统中的原料或者积累在经济系统中，或者以废弃物的形式返回环境中，其总量是守恒的（第4章将对这一问题进行更详细的讨论）。

热力学第二定律：在能源转换的过程中，没有一个转换是完全有效率的，总有一部分能源变成了不能再做功的“废能”，能源的消费是一个不可逆的过程。对地球来说，太阳能的流量决定了可以持续利用的能量的上限，一旦能量储备（化石能源）被用光，可做有用功的能量由太阳能可被储存的数量决定。

1.2 环境与经济的关系

在人类历史发展过程中，环境—经济关系的演进受许多因素的影响，其中主要的有：经济规模、技术进步、经济结构、区域联系、社会结构、人们对环境的认识和政策等。

人类文明在地球上出现以来，人类经济系统的规模不断扩大，相应地从环境中汲取的自然资源增加、向环境中排放的各类废弃物也增加，使得人类对环境的影响加大。

伴随经济发展的技术进步会对环境—经济关系产生影响。一些技术会加大对自然资源的开发强度、产生新的污染物，对环境有负面影响。如电锯的发明大大提高了伐木业的劳动生产率，但也使人对森林的破坏力相应增加了；各种人造杀虫剂的发明有助于提高种植业的产出，但许多人造杀虫剂在生态系统中不可降解，对食物链中的各级生物产生毒性。一些技术会减轻经济活动的物质强度、减少污染危害、降低污染削减的成本、促进污染削减，对环境的影响是正面的。如激光印刷技术的发明使印刷业从“铅与火”走进“光与电”，大大减少了生产过程中产生的废弃物、降低了工人的健康风险。煤炭脱硫技术的发明和应用可以大大减少 SO_x 的排放，在预防酸雨的发生上起着重要的作用。

伴随经济发展的经济结构变化也会对环境—经济关系产生重要影响。在经济发展的初期，以种植业为主的第一产业是经济的主导产业，社会生产力水平较低。此时人类对自然资源的开发能力低，相应地，对环境的影响也比较小。在经济发展的中期，工业化进程加快，以工业为主的第二产业成为经济的主导产业。此时人类对自然资源的开发能力大大加强，大量的物质和能量进入经济系统，相应地，大量的污染物被排放到环境中，生态系统的稳定性受到威胁。在经济发展的高级阶段，以服务业为主的第三产业替代第二产业成为经济的主导产业。此时经济活动的物质强度①降低，相应地，源于生产活动的污染降低，生产活动带来的环境压力变小，但消费活动产生的污染物数量仍较大。综合来看，环境压力的变化方向不确定。

经济发展带来的市场扩大和经济往来会加强不同区域间的联系，使一个地区的环境质量不仅受到本地经济活动的影响，也受其他地区经济活动的影响。特别是在经济全球化过程中，环境压力可能在世界范围内转移，一个地区环境压力的减少可能是以位于地球另一侧的其他地区的环境压力加大为代价实现的。

经济发展带来的社会结构变化、城乡结构变化也会影响环境—经济关系。经济活动和人口在城市集聚，一方面有助于产生污染治理的规模效应，方便各类污染物的集中处理，使农业地区的环境压力减轻。但另一方面，高度集聚的经济活动和人口会消耗大量的资源、排放大量的废弃物、加大城市本身的环境压力。在城市化过程中，伴随人均收入水平的提高，人们的消费模式也会发生变化，使人均物质消费量和能源消费量增长。这些因素都使城市的环境压力增加、环境—经济关系趋于紧张。

人们对环境的关注增加会促进各种环境政策和环境标准出台、环境投入增加，有利于环境损害的修复和环境保护，缓和环境—经济冲突。

按时间顺序，人类经济的主导产业演变有一定的规律性，可以依此将经济发展的历史时期划为农业经济时期、工业经济时期和服务业经济时期，各时期环境—经济的关系呈现出不同的特点。

1.2.1 农业经济时期的环境—经济关系

在农耕文明出现以前的漫长历史时期里，世界人口规模小，增长缓慢，人类是自然生态系统的一部分，通过采集和狩猎获取生存资料。人类的生产力水平低下并且发展缓慢，人类改造环境的能力小，环境对人类的制约作用较强，人与环境的关系是一种恐惧和依赖的关系。

大约在公元前10000年左右，几大文明发源地的人类陆续开始了农业耕作和动物驯养，经过长时期的过渡后进入农业经济时期。

与采集和狩猎时期相比，农业经济时期有以下特征：

① 农业生产技术进步，对自然的改造力度加大；

② 人口增长加快，人口规模扩张；

③ 出现了新的人类聚居区——城市。根据现有考古资料，大约公元前3500年左右，在一些土地肥沃、运输方便、农业生产效率较高、人口密度较大的地区，例如两河流域的冲积平原地带、黄河流域、尼罗河流域和印度河流域，都出现了原始城市。

在农业经济时期，人类生产力水平有所提高，开始大规模地改造自然，开发利用土地、水、气候等资源，人类对自然的依附性大大减弱。耕作和灌溉技术得到发展，支持了人口的快速增长。同时人们的需求超越了基本生活必需品范围，呈现出多样性特征。为了满足人类不断增长的需求，越来越多的土地被开垦为耕地，森林被砍伐用于建筑和

---

① 指单位产值消耗的物质的量。

薪材。

农业文明对生态环境有天然的依赖性,气候和土地条件是决定经济社会发展的基础性因素。生态环境良好的地区往往人口众多,社会发展进化快,文明程度较高。不仅如此,生态环境还影响着许多国家的政权形式及其重要的行政职能。例如,"气候和土地条件,特别是从撒哈拉经过阿拉伯、波斯、印度和鞑靼地区直至最高的亚洲高原的一片广大的沙漠地带,使利用渠道和水利工程的人工江津设施成了东方农业的基础,……因此亚洲的一切政府都不能不执行一种经济职能,即举办公共工程的职能。这种用人工方法提高土地肥沃程度的设施靠中央政府办理,中央政府如果忽略灌溉或排水,这种设施立刻就荒废下去,这就可以说明一件否则无法解释的事实,即大片先前耕种得很好的地区现在都荒芜不毛,例如巴尔米拉、彼特拉、也门废墟以及埃及、波斯和印度斯坦的广大地区就是这样。同时这也可以说明为什么一次性的战争就能够使一个国家在几百年内人烟萧条"①。

这一时期的主要环境问题是人口增长压力下的生态破坏,如森林砍伐、过度放牧、过度开垦引起水土流失、土壤盐碱化、荒漠化等。这些问题在人类早期文明的发源地中东、北非、南欧和我国黄河中下游地区比较常见。随着森林被砍伐、土壤被侵蚀、地貌被破坏,粮食产量下降,一些村落和城市走向毁灭,有时甚至导致文明消亡的悲剧。典型的例子是古代经济发达的美索不达米亚地区,由于过度砍伐失去了森林,因而失去了积聚和贮存水分的中心,使山泉在一年中的大部分时间内枯竭了,而在雨季又使凶猛的洪水倾泻到平原上,加上不合理的开垦和灌溉,这一地区后来变成了荒芜不毛之地。中国的黄河中下游地区曾经森林广布、土地肥沃,是文明的发源地,而西汉和东汉时期的大规模开垦,虽然促进了当时的农业发展,可是由于森林骤减,水源得不到涵养,造成水土流失严重、地表沟壑纵横、土地日益贫瘠、水旱灾害频繁的环境后果,给后代造成了不可弥补的损失。明清后,在人口增长压力下,长江流域的耕地面积不断扩大,从平地向沼泽湿地、低山、中山、高山地区不断拓展,结果使华南地区湖泊不断萎缩、林地面积逐渐减少,出现"山尽开垦、物无所藏"的情况。自然环境"渐失丰饶",区域性或流域性的旱涝灾害也增加了。

农业经济时期各地的生态破坏反过来会危害到当地的生产生活。因此,恩格斯警告说:"我们不要过分陶醉于我们对自然界的胜利,对于每一次这样的胜利,自然界都报复了我们。"②

除了生态破坏,农业经济时期在人口聚集的城市也出现了污染问题。生活污水和垃圾使许多城市的环境受到破坏。据历史资料记载,古罗马时期的罗马城和南宋时期作为都城的杭州城就有比较严重的生活污水和垃圾污染问题。

不过,总的说来,在农业经济时期人类活动对环境的影响还是局部的,环境—经济虽然有矛盾,但没有达到影响整个生物圈的程度。

如今,仍有一些欠发达国家和地区的经济结构以农牧业为主。这些地区的生态环境

---

① 马克思恩格斯选集(第二卷)[M].北京:人民出版社,1972:64.

② 马克思恩格斯选集(第三卷)[M].北京:人民出版社,1972:516.

普遍较脆弱、生产力水平相对低下,但人口压力不断增大。为了获得食物,有的地区耕种山坡地、滥伐森林、过度放牧,结果破坏了地表植被。为了获得燃料,有的地区将作物的秸秆和动物粪便转用作燃料,减少了土壤有机质的积累,结果引起了土壤退化。许多地区的人口压力超过当地的环境承载能力,导致生态系统退化、自然灾害频繁发生,使这些地区的人口生存更加困难,进一步贫困化,形成"贫困—生态破坏—更加贫困"的恶性循环。而且,在贫困和环境恶化的压力下,分配日益短缺的自然资源也更易引起社会紧张和冲突。

1.2.2 工业经济时期的环境—经济关系

18 世纪中后期,工业革命在英国首先发生,19 世纪迅速蔓延到西欧和北美地区,20 世纪更是进一步扩展到世界其他地方。如今,世界上绝大多数国家的主导经济产业已由农业转变为非农业,实现了从农业经济向工业经济的转型。

与农业经济时期相比,工业经济时期有以下主要特征:

① 能源基础的转变。工业革命可以看作是人类从依赖可再生的、有生命的能源转向大规模地依赖不可再生的、无生命的能源的过程。煤炭、石油、天然气提供了人类活动的大部分能源。这些能源来自远古时代的生物,经过了数百万年的储藏和累积,成为"储藏起来的阳光",它们在短时期内是不可再生的(表 1-1)。

表 1-1 1860—1970 年世界无生命能源的产量增长情况

年份	煤(百万吨)	褐煤(百万吨)	石油(百万吨)	压凝汽油(百万吨)	天然气(10 亿 m^3)	水力(百万兆瓦时)
1860	132	6	—	—	—	6
1870	204	12	1	—	—	8
1880	314	23	4	—	—	11
1890	475	39	11	—	3.8	13
1900	701	72	21	—	7.1	16
1910	1 057	108	45	—	15.3	34
1920	1 193	158	99	1.2	24.0	64
1930	1 217	197	197	6.5	54.2	128
1940	1 363	319	292	6.9	81.8	193
1950	1 454	361	523	13.6	197.0	332
1960	1 809	874	1 073	469.0	689.0	
1970	1 808	793	2 334	1 070.0	1 144.0	

资料来源:卡洛·M. 齐波拉. 世界人口经济史[M]. 北京:商务印书馆,1993:38.

② 爆发性的技术进步。工业革命提高了人类社会的生产力,使人类以空前的规模和速度开采消耗能源和其他自然资源,对环境的影响范围和程度都加大了。

③ 世界各地的经济逐渐联系到一起。在工业经济时期,经济规模不断扩大,全球各地的资源被广泛开发投入到生产系统中去,而全球也成为产品的市场。工业"所加工的,已经不是本地的原料,而是来自极其遥远的地区的原料,它们的产品不仅供本国消费,而

且同时供世界各地消费”[①]。代表性的例子是工业革命的发源地英国,英国在工业经济时期曾号称“日不落帝国”,它将全球作为其生产资料的供应地和产品市场:“北美和俄罗斯的平原是我们的玉米田,芝加哥和敖德萨是我们的谷仓,加拿大和波罗的海地区是我们的森林,澳大利亚相当于我们的牧场,而我们的牛群在南美……中国人为我们种植茶叶,而我们的咖啡、糖和香料种植园全在印度。西班牙是我们的葡萄园,地中海是我们的果园。”[②]经济规模加速扩大的结果是其对生态系统的压力也前所未有地加大了。

④ 人口增长速度加快,城市化[③]进程加速。自中世纪以来,世界人口增加了1倍以上,经济规模扩大了5倍。而从1950年以来,人类对粮食的需求几乎扩大了3倍,对海产品食物的消费已经提高了4倍多,对水的需要量已提高到原来用水量的3倍,对薪柴的需求量也扩大了3倍,对木材的需求量扩大了2倍多,纸张的需求量扩大了6倍,燃料的需求量扩大了几乎4倍。[④] 工业革命使机器大生产取代了手工生产,而工业生产的集中促进了城市的增加和扩张。进入19世纪以后,发达国家的城市化进程明显加快,村镇向城镇发展,小城镇向城市发展,城市人口迅速增长。1800年,全世界城市人口比重只有3%,到1975年,地球上约三分之一的人口生活在城市,2000年,已有50%的人生活在城市里。人口和工业高度聚集在城市地区的环境后果是城市周围出现日益严重的水污染和垃圾污染。

⑤ 全球性生态损害。由于自然资源的消耗量和各种有毒废弃物的排放量大增,人类对地球生态系统的影响前所未有地增加了,使全球生态系统的稳定和安全受到威胁。

总之,工业革命以来的经济增长和社会发展大大提高了人们的生活水平和生活质量,但带来这些进步的许多产品和技术具有较高的原料和能源消耗率,造成了大量的污染。在局部地区,环境污染严重威胁人们的健康,甚至演变成社会公害;在全球范围,温室效应和臭氧层被破坏、生物多样性减少等问题使生态系统的稳定性受到威胁,以至危及人类的生存。

经济和环境之间的矛盾之所以在工业经济时期迅速激化,与工业社会的生产方式和生活方式有直接的关系。

① 工业社会是建立在大量消耗能源,尤其是化石燃料基础上的。随着工业的发展,能源消耗量急剧增加,由此带来的污染问题也随之凸显出来,气候变化、酸雨、雾霾的形成都与此有关。

② 工业产品的原料构成主要是自然资源,特别是矿产资源。工业规模的扩大伴随采矿量的直线上升,大规模的矿产开采会引起一系列环境问题,例如破坏植被和地表地貌、引起地面塌陷沉降、排放有毒物质等。自然资源经加工使用废弃后排放到环境中去,是各类污染物的重要来源。

③ 工业化和城市化。工业化通常被定义为工业(特别是其中的制造业)或第二产业产值(或收入)在国民生产总值(或国民收入)中比重不断上升的过程,以及工业就业人

① 马克思恩格斯选集(第一卷)[M]. 北京: 人民出版社, 1972:254—255.
② 〔美〕加勒特・哈丁. 生活在极限之内[M]. 上海: 上海译文出版社, 2007:179.
③ 城市化是农村人口向城市转移,及与此相应的城市数量增加、城市规模扩大的过程。
④ 世界观察研究所. 世界环境报告[M]. 济南:山东人民出版社, 1999: 2.

数在总就业人数中比重不断上升的过程。工业化是经济增长的核心,一国要实现现代化和经济增长,必须经历工业化的阶段。工业与第一产业和第三产业相比,对自然资源的开发强度明显较高,排放到环境中去的废弃物的数量和种类也大大增加。工业污染会给人体健康和经济活动带来严重危害,由于多数工业布局在人口集中的城市,使其造成的损害更严重。

城市化一方面会推动经济、文化、教育、科技和社会的发展,把人类社会的物质文明和精神文明推向新的阶段;另一方面,由于城市人口、工业、建筑的高度集中,也会带来用地紧张、交通拥挤、住房短缺、城市垃圾收集与处理、城市供水与排污、住宅和交通设施建设滞后等与环境有关的问题。

④ 环境问题与工业社会的生活方式,尤其是消费方式有直接的关系。在工业社会,人们不再仅仅满足于生理上的基本需要——温饱,更多的消费、更高层次的享受成为工业社会发展的动力,这刺激了经济规模的扩张,也加快了自然资源的开发、加大了废弃物的产生。

⑤ 在工业经济时期,特别是工业经济的发展初期,人们对环境问题缺乏科学认识,在生产生活过程中常忽视它们的产生和存在,结果导致问题越来越严重。当环境问题发展到相当严重引起人们重视时,也常常由于技术能力不足而无法解决。

1.2.3 后工业经济时期的环境—经济关系

20 世纪 70 年代后,发达经济体逐渐从以工业为主体转变为以服务业为主体的经济,被称为后工业经济(post industrial economy)。由于产业结构向非物质化方向发展,技术进步使单位产出的资源消耗和污染排放下降,经济活动带来的环境压力减轻。与工业经济时期相比,后工业经济时期的特征主要有:

① 随着信息技术的发展,第三产业取代第二产业成为经济的主导产业,产业结构向污染减轻的方向转变。

② 经济体中有人数较多的中产阶级,这部分人生活较为富裕,接受过良好教育,有较强的环境保护意识。以中产阶级为主体形成了各类环境组织,它们有强大的活动能力,能对政策、法律和政府行为发挥较大的影响力。

③ 随着人们环境保护意识的加强,绿色消费市场逐渐兴起,企业为了在市场中保持竞争力,变得更愿意在环境保护方面采取较为合作的态度。

④ 处于后工业经济时期的经济体蓄积了大量的财富,有能力对环境作可观的投入,使地区性环境问题得到解决。例如美国每年用于水污染和空气污染治理的费用都超过 1 500 亿美元,这些投入对于保持其国内良好的环境质量起着极其重要的作用。

⑤ 各类技术进步,其中包括节约能源、原材料的技术和污染防治技术的进步大都发生在处于后工业经济时期的发达经济体,它们拥有的科技实力使其在面对环境问题时在技术上有较为广阔的选择回旋余地。

因此,在处于后工业经济时期的经济体中,环境和经济的矛盾趋于缓和。20 世纪 70 年代以来,各发达经济体先后治理了国内的水污染和空气污染,生态环境都有所改善。

但是在后工业经济时期仍然存在环境—经济矛盾,这种矛盾源于富裕社会的浪费性消费。在全球经济普遍联系的情况下,这种消费模式不但对本国而且对全世界的环境造成巨大的压力。

在增长理论里,增长是由需求拉动的。需求包括消费需求和投资需求,而投资需求最终也要求消费需求的支撑。在国内需求不足的情况下,国外需求(出口)的扩大可以填补需求缺口。因此可以说消费需求的增加是国民经济增长的源泉。在这样的思想指导下,经济学者将人们的消费信心和消费指数作为经济景气的晴雨表:如果人们的消费信心增加,人们将利用自己的收入或透支未来收入购买更多的物品和服务,商家的产品能顺利地销售出去,在利润的驱动下,投资需求也将加大,就业规模将扩大,经济处于景气时期。反之,如果人们的消费信心下降,商家的产品将滞销,亏损会扩大,投资需求也将减少,失业规模将扩大,经济处于衰退时期。在发达经济体内,工业化创造出了巨大的财富。但如果人们对衣、食、住、行等自然需要感到满足,大规模生产的产品将会卖不出去。此时,推行大量消费成为经济继续增长的必然选择。制造商们制作了大量广告鼓动人们消费更多物品,消费作为一种生活理念渗透到社会价值之中。维持发达经济的高消费要求大量的物质支持。同时,由于商品不断更新换代,许多消费品使用不久就被淘汰,又会带来严重的废弃物处理问题。发达经济体的浪费性消费不仅损害本国的环境,还对其他国家的环境和自然资源造成威胁。在一体化的全球经济链条中,发展中国家处于生产链条的末端,在增长的压力下,许多发展中国家走上以环境换投资的道路,因此其环境往往受到更多损害。

1.3 环境问题的分类

尽管环境问题不都是人类引起的,也不是现在才有的,但是在近代以来变得严重,深刻影响了生态系统和人类自身,引起了人们越来越多的关注。根据研究的需要,可以用多种标准对环境问题进行分类:

按引起环境损害的原因,可分为自然原因引起的环境问题和人为原因引起的环境问题。比如火山喷发引起的空气污染是自然原因引起的,而汽车尾气引起的空气污染是人为原因引起的。我们研究的对象是后者。

按对生态系统的扰动性质可分为污染和生态破坏两种。各种有毒物质进入空气、水体、土壤,对人类和其他动植物的健康和生存造成危害,是污染;而由于破坏了生态系统的结构,使系统变得不稳定甚至崩溃,是生态破坏,如森林砍伐造成水土流失和荒漠化。

按环境损害发生的范围可分为地方性问题、地区性问题和全球性问题。在一个行政区划内的水污染、汽车尾气污染等属于地方性问题;而跨多个行政区划的水土流失、酸雨等属于地区性问题;气候变化、生物多样性减少的影响范围涉及整个地球生态系统,属于全球性问题。

随着生产力水平的提高,人类对环境的影响能力不断增强,越来越深刻地改变着环境。研究者们开发出许多指标来衡量这种影响力,其中最常用的是生态足迹(ecological footprint)。

生态足迹

生态足迹指要维持一个人、地区、国家的生存所需要的或者指能够容纳人类所排放的废物的、具有生物生产力的地域面积(biological productive land)。例如,一个人的粮食消费量可以转换为生产这些粮食所需要的耕地面积,他所排放的 CO_2 总量可以转换成吸收这些 CO_2 所需要的森林、草地或农田的面积。因此人们对生态环境的影响可以被形象地理解成一只负载着人类和人类所创造的城市、工厂、铁路、农田等的巨脚踏在地球上留下的脚印大小。生态足迹的值越高,表示人类对生态的破坏就越严重。通过生态足迹可以将每个人消耗的资源折合为全球统一的、具有生产力的地域面积,用来评估人类对生态系统的影响。通过计算,区域生态足迹总供给与总需求之间的差值如果为负值,记作生态赤字,如果为正值,记作生态盈余,可以反映不同区域对于全球生态环境现状的贡献。

最早提出生态足迹概念的是 Rees(1992)①,Wackernagel(1994)提出了生态足迹的计算方法②,此后,不同的研究者提出了自己的计算方法。虽然这些方法间有一定的差别,但主要思路大同小异。一般地,生态足迹的计算是先将各种资源和能源消费项目折算为耕地、草场、林地、建筑用地、化石能源土地和海洋(水域)等 6 种生物生产面积类型,再通过均衡因子将不同类型的生产面积换算成具有相同生态生产力的面积,并进行加总得到生态足迹。

生态足迹分析具有广泛的应用范围,既可以计算个人、家庭、城市、地区、国家乃至整个世界的生态足迹,也可以对它们的足迹进行纵向的、横向的比较分析。图 1-2 显示的是 1961—2008 年间的全球人均生态足迹和生物承载力的变化,人均生物承载力的下降主要源自人口增长,从图中可以看出,从 20 世纪 70 年代以来,全球的人均生态足迹就超过了人均生物承载力。③

世界自然基金会(WWF)的研究认为各地区的生态足迹与生物承载力的对比存在明显差异:欧洲(非欧盟国家)、拉美加勒比地区和非洲的生态足迹小于其生物承载力,有生态盈余;而其他地区则相反,存在生态赤字(图 1-3)。总体上看,人类的生态足迹目前超过地球承载力约 30%,按目前的增长趋势,到 2030 年需要 2 个地球才能支持人类的活动。由于 15% 的全球人口消耗了 50% 的资源,生态足迹在整体上加大的同时,各地区和人群的生态足迹也是不同的。如果所有的人都达到英国的生活水平,人类需要 3 个地球,而要达到北美的生活水平,则需要 5 个地球。

---

① Rees, W. E. Ecological footprints and appropriated carrying capacity: what urban economics leaves out[J]. Environment and Urbanisation, 1992, 4(2): 121—130.

② Wackernagel, M. Ecological footprint and appropriated carrying capacity: a tool for planning toward sustainability[D]. Vancouver, Canada: School of Community and Regional Planning. The University of British Columbia, 1994. OCLC 41839429.

③ 生态足迹和生物承载力的单位是"全球公顷"(global hectares, gha),1 gha 代表按全球平均生物生产力计算的 1 公顷的土地。

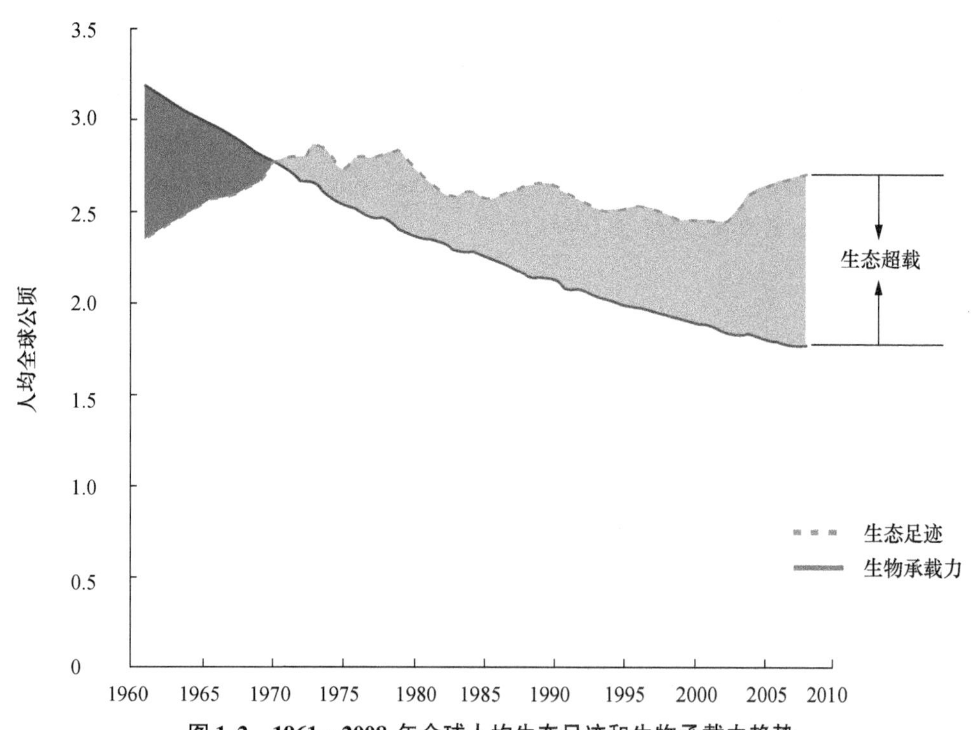

图1-2 1961—2008年全球人均生态足迹和生物承载力趋势

资料来源：Global Footprint Network(2011)。①

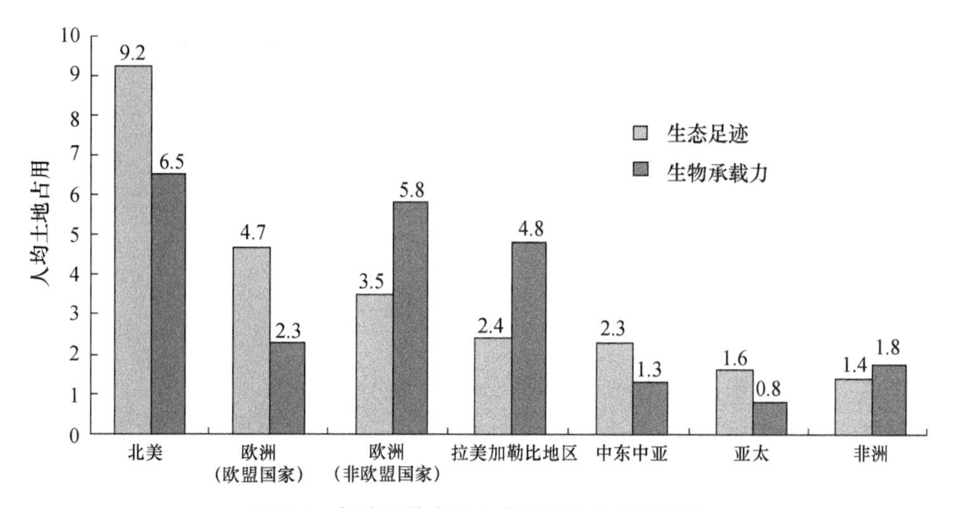

图1-3 各地区的人均生态足迹和生物承载力

资料来源：WWF(2008)。

近30年来，中国的人均生态足迹明显上升，2008年中国的人均生态足迹是2.1 gha，比全球平均生态足迹2.7 gha低，但比全球平均生物承载力1.8 gha高。由于中国庞大的

① 转引自WWF. China ecological footprint report 2012. http://d2ouvy59p0dg6k.cloudfront.net/downloads/china_ecological_footprint_report_2012_small.pdf

人口基数,中国的总生态足迹是29亿gha,在世界各国中占第一位。与中国相比,美国人均水平是7.2 gha,总量为22亿gha,占世界第6位。

纵向来看,尽管中国的人口在世界总人口中的比重趋于下降,生物承载力在全球生态系统生产能力中的比重保持稳定,但由于人均消费水平的上升,中国总的生态足迹在全球生态足迹中所占的比重趋于提高,特别是自2000年以来,中国的生态足迹在全球生态足迹中所占的比重明显上升(图1-4)。

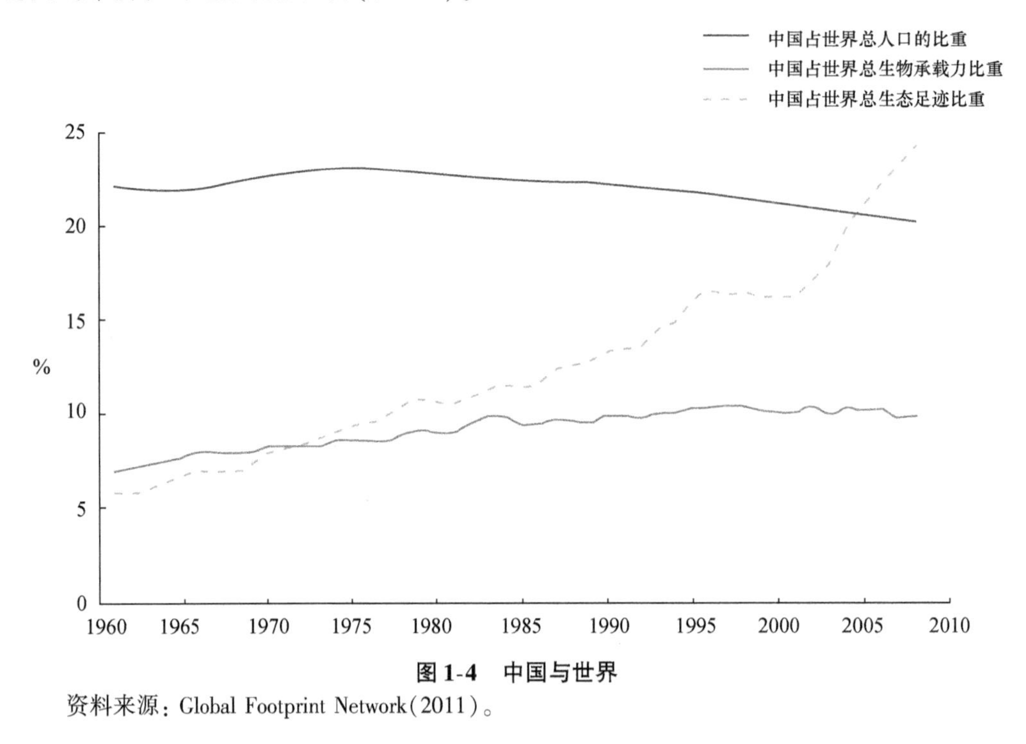

图1-4　中国与世界

资料来源:Global Footprint Network(2011)。

1.4　本书的结构

本书由三个部分组成:基础知识、微观分析、宏观分析。

基础知识部分包括第1—2章。内容是介绍环境经济学的基础概念、环境经济学的产生发展历程。

微观分析部分包括第3—8章。这一部分主要沿着对污染问题的产生根源—分析方法—应对政策的思路展开。具体来说:

第3章学习引起环境问题的几种主要的市场失灵现象:外部性、公共物品、不确定性和人类的短视。其中外部性是造成污染的主要原因,后面几章对污染问题的分析都是围绕将外部性内部化展开的。

第4章介绍分析污染的两种思路:一个是用经济学的静态局部均衡的方法分析污染。通过学习,学生应了解到为什么人们既不是要随心所欲地排放污染,也不是要将污染全部清除干净,最优的方案是保留一定数量的污染。二是用物理学的物质平衡的方法分析污染。通过学习,学生应了解到污染的产生有其物质背景,以此为逻辑分析起点,理解为什么要进行清洁生产、发展生态工业、建设循环经济。

第5章学习对环境影响进行经济评估的理论和方法。要将环境问题纳入经济学分析,与其他物品和服务进行比较,必须将其货币化,从而与其他经济物品统一成一致的计量单位。但是大量的环境质量变化没有现成的市场价格,因此,需要开发替代方法对环境质量变化进行评估。在本章,学生可以了解到衡量环境质量变化对福利影响的主要方法,学习评估环境质量变化价值的实用性手段,并认识到这些评估手段的适用性和局限性。

第6章介绍削减工业污染的主要政策手段:命令—控制手段和经济手段,其中经济手段学习几种最常见的手段:庇古税、补贴、排污权交易、押金—退款制。这些政策手段各有其适用性。通过本章学习,学生应掌握这些政策手段的运行原理和适用范围,辩证地认识现实中的各种污染削减手段的优缺点。

第7章介绍削减非点源污染的主要政策手段。农业污染、城市生活污染和交通污染的污染源不同于工业污染源,它们单个污染小,布局分散,有的还处于运动中,难以测算监控每个污染源的排放量,因此,削减工业污染的政策手段对这类污染往往不起作用,需要开发其他的政策手段。本章将非点源污染分为面源污染和流动污染两大类,分别介绍这两类污染的特点和常用的削减手段。

削减污染、保护环境不能单靠政府的力量,实际上,公众、市场和企业自身都可能成为积极力量。本书第8章就讨论了这几种积极力量。通过本章的学习,学生可以认识到支持环境保护和污染削减的支柱是多方面的。

宏观分析部分包括第9—14章。这一部分主要沿着影响环境质量变化的宏观因素—环境管制对宏观经济的影响—环境经济核算—跨界环境问题分析—中国环境政策—实现绿色增长的对策的思路展开。具体来说:

第9章介绍人口增长、经济增长、全球化等三个影响环境质量变化的宏观因素。在此基础上讨论增长的极限问题。通过本章的学习,学生能认识到污染等环境问题不仅来源于外部性等市场失灵,它们是与人类的经济活动紧密联系在一起的,从而使学生能从宏观层面认识环境问题的产生并理解“增长的极限”问题。

第10章学习环境管制对经济增长、贸易和投资、企业竞争力等的影响,并学习将环境因素纳入投入—产出表进行分析的方法。通过本章的学习,学生可以掌握分析环境管制的经济影响的思路,了解以往研究者的主要结论,并学习到相应的进行实证分析的方法。

第11章学习环境经济核算方法。传统的国民经济核算体系没能将自然资源损耗和环境破坏损失纳入统计范围,指标不能反映自然资本的变化,因此许多机构和研究者尝试开发新的核算方法,其中应用最多的是SEEA核算体系。通过本章的学习,学生能掌握SEEA的核算框架,并了解中国进行环境经济核算的尝试历程和主要思路。

许多环境问题的影响不局限于一个行政区域之内,而是成为跨界环境问题,有些跨界环境问题的影响甚至是全球性的。第12章分析了这类环境问题的形成原因和解决方案，其中重点介绍气候变化问题的国际谈判和合作。通过本章的学习，学生将认识到跨界环境问题的独特性，相应地，这类环境问题无法依靠政府自上而下的强制性管控政策解决，更多地需要依靠一种新型机制——基于谈判和合作的治理。

第 13 章介绍了中国的环境管理体系。通过本章的学习，学生可掌握中国环境管理体系的框架、发展历程和不足。

第 14 章是从宏观经济政策的角度提出环境保护的思路。这一思路概括地讲是要转变经济发展模式，向绿色增长转变，建设绿色经济；具体来讲，则是要建立相应的政策支撑体系，从规划、生产、消费、技术进步等多个方面促进转变的实现。

相关期刊和网站

对本课程的学习，可参考阅读的期刊有：

1. *Ecological Economics*
2. *Environmental and Resource Economics*
3. *Journal of Environmental Management*
4. *Journal of Environmental Economics and Management*
5. *Land Economics*
6. *International Review of Environmental and Natural Resource Economics*
7. *Environment and Development Economics*
8. 《环境保护》
9. 《中国人口资源与环境》
10. 《产业与环境》
11. 《中国环境报》(www. cenews. com. cn)

也可查阅以下网站，从而了解环境政策信息、查找环境统计数据。

1. 中国环境保护部，了解中国环境政策和环境规划：www. zhb. gov. cn

2. 世界银行环境资源，查找在环境资源领域的研究报告和环境统计数据：http://www. worldbank. org/en/topic/environment

3. 世界资源研究所(World Resources Institute, WRI)，WRI 是一个对资源环境、经济和人类福利进行综合研究的组织，可在其网站查阅环境领域的新闻动态、研究报告和该研究所编制的多种环境指数：www. wri. org

4. 美国国家环保局(Environmental Protection Agency, EPA)，了解美国的环境政策，查找美国环境统计数据：www. epa. gov

5. 联合国环境规划署(United Nations Environment Programme, UNEP)，了解环境领域的政策和研究动态：www. unep. org

6. 欧洲环境署(European Environment Agency, EEA)，了解欧盟及其成员国的环境政策，查找欧盟国家的环境统计数据：http://www. eea. europa. eu/

7. 国际可持续发展研究院(International Institute for Sustainable Development, IISD)，关于中国的环境政策和环境战略研究：http://www. iisd. org/china/

8. 世界贸易组织(World Trade Organization, WTO),WTO框架下的环境和贸易问题:http://www.wto.org/english/tratope/envire.htm

9. 未来资源研究所(Resources For the Future, RFF),资源环境领域的研究报告:http://www.rff.org

10. 中国气候变化信息网,阅读中国应对气候变化的法规、规划,国际气候合作进展以及相关研究等内容:www.ccchina.gov.cn

11. 联合国政府间气候变化专门委员会(Intergovernment Panel on Climate Change, IPCC),对气候变化的成因、发展趋势、对社会经济的影响、可能采取的措施等进行评估:www.ipcc.ch

第2章　环境经济学的产生与发展

学习目标

- 了解西方早期的环境经济思想
- 掌握分析环境问题的主要经济学工具
- 了解环境经济学的产生背景
- 了解环境经济学的主要研究领域
- 了解环境经济学在中国的发展情况

经济学是研究稀缺资源的利用决策的学科。在人类历史上的很长时期里,人类的社会经济活动对自然环境的干扰不大,环境并不是一种稀缺资源。只是到了工业革命以来,人类对环境的影响大大增加,使良好的环境具有稀缺性,因此成为经济学的研究对象。

2.1　西方早期环境经济思想

17—18世纪受工业革命刺激,欧洲人口快速增长,经济活动的增长和多样化不仅加剧了采掘业的压力,还大规模地改变了自然景观、降低了空气与水的质量,特别是北欧和西欧急速的城市化和工业化造成了比较严重的局部污染和健康问题。在现实中自然资源被加速开发、环境质量下降的刺激下,学者们逐渐开始思考自然资源与环境问题。

斯密(Adam Smith)在《国富论》(1776)中讨论了英国的矿业,对于新矿藏的发现和开采成本,他持乐观主义的立场。斯密强调自由市场的作用,认为政府只有三种合法的职能:执法、国防和某些公共设施的建设。在斯密生活的时代,相对于经济发展的需求,自然资源是丰裕的,污染等环境问题也没有严重到引人注意的地步。现代情况已发生了巨大的变化。人们认识到受利己心驱动的生产者可能会造成严重的环境破坏,因此环境保护已被视为政府的另一项合法职能。

马尔萨斯(Thomas Robert Malthus)在《人口论》(1798)中提出了“两个级数”的思想,认为人口本身按几何级数增长:1,2,4,8,…;而土地和粮食按算术级数增长:1,2,3,4,…

前者的增长速度快于后者,而且土地是绝对稀缺的,结果贫困、战争、瘟疫等灾难性后果难以避免,会使人口出现突然的大幅下降。

李嘉图(David Ricardo)在《政治经济学及赋税原理》(1817)中提出了“相对稀缺”的概念,认为土地的稀缺是相对的,人口增长压力迫使一个地区耕种质量更差的土地以增加粮食供给,不同等级的土地因此依次被利用,质量较差的土地投入生产会使较为肥沃的土地产生地租,并促使地租上涨。

马什(George Perkins Marsh)在《人与自然》(1864)中认识到森林破坏会导致沙漠化,提出只有合理管理自然资源并使其保持良好的状态,人类的福利才是有保障的。人类在进行资源管理决策时要考虑后代的福利,资源稀缺是环境平衡被破坏的结果,来源于人类的不合理行为而不是资源的绝对稀缺。

19 世纪末期,伴随北美工业化的加速发展,这一地区的资源消耗和环境恶化问题也严重起来。在这样的背景下,1890—1920 年间,美国发生了自然资源保护运动。这一运动包括两个方向,一个是爱默生(Ralph Waldo Emerson)、梭罗(Henry David Thoreau)、缪尔(John Muir)等人倡导的自然保护方向,强调生态的自有价值,要求维持、不干扰原始自然生态环境。另一个是平肖(Pinchot Gifford)、罗斯福(Franklin Delano Roosevelt)等人倡导的实用主义的自然保护方向,强调对自然的保护要以人的利益为中心,要求对自然资源进行科学管理和明智利用。自然资源保护运动这两个方向的哲学价值的出发点虽然不同,但共同推动了美国国家公园的设立,并推动了美国自然资源的国有化和政府对森林、土地、河流的管理。

可见,从欧洲到北美,工业化使人类对自然的开发强度增加,使生态环境受到越来越大的影响,因而自然资源和良好环境的稀缺性增加,逐渐成为经济学的研究对象。

2.2　分析环境问题的经济学工具

新古典经济学对外部性(externality)的分析和福利经济学中政策干预的思想为分析环境问题提供了重要的理论支撑,而边际分析工具则为分析环境问题提供了技术手段。

2.2.1　外部成本分析

不少经济学家注意到市场机制并不能覆盖经济活动产生的所有影响。

马歇尔(Marshall,1890)首次尝试将外部性概念引入经济分析,谈到了商人们没有支付市场的外部成本而分享利益的问题。①

庇古(Pigou,1920) 在马歇尔的基础上全面分析了外部性现象,并提出用收税的方法修正外部性。②

卡普(Kapp,1950)分析了社会成本问题,将社会成本定义为经济活动参与者强加在第三方或者普通公众头上的直接或间接负担。他讨论了水和空气污染损害健康、降低农业产量、加速物质腐化、加速生物灭绝等现象,认为如果经济主体的活动影响到其他主体的活动或福利,而由此产生的成本效益又不纳入其得失核算,就出现了外部性。如果外部性被定价,负担成本者得到了补偿,外部性就被内部化了,但在私有市场下外部性常常得不到补偿。③

巴托尔(Bator,1958)认为外部性是市场失灵的表现,产权不完善是外部性产生的原

---

① Marshall, A. Principles of economics, 1890. 汉译本:马歇尔. 经济学原理[M]. 北京:商务印书馆,2009.

② Pigou, A. C. The economics of welfare, 1920. 汉译本:庇古. 福利经济学[M]. 北京:商务印书馆,2009.

③ Kapp, K. W. The social costs of private enterprise[M]. Cambridge, Mass. Harvard University Press, 1950.

因。通过在所有的经济活动中制定严格定义的、可传递的、市场化的产权,可以解决外部性问题。①

布坎南和斯塔布尔宾(Buchanan & Stubblebine,1962)认为外部性打破了经济学中资源有效配置的条件。但彻底消除外部性既不可能,也不应当。他们运用边际分析方法,讨论了最优外部性问题,认为最优外部性位于边际收益和边际损失的交点处。②

达尔曼(Dahlman,1979)讨论了存在交易成本和不完全信息情况下的外部性问题,认为现实中交易成本和不完全信息的存在使得人们"忍受"或"忽略"一些外部性是合理的,这样,在市场中有外部性存在的资源配置仍可能是有效率的。解决外部性问题,不能只关注庇古税,更应关注降低交易成本和减少不完全信息,更多地使用市场机制减少外部性。③

2.2.2 福利经济学中的政府干预思想

福利经济学认为福利是一种主观感受,既可以用序数比较其相对大小,也可以通过用金钱作为测量福利大小的手段,以基数形式确定其绝对大小。在经济活动中,个人福利最大化体现了个人主观效用的总和,以及投入与回报的均衡关系。社会福利是制度安排下的社会利益分配,依赖社会选择和政策实施。在充分竞争、完全信息、没有外部性存在的情况下,市场机制能实现稀缺资源分配的效率。此时既实现了个人福利的最大化,也实现了社会福利的最大化。

但是,在现实世界里充分竞争等假设往往不能满足,使得尽管每个个人都追求自身福利最大化,但结果整体上看社会福利却受到损失。比如,在不可再生自然资源的跨代配置上,由于人们的预见能力不足,更偏重于眼前消费,可能会加快资源的开发利用,造成从长期来看的效率损失,这是对后代人的伤害。为了减少社会福利损失,需要政府机制的介入,在利益分配领域进行再分配和利益补偿。以不可再生自然资源的开发利用为例,政府可作为保护后代利益的代言人,鼓励人们进行节约和储蓄,避免过度的和非理性的贴现。在政策操作层面上,政府可采取三种措施实现这一目标,即补贴、税收和立法。

2.2.3 边际分析工具

效用(utility)是指商品满足人的欲望(want)的能力,或者说效用是指消费者在消费商品时所感受到的满足程度。价值是一种主观心理现象,起源于效用,又以物品稀缺性为条件。

人对物品的欲望会随欲望的不断满足而递减。如果物品数量无限,欲望可以得到完全的满足,欲望强度就会递减到零。但数量无限的物品只限于空气、阳光等少数几种物品,其他绝大部分物品的数量是有限的。这样在供给有限的条件下,人们不得不在欲望达到饱和以前的某一点放弃他的满足,这个停止点上的欲望是一系列递减的欲望中最后

---

① Bator, F. M. The anatomy of market failure[J]. The Quarterly Journal of Economics, 1958, 72(3):351—379.

② Buchanan, J. M., W. C. Stubblebine. Externality[J]. Economica, 1962, 29(116): 371—384.

③ Dahlman, C. J. The problem of externality[J]. Journal of Law and Economics, 1979, 22(1):141—162.

被满足的最不重要的欲望,处于被满足与不被满足的边界上,这就是边际欲望。为取得最大限度的满足,应把数量有限的物品在各种欲望间做适当分配,使各种欲望被满足的程度相等。

物品满足边际欲望的能力就是物品的边际效用(marginal utility)。边际效用是在一定时间内消费者增加一个单位物品或服务所带来的新增效用,也就是总效用的增量。由于边际效用最能显示物品价值量的变动,所以可以作为价值尺度,决定物品或服务的价值。如果用基数表示效用,可以用边际效用分析方法对效用进行分析,它在数值上相当于微积分计算中的导数或偏导数。如果用序数表示效用,则可用无差异曲线对效用进行分析,通过比较无差异曲线的高低判断不同效用的相对大小。人们消费不同物品或服务时会调整消费的数量,使各种物品或服务的边际效用相等,以获得最大的总效用。

边际效用理论可以解释经济学中著名的"价值悖论"(Paradox of Value)问题。价值悖论又称价值之谜,是斯密在 200 多年前提出的,指有些东西效用很大,但价格很低(如水),有些东西效用很小,但价格却很高(如钻石)。边际效用理论通过区分总效用和边际效用可以很好地解释价值悖论:水给人们带来的总效用是巨大的,没有水,人就无法生存。但人们对某种物品消费越多,其最后一个单位的边际效用也就愈小。人们用的水是很多的,因此最后一单位水所带来的边际效用就微不足道了。相反,相对于水而言钻石的总效用并不大,但由于它很稀缺,人们购买的钻石极少,使得它的边际效用极大。根据边际效用理论,消费者分配收入的方式是使用于购买不同物品的单位货币的边际效用相等。钻石的边际效用高,水的边际效用低,只有用钻石的高边际效用除以其高价格,用水的低边际效用除以其低价格,用于钻石和水的单位货币支出的边际效用才能相等。所以钻石价格高、水的价格低是合理的。

2.3 环境经济学的产生背景

第二次世界大战后,西方各国将主要精力放在恢复和发展经济上,对资源消耗和环境保护问题没有足够重视。结果在经济快速增长的同时,各国都出现了严重的生态破坏和污染问题,导致成千上万的人生病,甚至有不少人在污染事件中丧生。由于环境污染事件不断发生且其危害程度加重,西方国家的一些记者开始探求并报道污染事件的真相,组织对环境问题进行调查与研究。

1962 年,美国海洋生物学家卡森(Rachel Carson)出版了《寂静的春天》一书,这是一份关于使用杀虫剂造成污染危害情况的报告。作者描述了有机氯农药污染使鸟蛋无法孵化,本来生机勃勃的春天都"寂静"了的可怕现实,从污染生态学的角度,论述了人类同大气、海洋、河流、土壤、动植物之间的密切关系,首次揭示了环境污染对生态系统的影响。这本书出版后立即引起人们的关注,并很快被译成各种文字广为传播。该书对于环境意识的启蒙、促使环境科学的产生和发展起到了巨大的推动作用。

由于各种工业污染事件不断发生,影响范围和规模趋于扩大,社会舆论的宣传也提高了公众的环境意识,加上对核武器和核污染的恐惧,越来越多的人意识到自己是处在一种不安全、不健康的环境中。同时,收入水平的提高使西方国家的公众不再满足于单纯物质上的享受,开始渴望更好的有利于身心健康的生存环境和生活方式。20世纪60年代末,在西方发达国家各类环保团体纷纷涌现,公众走上街头,通过游行、示威、抗议等手段要求政府采取有力措施治理和控制环境污染,掀起了声势浩大的群众性的反污染反公害的“环境运动”。其中最有影响的是1970年4月22日在美国举行的“地球日”游行活动,约有3000万人走上街头,参加了这次规模空前的群众运动。这次活动的影响很快扩大到全球,有力地推动了世界环保事业的发展,也使4月22日被确定为全球性的“地球日”。

经过广泛的环境启蒙和环境运动后,对环境污染的担忧、对人口过快增长的担忧,加上对自然资源可能耗竭的担忧,综合起来成为人们对人类未来的担忧。出于这种担心和忧虑,1968年来自欧洲的约30名科学家、社会学家、经济学家和计划专家,在罗马召开会议,探讨什么是全球性问题和如何开展全球性问题研究。会后组建了一个“持续委员会”,以便与观点相同的人保持联系,并以“罗马俱乐部”作为委员会及其联络网的名称。1972年罗马俱乐部提出了关于世界未来发展趋势的研究报告——《增长的极限》,该报告认为:人口、粮食生产、工业生产、污染和不可再生资源的消耗会持续增长,每年它们以数学家称为指数增长的速度增长着。这样,几乎所有的人类活动,从化肥的施用到城市的扩大,都可以用指数增长曲线表示。但地球是有限的,耕地、可耗竭资源、环境自净能力等都是有限的,如果人类社会不断追求物质生产方面的目标,它最后会达到地球上的许多极限中的某一个极限,其后果将可能是人类社会的崩溃和毁灭。因此,报告提出“全球均衡状态”的设想。“全球均衡状态”的定义是人口和资本基本稳定,倾向于增加或者减少它们的力量也处于认真加以控制的平衡之中,即“零增长”。

《增长的极限》一经发表就在全世界引起极大的反响,学者们就此进行了激烈的争论。有人认可和支持罗马俱乐部的研究方法和建议,认同沿着人类目前的增长模式继续下去会导致悲剧性的后果。而有的学者则认为罗马俱乐部的研究忽视了市场机制和技术进步的作用,认为市场机制会对各类自然资源的消耗进行自动制约:当某种自然资源变得越来越稀缺时,它的价格就会上升,并因此抑制对这些资源的经济需求。因此人类永远不可能用到“最后一滴石油”。同时,科技进步和资源利用效率的提高也将有助于克服增长的极限。他们乐观地认为:生产的增长能为更多的生产提供支持。虽然目前人口、资源、环境和经济增长间存在一些问题,但是人类能力的发展是无限的,这些问题不是不能解决的。总体上看,世界的发展趋势是在不断改善而不是在逐渐变坏。

在环境危机和群众环境运动的压力下,20世纪70年代,西方各国纷纷设立专门的环境管理机构,大量投资于污染治理和环境修复,大片的土地被划定为自然保护区,各种环境保护法规和环境标准也纷纷出台,一些国家还出现了“绿党”①。经过近十年的治理,到了70年代末,西方主要发达国家成功解决了自己的产业污染问题,其国内环境质量有了明显改善。这一时期里,国际环境合作也逐步展开。1972年,“联合国人类环境会议”在斯德哥尔摩召开。会议研讨并总结了有关保护人类环境的理论和现实问题,制定了对策

① 绿党是提倡生态优先、非暴力、基层民主、反核等政治主张的政党,对全球的环境保护运动具有积极的推动作用。美、日和欧盟的许多国家中都有绿党,其中最著名的是德国绿党,曾与其他政党一起联合组阁执政。

和措施，提出了“只有一个地球”的口号，并呼吁各国政府和人民为维护和改善人类环境，造福全体人类和子孙后代而共同努力。会议将每年的6月5日定为“世界环境日”，并发布了两个文件：《只有一个地球》和《人类环境宣言》。20世纪70年代，环境运动取得了巨大的成功，令这一时期被称为“环境的十年”。

可见，同大多数经济学分支一样，环境经济学不是一门先验的学科，而是因为研究问题而诞生的学科。第二次世界大战后环境矛盾激化、群众环境运动兴起，各国政府着手制定环境政策和环境标准，提出了许多急需解决的问题，如保护环境从经济角度看是否划算？什么样的环境政策和手段最有效率？保护环境需要花多少钱？谁来出这笔钱？怎么花这些钱？等等。正是这一系列的问题促使学者们应用经济学的分析逻辑和分析工具思考环境问题，也催生了环境经济学这一新兴学科。

环境问题不仅是一个经济问题，它还与自然生态系统的承载力、技术发展水平等有密切的关系。要清楚分析环境问题，除了应用经济学的工具和理论外，还必须用到自然科学的一些概念和方法。因此，环境经济学在创立和发展的过程中，既从新古典经济学获得了理论和工具支持，也大量融合和借鉴了与环境问题相关的自然科学中的概念和方法。例如，对水环境质量改善进行经济评价是制定水环境政策的基础。而要评估水环境质量改善的经济价值需要进行这样一些工作：首先，假定水体中污染物质的含量变化会影响到水体的理化和生物学指标，如溶解氧、温度、水藻密度、鱼群数量等；其次，考察水体的理化和生物学指标变化对人类用途的影响，如工业用水、生活用水、灌溉用水、渔场生产用水和娱乐用水等；最后，确定水质变化和水体用途变化对人类福利变化的影响，并计算福利变化的货币价值。显然，这几项工作中涉及物理、化学、生物等多方面的知识，不仅仅是经济分析的问题。

2.4 环境经济学的研究内容

从上一节可以看出，在很大程度上，环境经济学的发展得益于经济学方法论及经济学和其他学科间的交叉研究。几十年来，环境经济学不断吸收其他学科的技术工具和思想分析各种环境问题，已经发展成一个涉及诸多领域的学科。其研究内容涉及污染分析及政策、全球气候变化、生物多样性、自然保护区、环境国际合作、环境影响评价与环境核算等诸多方面。

2.4.1 环境政策经济学

这一领域包括对外部性、市场失灵、环境风险等问题的分析。除了上节中介绍过的用税收将外部性内部化外，科斯（Coase，1960）为分析污染问题提供了一个新的思路①：环境污染是一种产权界定不清的市场失灵，许多自然资源产权的共有性质是产生环境问题的根源。政府机制也不是万能的，其本身也存在失灵。如果从产权角度分析市场失灵，应反对过多的政府干预。按科斯的思路，如果将相关产权清晰界定为私人产权，将外部

① Coase, R. H. The problem of social cost[J]. Journal of Law and Economics, 1960, 3 (1): 1—44.

性内部化的最有效办法是利益相关方在讨价还价的基础上进行自由交易。鲍莫尔等(Baumol & Oates,1988)研究了外部性及市场失灵问题,分析了多种解决市场失灵问题的政策手段:直接管制、经济刺激,其中经济刺激包括污染税(费)、补贴。[①]

环境政策手段的形式很多,近十几年来,如何根据效率、公平等原则选择环境政策工具成为人们关注的热点。例如,如何在命令—控制手段和经济手段间进行选择?基于效率原则的分析认为经济手段优于命令—控制手段。在比较排污标准和污染税时,一般认为污染税优于排污标准。而如何在不同的经济手段间进行选择,则要视需要控制的是污染的数量还是价格而定,如果需要控制的是污染的数量,排污权交易制度更有利于达到目标;如果需要控制的是污染的价格,则宜采用污染税。在选择环境政策手段时,除了效率原则,还需要关注政策的动态效率,获得所需信息的难易程度,监测、执行的方便性,政策灵活性等方面的因素。但是,经济学家的分析结果并不总能够被政府、企业界和公众所接受。在环境管理实践中,大多数国家的政府首先倾向使用命令—控制型政策。不过,出于降低成本和提高效率的考虑,近年来越来越多的国家开始使用经济手段。

此外,还有许多学者致力于研究在不完善市场、技术进步、存在交易成本等情况下环境政策的适用性、环境税改革等问题。例如,不完全竞争市场条件下或存在市场进入壁垒时排污权交易制度的表现,及如何在全球性环境问题(气候变化、臭氧层空洞、酸雨等)上使用这一制度,逐步以环境税替代所得税的可能性和方法,环境税的次优理论等。

2.4.2 国际环境经济和政策

在环境经济学发展的大部分时间里,其研究领域限于一个国家的范围之内。但是各种环境要素和环境问题间有复杂的相关性,外部性是没有国界的。环境经济学中至少有三个问题有国际意义:跨界和全球环境问题,对外贸易、资本跨界流动的环境影响问题,国际政策和贸易协议问题。

跨界环境问题源于跨界外部性,主要表现为酸雨、全球变暖、臭氧层空洞、生物多样性减少等问题。因为没有一个国际权威机构对这些问题有行政管辖权,对这些问题的分析方法和政策措施在很大程度上不同于国内环境问题。从理论上看,许多学者应用博弈论分析这些跨界环境问题,并开发有合作性和非合作性经济模型。从实践上看,由于这类问题的解决在很大程度上需要国际合作,所以协商谈判成为解决这类问题的重要渠道。

对外贸易、资本跨界流动的环境影响的研究涉及理论和实证两个方面。其中,理论模型考察对外贸易、资本跨界流动通过何种途径对环境产生影响,实证研究多考察这些影响的性质和大小。

与环境有关的国际协议从谈判到执行都存在许多争议和障碍。以保护环境的名义以技术壁垒形式出现的"绿色壁垒"、解决跨界环境问题时成本的分担等都是近年来研究的热点问题。

---

① Baumol, W. J., Oates, W. E. The theory of environmental policy[M]. Cambridge: Cambridge University Press, 1988.

2.4.3　空间环境经济学

空间是一个地理概念，具有异质性和稀缺性。环境问题、环境政策及环境经济关系的空间性质是环境经济学需要研究的重要问题。非点源污染、土地规划、地区和城市可持续性问题、生产的选址、交通与环境等问题的研究都属于这一领域。空间环境经济学与地理学、生态学紧密相关，可从这些学科中借鉴许多分析框架和模型。

2.4.4　宏观环境经济学

宏观环境经济学考察经济增长和环境的关系。环境与经济的相互作用是环境经济学中一个历史最悠久的研究领域。

在热力学两个定律的基础上，人们逐渐认识到经济系统是环境系统的一个子系统，经济活动需要自然资源和环境承载力的支持。在前人研究的基础上，戴利(Daly，1977)提出了宏观环境经济学的概念和研究框架。① 他认为经济学研究应有三个目标：效率、公平、规模。前两个目标在经济理论中已有悠久的研究历史并且有相应的政策手段，而第三个目标——规模，还没有得到经济学界的正式认可，也没有相应的政策手段。传统上影响规模的政策措施，如刺激增长的宏观政策，结果几乎总是扩大规模。但由于自然资源和环境净化能力的有限性，经济规模的无限扩大是不可能的，因此就存在一个最优规模的问题。脱离规模目标研究可持续发展是没有意义的，实现最优规模下的稳态经济(steady-state economy)是避免人类灾难的必然选择。向稳态经济过渡需要对现有的经济运行机制、经济评价体系进行改革。

实证研究在考察经济增长与环境的关系中占据重要地位。一些研究发现在经济增长过程中，环境质量呈现先恶化后改善的变化趋势，被称为“环境库兹涅茨曲线假说”。近十几年来，许多学者致力于解释和验证这一假说，这类研究中需要解决的主要问题是如何选择环境指标、数据、统计方法，如何解释研究结果和提出政策建议。

环境政策的实施是需要运行成本的，也会对经济活动主体的行为进行干扰和约束，因此会影响到增长、就业、进出口等宏观经济变量，对这些影响进行理论和实证研究也是宏观环境经济学的研究内容。

2.4.5　环境价值评估和环境核算

环境价值评估是环境经济学建立以来发展最快的一个领域。评估环境的价值主要有两个目的：其一是完善经济开发和环境保护投资的可行性分析；其二是为制定环境政策、实施环境管理提供决策依据。虽然一般人们承认环境是有价值的，但是许多环境资源没有市场价格，评估环境价值的难点在于，如何给没有市场价格的环境资源赋予货币价值，或者说使环境价值货币化，这样才能将其同其他商品相比较并纳入国民经济核算体系和经济决策中去。

在实际应用中，环境价值评估和环境核算的作用主要体现在以下五个方面：

---

① Daly, H. E. Steady-state economics[M]. Washington, DC: Island Press, 1977, (2nd edition, 1999).

① 表明环境与自然资源在国家发展战略中的重要地位；
② 修正和完善国民经济核算体系；
③ 确定国家、产业和部门的发展重点；
④ 评估国家政策、发展规划和开发项目的可行性；
⑤ 参与制定国际、国家和区域可持续发展战略。

2.4.6 可持续发展研究

可持续发展的概念提出以来，引起了人们广泛的关注。概括起来，这方面的研究包括以下三个方面：

① 什么是可持续性？基于对可持续性认识的不同，人们对可持续发展的内容有许多不同的理解。

② 衡量可持续性的指标。一些研究使用综合性的单一指标，如绿色 GDP、生态足迹、真实储蓄率等；一些研究使用包含多个指标的指标体系。

③ 实现可持续发展的政策和战略。为了实现可持续发展，许多国家和地区纷纷制定可持续发展战略，这也是可持续发展的一个重要研究内容。

2.5 环境经济学的特点

环境经济学是在20世纪60年代以来，伴随各类严重的环境问题的出现，在探索这些问题的根源和解决方案中不断发展起来的。面对同样的环境问题，学科背景和世界观不同的学者在如何看待问题和寻求潜在解决方案时的价值观和思路有差异，会给出不同的解决方案。表2-1显示了几个相关学科研究环境问题时的不同思路和政策建议。

表2-1 环境经济学与相关学科的联系和区别

	传统（新古典）经济学	环境经济学	生态经济学	深绿的生态学
基本原则	消费者主权，生产可能性边界，功利主义	经济活动主体受政府干预或环境成本的限制，功利主义	保护自然资本的集体责任，改良的功利主义	物种间的平等，非功利主义
目标	利润、效用、福利和经济增长的最大化	考虑了环境成本的利润、成本、福利和经济增长的最大化	受限制的增长或零增长，从数量扩张到质量的改进	经济和人口的负增长
可持续概念	生产资本的维护 极弱可持续性	生产资本和自然资本的维护 弱可持续性	经济的减物质化 强可持续性	生态恢复与保护 极强可持续性
战略和政策工具	经济效率、不受拘束的市场	生态效率，使用市场工具将环境成本内部化	生态效率，经济增长与环境影响的分离	命令与控制，道德
评估与监控	国民经济核算体系	环境经济账户 绿色 GDP	建立物质流账户，可持续的福利和发展指标，人类生活质量指标	生态承载力和恢复能力的评估，生态足迹

经济学的两种分析方法,实证分析和规范分析,在环境经济学中都有应用。实证分析回答“如何”的问题,规范分析回答“应该如何”的问题。比如,用计量模型检验环境管制对吸引外国直接投资的影响,就是回答环境管制是“如何”影响到外国直接投资的选址的,而减少机动车污染应采取什么政策手段,就是回答“应该如何”的问题。

在做决策时,要比较成本—收益,经济学中考察的问题都是既有成本又有收益(这里要注意的是其中包括机会成本和机会收益)的。环境问题是典型的外部性问题,由于许多环境物品没有市场价格,价格机制无法正常发挥作用,因此在讨论环境问题时,需要用替代方法计算环境物品的价值。一般使用的方法是将避免的成本视为收益,将失去的收益视为成本。对于一个行动,如果收益 > 成本,则应支持;反之,则应拒绝。

环境经济学与传统经济学类似,是以人类为中心进行研究的。但这种人类中心论与传统经济学的严格的人类中心论也有不同。它不是不考虑自然环境的价值,只是将自然环境的价值通过人表达出来。自然环境不能发言,必须有人作代言人,自然的价值必须通过评价者表达,这可称为“弱人类中心论”。例如对污染而言,经济学考察的污染是以某种方式影响了人类福利、健康的环境退化现象,因此客观存在的污染不等于有经济学意义上的污染。自然保护区有价值,这种价值只是通过人们愿为保护支付的代价来显示。

尽管有人认为自然具有不依赖人的评价而存在的内生价值,但这种伦理学的讨论不适用于经济学分析。因为经济学是一种研究取舍的学问,这要求对不同的选择进行定量的对比,如在建水坝获得的水利效益和对自然景观的损害间进行比较,如果自然景观具有不依人的评价而存在的内生价值,则无法对之进行定量,“无价”意味着“没有价值”还是“无法估计的巨大价值”,实在是一个难以回答的问题。

作为一门新兴交叉学科,环境经济学从经济学中借鉴了大量的研究手段和分析工具。主要有:用局部均衡和一般均衡法分析污染问题,用成本效益分析法分析环境的成本效益,用投入—产出分析法模拟环境经济系统的投入产出,用博弈论分析环境政策、国际环境问题等。

环境经济学的分析中也使用多种模拟、预测和优化模型,如非线性、线性、静态、动态、投入—产出模型、可计算的一般均衡模型(Computable General Equilibrium, CGE)等。

2.6　环境经济学在中国

对于自然生物资源的开发,我国古代有一贯的持续利用的思想,要求顺应生物生长的规律,不能破坏生物持续繁衍的能力。许多春秋战国时期的思想家倡导万物有灵,天人合一,将人与环境的关系纳入道德层面。如孔子主张“钓而不纲、弋不射宿”。孟子也说“不违农时,谷不可胜食也;数罟不入洿池,鱼鳖不可胜食也;斧斤以时入山林,材木不可胜用也” 。《管子》认为“山林虽广,草木虽美,禁发必有时;国虽充盈,金玉虽多,宫室必有度;江海虽广,池泽虽博,鱼鳖虽多,罔罟必有正”。荀子讲“草木荣华滋硕之时,则斧斤不入山林,不夭其生,不绝其长也;鼋鼍鱼鳖鳅鳝孕别之时,罔罟毒药不入泽,不夭其生,不绝其长也,……污池渊沼川泽,谨其时禁,故鱼鳖优多,而百姓有余用也;斩伐养长不失其时,故山林不童,而百姓有余材也”。秦汉时期,《淮南子》中建议“不涸泽而渔,不焚林而猎”。除了在思想认识上强调对自然资源的保护性利用,自先秦以来,我国许多朝代都设过虞、衡机构,用于管理山川、森林、湖泊沼泽、渔猎、矿产等自然资源,设置冬官管理江河资源及工程建设。

现代环境经济学在20世纪70年代末期被介绍到中国,1978年我国制定了《环境经济学和环境保护技术经济八年发展规划(1978—1985)》,1981年召开了“环境经济学学术讨论会”,出版了《论环境经济》,后来翻译引进了未来资源研究所、经济合作与发展组织(Organization for Economic Co-operation and Development,OECD,简称“经合组织”)的环境经济研究丛书,以及多种版本的《环境经济学》、《自然资源与环境经济学》等教材。高校先后在本科专业设置了资源与环境经济学专业,在硕士和博士研究生阶段设置了人口、资源与环境经济学专业,加大了对这一领域的人才的培养力度,国家对环境经济研究的科研投入力度也增加了。

小结

环境经济学使用经济学的方法论和分析工具,同时也得益于经济学和其他学科间的交叉研究,自20世纪70年代以来,出于对环境问题和环境政策的分析需要逐渐发展成为涉及多个研究领域的独立学科。

进一步阅读

1. 〔英〕罗杰·珀曼等. 自然资源与环境经济学[M]. 北京: 中国经济出版社, 2002.

2. 〔美〕汤姆·蒂坦伯格等. 环境与自然资源经济学(第八版)[M]. 北京: 中国人民大学出版社, 2011.

3. Hussen, A. M. Principles of environmental economics[M]. London: Routledge, 2000.

4. 〔英〕A. C. 庇古. 福利经济学[M]. 北京:商务印书馆,2006.

5. 〔英〕E. 库拉. 环境经济学思想史[M]. 上海:上海人民出版社,2007.

6. 〔美〕加勒特·哈丁. 生活在极限之内[M]. 上海:上海译文出版社,2001.

7. 〔英〕皮尔斯·沃福德. 世界无末日[M]. 北京:中国财政经济出版社, 1996.

8. 穆贤清等. 国外环境经济理论研究综述[J]. 国外社会科学,2004,2.

9. 陆远如. 环境经济学的演变与发展[J]. 经济学动态,2004,12.

10. Robert N. Stavins, Alexander Pfaff. Readings in the field of natural resource & environmental economics. 1999. http://belfercenter. ksg. harvard. edu/files/Readings% 20in%20the%20Field%20of%20Natural%20Resource%20and%20Environmental%20Economics%20-%20R99-02. pdf. 该文按主要内容列出了环境经济学必读文献清单。

11. Stavins, R. N. Environmental Economics. In The New Palgrave Dictionary of Economics, Second Edition, 2008. https://www.hks.harvard.edu/m-rcbg/eephu/Stavins_Environmental_Economics_dictionary.pdf

思考题

1. 简述环境经济学的产生背景。
2. 环境经济学的主要研究领域有哪些?
3. 为什么环境经济学主张“弱人类中心论”?

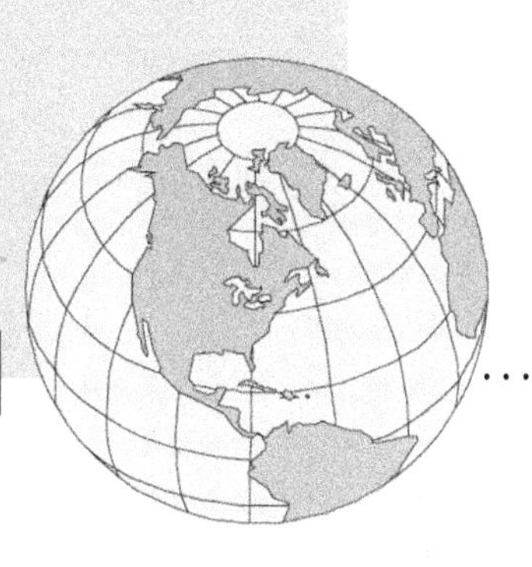

微观分析部分

第3章　市场失灵——环境问题产生原因之一

学习目标

- 掌握引起环境问题的几种主要的市场失灵现象：外部性、公共物品、不确定性和人类的短视

斯密认为市场机制能自动实现经济效率，在市场上每个人“只是盘算他自己的安全……所盘算的也只是他自己的利益……他受着一只看不见的手的指导，去尽力达到一个并非他本意想要达到的目的。也并不因为事非出于本意，就对社会有害。他追求自己的利益，往往使他能比在真正出于本意的情况下更有效地促进社会的利益”。但是在现实中，市场这只“看不见的手”有时会失灵，使得稀缺的经济资源不能实现有效配置，造成效率的损失，也往往成为许多环境问题产生的原因。

在经济学中，市场失灵（market failure）是指物品和服务不能得到有效配置的情况。非竞争性的市场、外部性、公共物品、时间偏好、非凸性、信息不对称、代理人问题等都可能导致市场失灵。在市场失灵时，稀缺经济资源的配置没有达到帕累托最优状态[①]，人们可能通过调整稀缺资源的配置方案提高社会的整体福利水平。

本章介绍与环境问题的产生紧密相关的4种市场失灵：外部性（externality）、公共物品（common good）、不确定性（uncertainty）和短视（short-sighted）。

3.1　外　部　性

外部性是指一个经济人的生产（或消费）行为影响了其他经济人的福利，这种影响是由经济人行为产生的附带效应，但没有通过市场价格机制进行传导。在外部性影响下，生产（或消费）行为的社会成本和私人成本、社会收益和私人收益间会产生偏离。

按照产生的影响的好坏，可以将外部性分为正外部性和负外部性。如果居住在河流上游的居民植树造林、保护水土，下游居民因此得到质量和数量有保证的水源，这种好处不需要向上游居民购买，此时产生的就是正外部性；而如果居住在河流上游的居民向河流中排放污染物，让下游居民的健康受到损害却不予以补偿，此时产生的就是负外部性。在经济活动中，生产者和消费者都可能产生外部性（表3-1）。

---

① 帕累托最优（Pareto optimality），也称为帕累托效率（Pareto efficiency），是指资源分配的一种理想状态，在不使任何人境况变坏的情况下，而不可能再使某些人的处境变好。满足帕累托最优状态就是最具有经济效率的。帕累托改进是达到帕累托最优的路径和方法。

表 3-1 生产者和消费者活动产生的外部性举例

对象	正外部性	负外部性
生产者之间	娱乐设施服务于就近的商业机构	上游工厂有毒化学污染威胁下游的渔业生产
生产者到消费者	私人森林允许自然爱好者在此野营	工业空气污染导致当地居民的肺病率上升
消费者之间	注射某些传染病疫苗可以减轻周围人群的患病威胁	在公共餐厅里的吸烟者会影响其他顾客的健康和心情
消费者到生产者	消费者对产品的匿名反馈有助于提高该产品的质量	野地狩猎会扰乱附近农场的畜牧生产

从表 3-1 可以看出,负外部性会引起环境问题。在负外部性发生时,生产者或消费者行为的一部分成本外溢,成为外部成本。可以以生产者在生产过程中排放污染物的行为为代表进一步分析外部成本及其影响。在图 3-1 中,横轴表示企业的产量,当技术水平不变时,可以假定污染排放量与产量成正比,此时,也可以将横轴看作污染排放量。纵轴是以货币单位计量的边际成本、边际收益和产品价格。

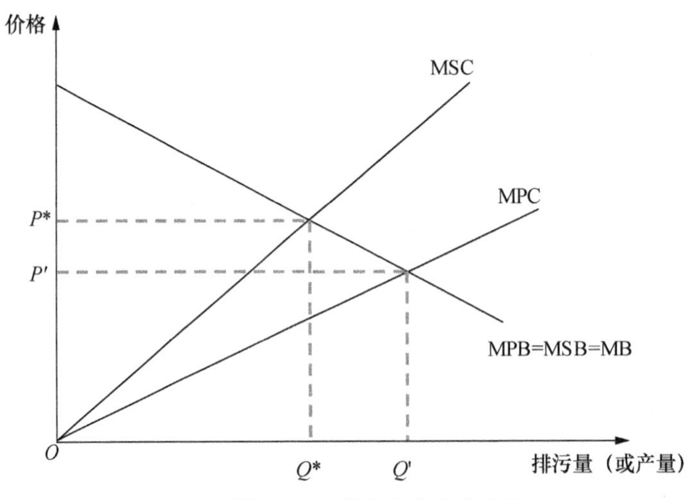

图 3-1 企业生产的负外部性

当存在外部成本时,企业生产活动的边际社会收益(marginal social benefit,MSB)和边际私人收益(marginal private benefit,MPB)相等,在图 3-1 上标记为 MB 线。边际社会成本(marginal social cost,MSC)大于边际私人成本(marginal private cost,MPC),差额是边际外部成本 (marginal external cost,MEC)。从社会的角度看,MSC 等于 MB 时对应的产量 Q^*(或污染排放量)是最有效率的,此时产品的价格为 P^*。但由于外部成本的存在,企业承担的 MPC 低于 MSC,对企业来说,为了取得最大净收益,会将产量增加到 Q',此时 MPC 等于 MB,对应的价格水平为 P'。

在市场机制下,外部成本不会自行消除。与社会最优水平相比,由于外部成本的存在,过多的资源被用于生产活动,产量和污染水平高于社会最优水平,产品的价格偏低。

许多环境破坏与各种外部成本有关。表 3-2 列出了一个美国粉煤灰蒸汽发电厂的外部成本情况。从中可以看出,空气污染导致的外部成本约占其总外部成本的98%,水和土地污染引起的外部成本较小。外部成本的大小与污染源采用的技术有关,也与污染源所处的位置有关,与其距离人口中心的远近有关,受影响人口越多,外部成本越大。

表3-2　一家粉煤灰蒸汽发电厂外部成本分类估计值

外部性的来源	平均每位居民承担的外部成本(美元)
空气	**21.83**
其中:铅	2.27
NO_x	0.38
可吸入颗粒物 PM10	16.22
SO_x	2.93
有毒物质	0.03
水	**0.08**
其中:化学品	0.06
水中附着的有毒物	0.01
土地占用	**0.03**
噪声、废弃物	**0.25**
合计	**22.19**

资料来源:转引自〔美〕巴里·菲尔德,玛莎·菲尔德.环境经济学(第3版)[M].北京:中国财政经济出版社,2005:58.

大部分环境外部性是通过相关主体间的生物物理联系显现出来的。它有许多具体的表现形式:有的环境外部性只有一个污染者和一个损害者,如同处一室的吸烟者和被动吸烟者;有的污染者只有一个,受害者却有多个,如一家化工厂排放污染毒害附近村民;有的污染者有多个,受害者只有一个,如许多农民施用的化肥农药影响了当地的供水系统;最常见的是污染者和受害者都很多,如区域性的空气污染和水污染。有时污染者同时也是受害者,如每个人排放的温室气体引发了温室效应,对每个人造成了影响。要讨论解决外部性问题的对策,需要对不同的外部性现象进行具体分析。

3.2　公共物品

完整的产权(property rights)应当有明确的所有者,其财产权利具有排他性、收益性、可让渡性、可分割性等性质,当这些条件不能满足时,可能会导致环境问题的产生。

3.2.1　产权

产权不是指人与物之间的关系,而是指由物的存在及关于它们的使用所引起的人们之间相互认可的行为关系。产权安排确定了每个人相应于物时的行为规范,每个人都必须遵守他与其他人之间的相互关系,或承担不遵守这种关系的成本。[①] 产权包括财产所

① Furubotn, E. G., S, Pejovich. Property Rights and Economic Theory: A Survey of Recent Literature[J]. Journal of Economic Literature, 1972, 10(4):1137-1162.

有权及与所有权相关的经济权利的集合,如占有权、转让权、收益权等。迄今为止,人类社会经历的产权制度可以大致分为四类:私有产权、国有产权、社区产权和共有产权。其中私有产权是现代市场经济的基础。完整的私人产权应该是界定清晰的、能够有效执行的,在私人产权体系里的私人物品的消费具有排他性、竞争性。

产权能帮助人们形成他与其他人进行交易时的合理预期,是进行市场交易的前提。如果物品的产权没有界定,人们就不会通过市场机制付费购买,而可能通过其他方式获取这类物品[①];而如果物品的产权界定得不清晰,人们就无法确定应与谁交易,也无法对其进行转让和买卖。此时价格机制就无法发生作用,外部性也就不能避免了。

产权的有效执行指产权所有者的权利是受到保护的。如果一个人的产权得不到保护,他工作的成果由别人获得,那他就没有工作的激励,可以说对个人财产的法律保护是产生经济激励的基础。但产权能否得到有效执行还要看执行的成本。如果产权的执行成本太高,产权的界定再清晰,也达不到应有的效果。只有执行成本足够低,产权才有可能得到有效执行。

产权的排他性是指一种物品具有可以阻止其他人使用该物品的特性。生产者能够限制不为这种物品付费的消费者使用。而消费者在购买并得到物品的消费权之后,就可以把其他消费者排斥在获得该物品的利益之外。比如,甲购买了一块巧克力,他就获得了消费这块巧克力的权利,其他人未得到甲的允许就不能消费同一块巧克力了。

产权消费的竞争性是指物品或服务被某个人或某些人消费时,会限制(或避免)其他消费者对该产品进行消费。比如一块巧克力被甲吃了其他人就吃不到。有些物品的消费则没有竞争性,它们一旦被生产出来,供更多人消费的边际成本为0,这类物品被称为完全非竞争性物品,国防是这类物品的代表。有些物品的消费在一定范围内类似于完全非竞争性物品,超过一定限度其消费就有竞争性。如在高速公路上,车辆较少时各车辆对公路的使用是没有竞争性的,车辆过多时道路就拥挤了,各车辆对道路的使用就具有了竞争性。

按照消费是否具有排他性,可将物品分为私人物品和公共物品。私人物品在形体上可以分割和分离,消费或使用时有明确的排他性。公共物品在形体上难以分割和分离,在技术上不易排除众多的受益人,消费不具备排他性。比如一个地区清洁的空气就是公共物品,这些空气并不能分成一份一份的,也不能排除区内任何居民自由呼吸这些空气的权利(实际上,对空气的呼吸是一种不可拒绝的消费)。在需求和供给方面,公共物品都有不同于私人物品的特点。

3.2.2 公共物品的需求

由于公共物品的消费不具有排他性,消费者有强烈的动机多消费,这可能会造成需求过度的问题。

---

① 我国的古书《慎子》中举过一个例子:“一兔走街,百人追之,……以兔为未定分也。”讲的就是这种情况。人们不是通过交易得到兔子,而是一拥而上地去捕捉。从经济效率的角度看,这是对大家时间和精力的巨大浪费,而清晰界定产权避免了“百人追之”的情况,有助于提高效率。

英国曾经有这样一种土地制度——封建主在自己的领地中划出一片尚未耕种的土地作为公共牧场,无偿向牧民开放。这本来是一件造福于民的事,但由于是无偿放牧,每个牧民都有动机养尽可能多的牛羊。随着牛羊数量无节制地增加,公地牧场最终因“超载”而成为不毛之地,牧民的牛羊最终全部饿死,出现公地悲剧(Hardin,1968)①。哈丁在这里讨论的公地就是一种公共物品。公共物品的典型特征是这类物品的消费(使用)不具有排他性,结果人人都有动机成为“搭便车者”(free rider)②,使公共物品过快地消耗掉。

我们可以用边际分析的方法分析对公地的使用(图 3-2):在公地里放牧可以带来收入。假定购置一头小牛的成本为 a,小牛长大后出售可以为主人带来收益,每头小牛能长多大取决于公地中牛的总数量 c,随着牛的数量的增加,牛的边际生长量下降,MP 是一条递减的曲线,对于单个牧民来说,其增加一头小牛的成本是 a,收益则是平均生长量 AP,由于 MP 递减, AP > MP。

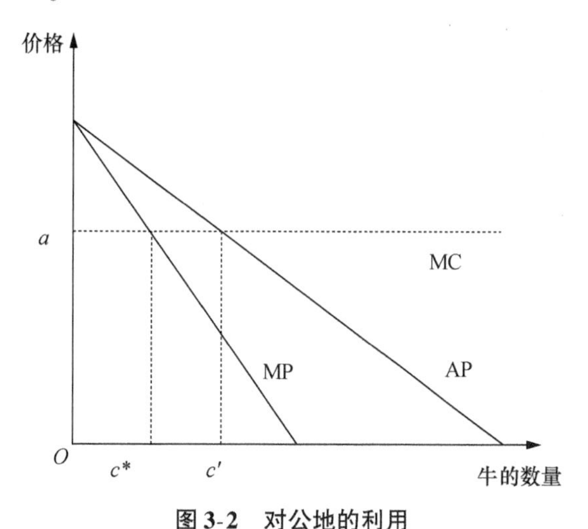

图 3-2　对公地的利用

假定 c 头牛可得的价值总量为 $f(c)$,公地的最佳利用应使整个村庄的净产值或利润最大化,即:

$$\mathrm{Max}[f(c) - ac] \quad \text{(式 3-1)}$$

增加一头牛的边际产值等于小牛的成本 a,即:

$$\mathrm{MP}(c^*) = a \quad \text{(式 3-2)}$$

c^* 为使整个村庄利润最大化的牛的数量,对应于 MC 和 MP 的交点。

而从每个牧民个人的角度看,如果一头牛所创造的产值还超过购买小牛的成本 a,那么增添牛就是有利可图的。如果当前公地中已有牛 c 头,这 c 头牛可获得的价值总量为

① Hardin, G. The tragedy of the commons[J]. Science, 1968,162:1243—1248.

② 搭便车问题由经济学家和社会学家曼瑟·奥尔森(Mancur Olson)于 1965 年提出。其基本含义是不付成本而坐享他人之利,指一些人需要某种公共物品,但事先宣称自己并无需要,在别人付出代价去取得后,他们就可不劳而获地享受成果。

$f(c)$,那么,每一头牛可创造的产值为$\frac{f(c)}{c}$,而自己增加一头牛的话,每头牛可创造产值$\frac{f(c+1)}{c+1}$,如果$\frac{f(c+1)}{c+1}>a$,那么就应再添置一头牛。如果村庄每一个人都依此行动,那么最后均衡的总牛数c'将符合下面的等式:

$$\frac{f(c')}{c'}=a$$

$$f(c')=ac' \tag{式 3-3}$$

c'对应于 AP 与 MC 的交点,在边际收益递减的情况下,平均收益大于边际收益,这使得$c'>c^*$,说明在公共产权状态下,人们有过度使用公地的倾向。

类似地,可以用这种逻辑讨论污染问题,只是人们不是从公共牧场中索取,而是向公共环境中排放废弃物。自然环境具有的吸纳废弃物的功能具有公共物品的性质,随着污染排放量的上升,其造成的边际损害递增,即 MC 是一条向上倾斜的曲线,污染者所生产的产品价格不变。在图 3-3 中,对于单个污染者来说,其增加一个单位的经济活动可以为他带来平均收益 $AP=MP=p$,经济活动造成的边际损害为 MC,但损害成本由所有人平均分担,他只承担平均成本,即 AC。由于 MC 递增,MC > AC。从社会整体利益的角度看,最优排放量对应于 MC 和 MP 的交点 Q^*,而从污染者个人的角度看,排放更多的污染是有利可图的,结果污染排放量会增大到 Q',使环境质量加速下降。

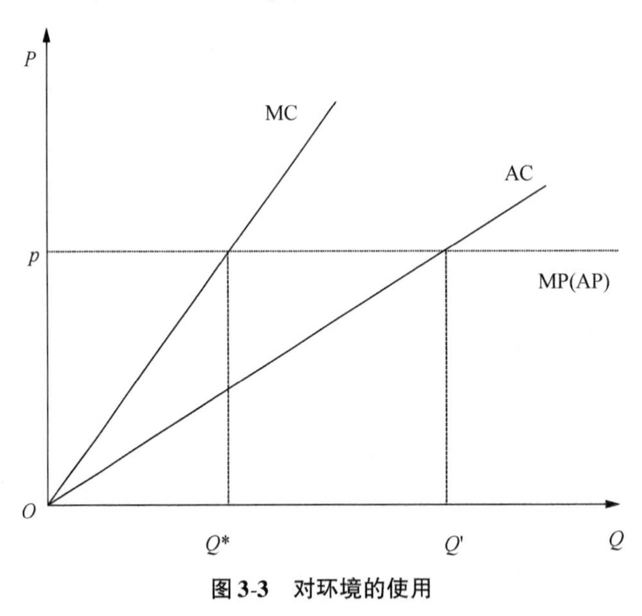

图 3-3 对环境的使用

3.2.3 公共物品的供给

由于公共物品的消费不具有分割性和排他性,生产方就不能根据消费数量和消费者的出价意愿进行收费,这会造成供给不足的问题。

私人物品具有可分割性,因此在同一市场价格下消费者可以选择不同的消费数量,私人物品的总需求曲线就是每个消费者需求曲线的横向加总。如图 3-4 所示,假设社会上有 a、b、c 三个消费者，在物品价格为 P_i 时，a、b、c 对该物品的需求量分别为 Q_a、Q_b、Q_c，社会对该物品的总需求 $Q_i = Q_a + Q_b + Q_c$。在每一个价格水平上，社会总需求都这样形成，相当于总需求曲线 TD 是单个消费者需求曲线 D_a、D_b、D_c 的横向加总。

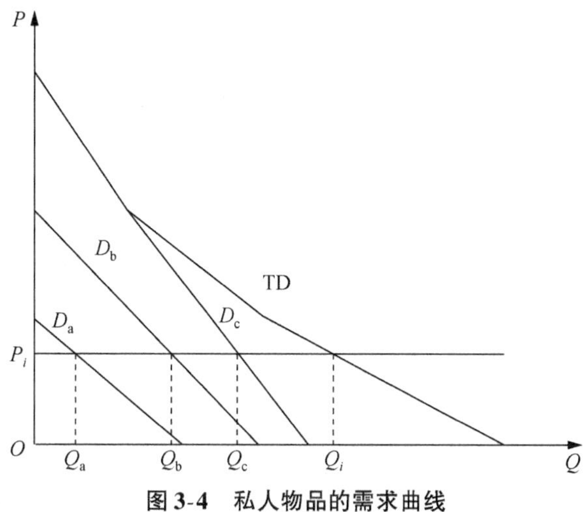

图 3-4 私人物品的需求曲线

公共物品的消费不具有可分割性和排他性，消费者只能消费相同的数量，但对这相同的数量，不同的消费者愿意支付的价格可能是不同的，这样公共物品的总需求曲线是每个消费者需求曲线的纵向加总。如图 3-5 所示，假设社会上有 a、b、c 三个消费者，在物品的供给数量为 Q_i 时，a、b、c 对该物品的愿意支付的价格分别为 P_a、P_b、P_c，社会对该物品的总支付意愿 $P_i = P_a + P_b + P_c$。在每一个供给数量上，社会总支付意愿都这样形成，相当于总需求曲线 TD 是单个消费者需求曲线 D_a、D_b、D_c 的纵向加总。

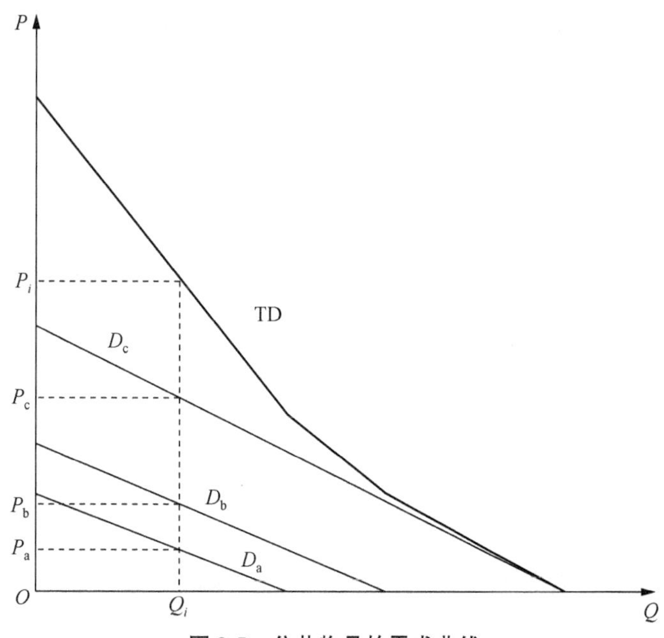

图 3-5 公共物品的需求曲线

公共物品的合理供给水平是所有受益者的支付意愿曲线的纵向加总所得的总支付意愿 TD 线与提供这种公共物品的边际成本曲线的交点。相应地,公共物品的成本在各受益者间的分摊也应以受益者的支付意愿为准,因此对公共物品的有效定价方法是差别定价。这样每个人都根据自己的边际支付意愿来付费,不仅适当的公共物品数量将被提供,而且预算也将达到平衡,即愿意支付的数量等于使供给得以实现而必须支付的数量,这就是所谓的林达尔均衡(Lindahl equilibrium),这是以经济学家埃里克·林达尔(Erik Lindahl)的名字命名的。但是,由于公共物品消费的不可分割性和非排他性,存在搭便车的可能,受益者可能不愿揭示自己的支付意愿,差别定价在实际上无法实现。这使得潜在的公共物品的供给方不能取得足够的回报,不愿提供社会最优水平的公共物品。

清洁的空气、干净的水等良好的环境具有公共物品的性质,从上面的分析可以看出,其消费的不可分割性和非排他性会使人们没有动力揭示自己对环境质量的出价,更愿意搭便车,结果造成在市场机制下,大家都对环境修复和污染治理没有积极性,使环境质量供给不足。正如亚里士多德所言:“那由最大人数所共享的事物,只得到最少的照顾。”

由于在市场机制下私有部门不能提供充分的公共物品,公共物品常常需要由政府供给。政府提供公共物品的供给条件为

$$\sum_{i=1}^{n} \frac{\partial u_i / \partial G}{\partial u_i / \partial x_i} = \frac{p_G}{p_x} \qquad (式 3\text{-}4)$$

这里 G 是公共物品,x 是私人物品,u 是效用,p_G 为公共物品价格,p_x 表示私人物品价格,在预算约束下政府供给公共物品的最优数量的条件是:公共物品与私人物品的边际效用之比等于其价格比。

3.2.4 公共物品的租值耗散

租值耗散(rent dissipation)是指本来有价值的资源或财产,由于产权安排方面的原因,其价值(或租金)下降,乃至完全消失。租值耗散现象在公共物品上表现得比较明显。

哈丁关注到优良的道路会在免费使用时产生过度拥挤的问题:在通往同一目的地的两条免费道路中,优良的道路总是过分拥挤,这就使在优良道路上驾车的成本大大提高。当拥挤达到一定程度后,优良道路和较劣道路对驾车者来说没有差别,这意味着优良道路高于较劣道路的价值完全消失。在公共牧场的案例中,由于牧场对所有牧民开放,导致牧场上牛群过多,过度放牧使牧场的品质下降,也是发生了租值耗散。

在道路的例子里,优良道路之所以堵塞是因为它不是私有财产。如果优良道路是私有财产,业主就可以收租,租金成为使用道路的价格,可以对道路的使用起调节作用。但优良道路是公共财产,不存在价格,使用者不付代价,过分使用就成为必然。可见产权界定不清是公共物品租值耗散的根本原因。

公有制能解决外部性和公共物品问题吗?

正如本章中论述的,外部性是指一个经济人的生产(或消费)行为影响了其他经济人

的福利，这种影响是由经济人行为产生的附带效应，但没有通过市场价格机制进行传导。那么，如果外部性影响的产生方和接受方合并，"外部性"成为"内部性"，外部性就自然消失了。比如，对化工厂排放的废水污染了附近的鱼塘、造成了外部损害的案例来说，如果由化工厂收购了鱼塘，那么外部性就成功地内化了。但是，消失的只是经济学意义上的一个经济人对另一个经济人的影响，环境损害即使变为"内部性"仍然是存在的。这里"将外部性内部化"和消除环境损害是两个不同的概念。因此，通过合并将外部性"内部化"并不能真正解决环境问题。

另外，合并后原本为不同经济人拥有的物品成为共同产权物品，又会带来公共物品问题。哈丁发表《公地的悲剧》后，许多学者认为解决"公地悲剧"的唯一选择是政府对自然资源系统进行控制。例如奥斯特罗姆认为："因为公地的灾难和环境问题不可能借助合作途径解决，具有主要强制权力的政府原则是不可阻挡的。……即使我们避免了公地灾难，也必然无法避免只能求助于极权主义国家的悲剧。"①但人们对苏联的研究发现在市场经济国家发生的污染问题在苏联同样存在。公有制形成了个人理性与集体理性的另一种偏离：1970年，苏联65%的工厂没有对废物进行任何处理就直接排放，这是由于管理者的业绩是单纯由产出衡量的，并不考虑因此造成的对环境的损害。因此，葛德曼认为，工业化，而非私有企业，是环境破坏的根源，对生产资源的国有化并不能解决问题。②

我国1978年前的很长一段时期，实行的是计划经济体制，几乎所有的经济资源都处于"公有"状态。两个在市场经济下最有活力的单位——企业和个人，无力对资源的开发利用做出规划，也不能充分享有生产的收益，只能在经济计划的指导下进行生产。在这种状况下，社会无法形成有效配置经济资源、提高资源使用效率的机制，因此造成巨大的资源浪费和比较严重的环境污染问题。

在我国第一个五年计划时期(1953—1957年)，政府决策部门以恢复和促进经济增长为首要任务，致力于在较短的时间内建立新中国工业化的框架，没有将环境污染列入议事日程，工厂污染物的排放基本上处于放任自流的状态，使得在经济建设的起步阶段环境问题就已经突出地表现出来了。有调查研究显示，当时重要工业城市的空气污染对居民的健康已构成威胁。"大跃进"时期为了能够"超英赶美"，全国大建小炼铁炉、小炼钢炉、小电站、小水泥厂，这些小企业设备简陋、技术低下、管理混乱、浪费惊人，大量的自然资源被破坏，造成了严重的环境后果。"以粮为纲"的农业政策则引起了大面积毁林开荒、围湖造田，严重破坏了自然生态环境，而由此引发的自然灾害又妨害了农业生产，两者间形成恶性循环。"变消费城市为生产城市"、"三线建设"的工业布局思想又使得当时的工业企业布局十分混乱，一方面，许多污染严重的企业建在大中城市的中心城区，既浪费了城区土地，又严重影响居民健康；另一方面，许多排放大量污染物的工厂分散在深山峡谷中，这些地区污染物扩散条件差，又不利于集中整治。错误的工业布局不仅在当时引发严重污染问题，还给后来的环境污染防治造成很大困难。经过"大跃进"和"文化

---

① 转引自〔美〕V. 奥斯特罗姆等. 制度分析与发展的反思——问题与抉择[M]. 北京：商务印书馆，1992：88.

② Tom Tietenberg. 环境与自然资源经济学(第5版)[M]. 北京：清华大学出版社，2001：63.

大革命”,中国农村的生态环境已受到严重破坏,城市的空气、水污染也到了相当严重的水平。

据调查,一些主要河流、湖泊、海湾,如长江、黄河、松花江、鸭绿江、图们江、辽河、海河、淮河、珠江、漓江、湘江、滇池、官厅水库、白洋淀、渤海、胶州湾等水系、海域都受到不同程度的污染,有的污染危害已相当严重。不少城市和地区的饮用水源被污染,水质显著下降。许多城市和工业区,黑烟滚滚,空气污浊,有害物质增多。废渣堆积如山,占用大量农田,淤塞航道,毒化环境。不少工矿企业职业病有所增加。此外,农业上由于使用某些高残留农药,许多农副产品含有过量的农药残毒;同时,在粮食加工、食品生产过程中,不适当地添加了许多有害的化学物质。有些地区,不适当地开垦草原、采伐林木、兴修水利,也破坏了自然环境。所有这些,对于人民健康,对于农、林、牧、副、渔业的发展,对于交通运输业的发展,对于对外贸易,都带来了不利的影响,某些地区、某些方面已造成严重危害。①

可见,公有制既无助于解决外部性带来的环境问题,也无助于解决公共物品带来的环境问题,而且其本身还可能造成资源利用的低效率,从而带来更严重的环境破坏。

3.3 不确定性和短视

环境变化往往是缓慢的,在自然界中有毒物质从积累到产生明显的损害之间,从人类干扰生态系统到产生难以逆转的破坏之间一般存在时滞,有时这种时滞还很长。比如工业革命以来,温室气体就在大气中积累,但其造成比较明显的温室效应并引起人们的关注是近二三十年的事。因此,在环境领域的选择往往影响的不仅是现在,可能还影响到长远的将来。但是,将来的情况如何变化还存在不确定性,行为和结果间隔的时间越长,结果就越难以被认知,不确定性也越大。这使得从长期看,现在做出的看似正确的决策可能是错误的。

一般地,人们更倾向于关注时空距离近的事物(图3-6)。从时间维度看,人们更多看重眼前的利益,偏重当前消费,这样,不确定性的存在可能成为拖延行动的借口,损害环境和人们的长远福利。从空间维度看,人们对周边情况的关注也多于对远距离外的情况的关注,这可能造成对直接影响健康的当地空气质量等环境指标变化很关注,却忽视影响人类生存的全球性的生态危机。

可持续发展强调在利用自然资源和开发环境中的代际公平,但无数的后代人还没有出生,只能由当代人代替他们做出决定。这会产生两个难以回答的问题:人们的决定建立在他们对后代需求的认知基础上,而后代人需求什么?在后代人的需求与当代人的需求间有竞争时,如何进行取舍?比如,在大型河流上修建水坝会截断一些淡水鱼类的洄游路线,可能使这些鱼类面临灭绝的风险。那么是修建水坝还是保护物种,每一代的人

① 转引自李周等.中国环境问题[M].郑州:河南人民出版社.2000:7.

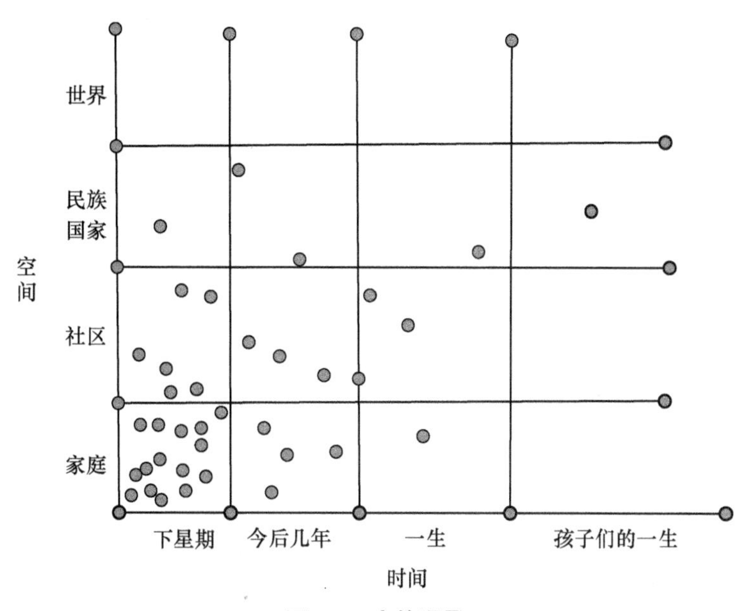

图3-6　人的眼界

所做的决定都会对后代造成影响,但现在的人无法了解未来人的需求,这个困难就无法克服。在气候变化和削减温室气体排放问题上,一些人认为当代人有责任减少驾驶、取暖、用电,以减少化石能源的消耗,降低温室气体排放,避免未来的气候灾难;而另一些人认为世界上还有许多人的生活水平低下,增加化石能源的使用量会增进他们的福利水平;还有人认为人的技术未来会发展到高级阶段,他们会自己解决气候问题,当代人不用为他们减少化石能源消耗。那么是否应该减少、应该减少多少化石能源的消耗以应对气候变化呢? 选择在很大程度上取决于人们的眼界。

政府失灵

政府具有对所有国民的强制性,市场失灵的存在为政府机制发挥作用提供了理由。在本书第6章中将介绍政府促进工业企业削减污染的几种工具。政府可使用行政工具、财政工具纠正污染者的行为,可以提供环境信息、资助环境科学研究活动,还可以直接供给某些公共物品。从理论上讲,政府的措施有可能纠正市场失灵。但政府也不是万能的,政府机制的运作需要成本,在政府干预中也会出现政府失灵。一些政府失灵不但不能纠正市场失灵,还可能更加扭曲市场机制,造成更大的损失。

政府失灵有多种形式,如需要政府提供公共物品或纠正市场失灵时政府没有作为,由于政府机构臃肿、公办公营的企业运行效率低下等原因使政府干预失败,政府对本应由市场机制作用的领域进行干预,政府干预时产生外部性等。

根据决策层次的不同,与环境问题有关的政府失灵可分为项目失灵、部门失灵和宏观政策失灵。发展公共项目是政府提供公共物品的一种手段。在发展中国家,公共项目的规模一般较大,在经济发展和环境保护出现矛盾时,政府常常为经济发展而牺牲环境。

在实际工作中表现为忽视或缩小项目的环境成本,造成环境损失,从长远看也影响经济发展。与自然环境有关的部门,如林业、农业、水利等部门的政策会对环境造成较大的影响。例如森林产品和服务的无价和低价政策会鼓励乱砍滥伐,造成森林退化、水土流失等环境后果。政府的各种宏观经济政策,包括利率、汇率、财税、金融、贸易等政策对环境质量都可能产生较大的影响。如农产品贸易保护政策鼓励作物种植与畜牧业的发展,但可能造成山坡地的水土流失、水污染、泥石流、洪灾等问题。

埃及阿斯旺水坝(Aswan Dam)就是政府失灵造成环境问题的典型例子。阿斯旺水坝建成于1970年,位于开罗以南900公里的尼罗河畔,是高111米、长3830米的大坝,它将尼罗河拦腰截断,形成5120平方公里的水域面积。水坝的建成对埃及的社会发展起到了巨大的作用,供应了埃及一半的电力需求,并阻止了尼罗河每年的泛滥。

由于大坝设计者对环境保护的认识不足,大坝建成后在对埃及的经济起了巨大推动作用的同时也对生态环境造成了一定的破坏:

(1) 大坝工程造成了沿河流域可耕地的土质肥力持续下降。大坝建成前,尼罗河下游地区的农业得益于河水的季节性变化,每年雨季来临时泛滥的河水在耕地上覆盖了大量肥沃的泥沙,周期性地为土壤补充肥力和水分。可是,在大坝建成后,虽然通过引水灌溉可以保证农作物不受干旱威胁,但由于泥沙被阻于库区上游,下游灌区的土地得不到营养补充,因此土地肥力不断下降。如今埃及是世界上最依赖化肥的国家。具有讽刺意味的是,化肥厂正是阿斯旺水电站最大的用户之一。

(2) 修建大坝后沿尼罗河两岸出现了土壤盐碱化。由于河水不再泛滥,也就不再有雨季的大量河水带走土壤中的盐分,而不断的灌溉又使地下水位上升,把深层土壤内的盐分带到地表,再加上灌溉水中的盐分和各种化学残留物的高含量,导致了土壤盐碱化。

(3) 库区及水库下游的尼罗河水质恶化,以河水为生活水源的居民的健康受到危害。大坝完工后水库的水质及物理性质与原来的尼罗河水相比明显变差了。库区水的大量蒸发是水质变化的一个原因。另一个原因是土地肥力下降迫使农民不得不大量使用化肥,化肥的残留部分随灌溉水又回流尼罗河,使河水的氮、磷含量增加,导致河水富营养化。此外,土壤盐碱化导致土壤中的盐分及化学残留物大大增加,既使地下水受到污染,也提高了尼罗河水的含盐量。这些变化不仅对河水中生物的生存和流域的耕地灌溉有明显的影响,而且毒化了尼罗河下游居民的饮用水。

(4) 河水性质的改变使水生植物及藻类到处蔓延,不仅蒸发掉大量河水,还堵塞河道灌渠等。由于河水流量受到调节,水质发生变化,导致水生植物大量繁衍。这些水生植物不仅遍布灌溉渠道,还侵入了主河道。它们阻碍着灌渠的有效运行,需要经常性地采用机械或化学方法清理,又增加了灌溉系统的维护开支。同时,水生植物还大量蒸腾水分,据埃及灌溉部估计,每年由于水生杂草的蒸腾所损失的水量就达到可灌溉用水的40%。

(5) 尼罗河下游的河床遭受严重侵蚀,尼罗河出海口处海岸线内退。大坝建成后,尼罗河下游河水的含沙量骤减,水中固态悬浮物由1600 ppm降至50 ppm,混浊度由30—300毫克/升下降为15—40毫克/升。河水中泥沙量减少导致了尼罗河下游河床受到侵蚀,尼罗河三角洲的海岸线不断后退。

(6) 水坝严重扰乱了尼罗河的水文。原先富有营养的泥沙沃土沿着尼罗河冲进地中海,养活了在尼罗河入海处产卵的沙丁鱼,如今那里的沙丁鱼已经绝迹了。

小结

虽然市场机制是实现稀缺资源有效配置的基本制度,但在现实中由于产权难以界定、信息不对称、人类的机会主义心理等,市场机制也会出现失灵。其中一些市场失灵是造成环境问题的重要原因,主要的市场失灵有外部性、公共物品、不确定性和短视等。

进一步阅读

1. Panayotou, T. Green markets: the economics of sustainable development[M]. ICS Press, 1993.

2. Stiglitz, J. E. Markets, market failures, and development[J]. American Economic Review, 1989, 79(2): 197—203.

3. Hardin, G. The tragedy of the commons[J]. Science, 1989, 162:1243—1248.

4. Randall, A. The problem of market failure[J]. Natural Resources Journal, 1983, 23: 131-148.

5. 〔美〕查尔斯 · 沃尔夫. 市场或政府——权衡两种不完善的选择/兰德公司的一项研究[M]. 北京: 中国发展出版社, 1994.

6. OECD. 环境管理中的市场与政府失效[M]. 北京: 中国环境科学出版社, 1996.

7. 〔美〕詹姆斯 · M. 布坎南. 公共物品的需求与供给[M]. 上海: 上海人民出版社, 2009.

8. Cornes, R., Sandler, T. The theory of externalities, public goods and clubs[M]. Cambridge: Cambridge University Press, 1986.

9. Coase, R. The problem of social cost[J]. Journal of Law and Economics, 1960, 3: 1—44.

10. Demsetz, A. Toward a theory of property rights[J]. American Economic Review, 1967, 57: 347—359.

思考题

1. 简述外部性是如何引起环境问题的。
2. 与私人物品相比,公共物品的供给和需求有什么特点?
3. 什么是公共物品的租值耗散?
4. 试举例说明不确定性如何引起环境问题。
5. 试举例说明短视如何影响到人们对环境问题的认识和应对。

第4章　分析污染问题的思路

学习目标

- 掌握使用边际方法分析最优污染问题
- 掌握使用边际方法分析污染削减成本的分担问题
- 掌握在污染分析中应用物质平衡方法
- 掌握清洁生产、生态工业、循环经济的内涵和实现思路

污染(pollution)是自然环境中混入了对人类或其他生物有害的物质,其数量或程度达到或超出环境承载力,因此改变环境正常状态的现象。引发污染的有害物质就是污染物(pollutant),而排放污染物的主体称为污染源(pollution source)。对污染有多种分类方法:按污染物的性质可分为可降解污染和不可降解污染;按污染源的性质可分为移动源污染和静态源污染;按污染源的可分辨性可分为点源污染和非点源污染;按受损害的环境介质不同,可分为水污染、空气污染、土壤污染等。

4.1　静态局部均衡分析

自然环境对一些污染物,如 SO_2、NO_x、COD 等,有分解消纳的能力;对有些污染物,如 DDT,则不能分解消纳。但即便能在环境中分解消纳的污染物,如果短期内排放过多,而自然环境来不及分解也会累积下来。这样,在现实中影响环境质量的就不仅是当期的污染排放量,还要考虑往期的排放量、环境消纳能力和环境中的污染积累量。为了分析的简便,我们假定:污染物是可降解的,每一时间段的污染损失由当前的排放量决定,与过去的排放量和环境中的积累量无关。这样就可以方便地用边际分析工具对污染问题进行简便的静态局部均衡分析。

4.1.1　污染分析的现实基础

污染往往以生产或消费行为的负外部性的形式表现出来,尽管污染会损害人们的健康和福利,是一种招人讨厌的现象,但要完全消除污染却没有必要,也是不可能的。这是因为:

① 在一定的技术条件下,很多行业投入的资源并不能100%转化为有用的产品和服务,而未被转化的部分被废弃,这是污染物的物质来源。也就是说经济活动总是伴随着污染物的产生,因此可以将污染看作经济活动的副产品或投入物。

② 自然环境对一些污染物有自净能力,只要污染物的排放速度不超过环境的自净能力,污染物就不会累积,也不会造成损害。另外,人体、生态系统对污染物有一定的同化作用和耐受性,低于一定水平的污染也不会造成损害。

③ 消除污染是要花费成本的,而且随着消除比率的上升,花费的成本也会上升。或者说只有大大增加成本,产品才可能以无污染的方式生产出来。

这样,产生污染的经济活动一方面会带来有用的物品或服务,但另一方面却会造成环境损害,因此排放污染的决策是一个两难选择。人们面对的选择项是享有一定水平的物品或服务与相应的污染的组合。这不是在有没有污染间进行选择,而是在有何种程度的污染间进行选择。通过选择,人们选取享用一定数量的物品或服务,同时忍受一定程度的污染,以达到总效用的最大化,这是进行污染分析的现实基础。

4.1.2　最优污染水平的边际分析 I

为了使稀缺的经济资源得到最优配置,经济决策是在边际水平进行的,边际收益和边际成本的对比情况决定了人们的选择。边际收益是指生产者(或消费者)在一定时间内,新增加一个单位产品的生产(或消费)所得收益(或效用)的增加量。边际成本指新增加一个单位产品的生产(或消费)带来的成本的增加量。

一般地,在其他条件不变的情况下,对于生产者来说,随着对某种产品的生产数量增加,在一定的时间内生产者从连续增加的生产单位中得到的边际收益是递减的。对于消费者来说,随着对某种商品消费数量的增加,在一定的时间内消费者从连续增加的消费单位中所得到的边际效用也是递减的,这就是所谓的边际收益递减规律。当递减的边际收益与边际成本相等时,生产能带来最大的净收益;当递减的边际效用与边际成本相等时,消费能带来最大的净效用,此时对应的生产(或消费)量是最优的。

可以用图 4-1 对污染问题进行边际分析。假定某企业在生产过程中产生污染,在技术水平不变的情况下,该企业的污染量与产量间成正比例关系。图 4-1 中横轴表示产量或污染量,纵轴是以货币计量的成本(或收益)。按照边际效用递减的一般规律,产生污染的经济活动带来的私人边际净收益是递减的,表现为一条随污染的增加向下倾斜的曲

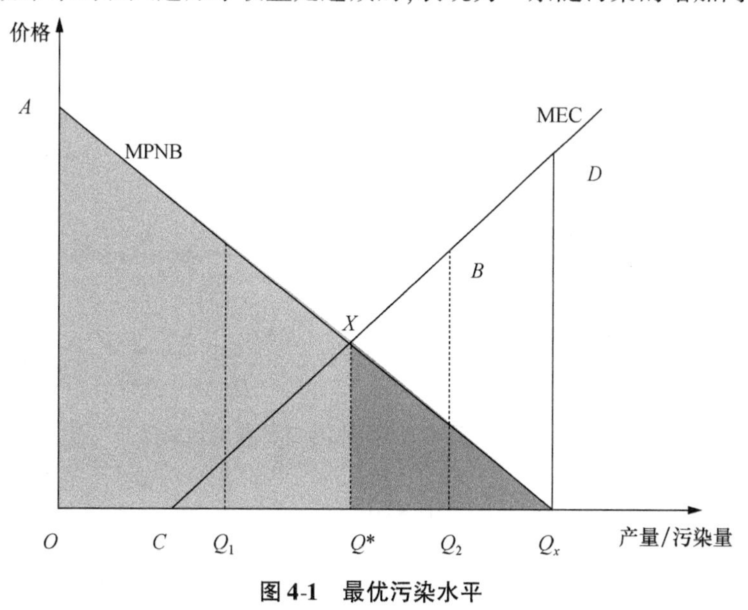

图 4-1　最优污染水平

线 MPNB(marginal private net benefit),对曲线以下的面积求积分就可以得到总收益。由于少量的污染容易被环境稀释,人们也能忍受少量的污染。随着污染量的上升,稀释和忍受会变得困难,污染造成的损害也加速上升,因此污染带来的边际环境成本没有从0开始,但表现为一条随污染的增加向上倾斜的曲线 MEC(marginal environmental cost),对曲线以下的面积求积分就是总成本。

根据边际效用和边际成本曲线的形态,可以推导出社会最优的污染水平:污染的边际效用和边际成本相等时所对应的污染水平是最优污染水平。在图4-1中是两条边际曲线的交点 X 对应的 Q^*。在 Q^* 的左侧 Q_1 处,污染排放量较小,进一步增加污染带来的收益大于因此增加的损害,增加污染可以增加净收益;而在 Q^* 的右侧 Q_2 处,污染排放量较大,减少污染带来的损害减少大于因此减少的收益,减少污染可以增加净收益。

企业是理性的经济人,其经营目标是取得最大净收益。在污染带来的环境损害以外部成本的形式存在的情况下,企业不会考虑污染损害问题。为了达到自身利益最大化,企业会将产量增加到 MPNB 等于0的 Q_x。此时企业取得最大化的净收益,数量为 ΔOAQ_x 的面积,与最优污染相比,企业多取得了图中深色阴影部分的收益。此时,社会要承担污染损失,数量为 ΔCDQ_x 的面积。虽然企业实现了净收益的最大化,但产品产量和排污量都大于社会最优量,给社会带来过多的环境损害,造成社会总福利的损失。

从图4-1可以看出,Q^* 虽然小于 Q_x,但并不是0。也就是说从经济效率的角度来看,最优污染水平不是0。但在一些特殊的情况下,比如放射性污染或剧毒化学品污染,其第一个单位的污染损害就特别严重,反映在曲线上为边际成本曲线向左移动,其与纵轴的交点高于边际收益曲线与纵轴的交点(图4-2)。此时,就应该将污染量控制在0。

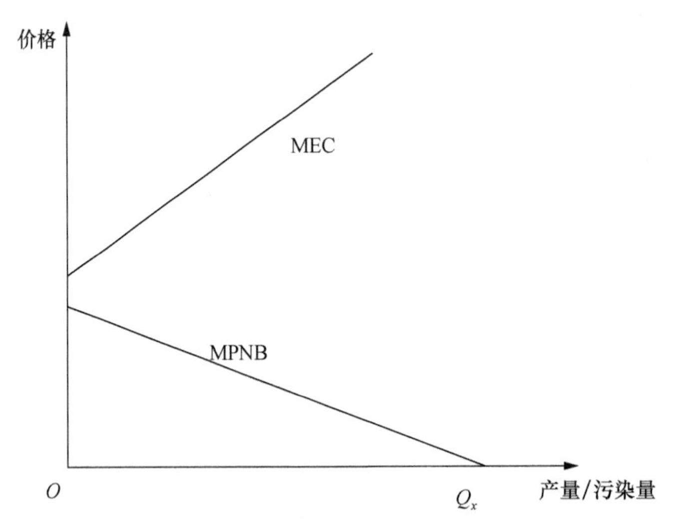

图4-2　放射性污染或剧毒化学品污染的边际损害

4.1.3　最优污染水平的边际分析Ⅱ

还可以用另一种思路来确定最优污染水平:污染会带来环境损害成本,但是削减污染也会带来削减成本,人们的决策是要选择合适的产量(污染量),使花费的总成本最小。

如图 4-3 所示，X 轴自左向右表示污染量的增加，反过来看自右向左则表示削减量的增加，Y 轴表示边际成本。MEC 的含义与图 4-1 相同，曲线下方的面积是环境损害成本。污染量下降意味着降低产量或投资于排放削减技术，所以削减污染物的排放将导致成本的上升。一般地，随着污染量下降，进一步削减污染的成本是上升的。比如，如果要减少废气中的烟尘，用一台除尘器可以减少 80% 的烟尘，而要再减少剩余的 20% 的烟尘中的 80%，需要再装一台除尘器。这样虽然两台除尘器的成本一样，但第一台可以消除 80% 的烟尘，而第二台只能消除 20% ×80% =16% 的烟尘，显然，第二台除尘器的单位成本更高。也就是说，随着削减量的增加削减污染的边际成本 MAC(marginal abatement cost) 是递增的。MAC 曲线以下的面积就是削减成本。

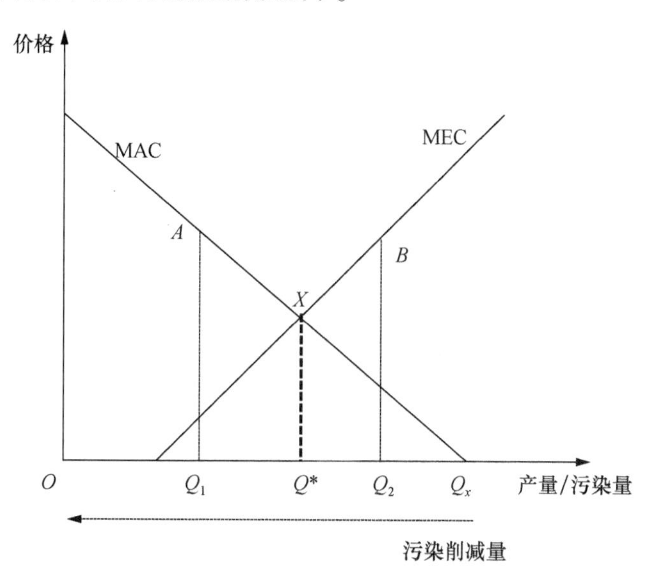

图 4-3　最优污染水平

根据两条边际成本曲线的形态，可以推导出最优污染水平：污染的边际环境成本与边际削减成本相等时所对应的污染水平是最优污染水平。在图中是 MEC 和 MAC 的交点 X 对应的 Q^*。在 Q^* 的左侧 Q_1 处污染削减过度，增加污染尽管会带来环境损害成本的增加，但节约的污染削减成本更大，使总成本下降；类似地，在 Q^* 的右侧 Q_2 处污染削减不足，增加污染削减量尽管会带来削减成本上升，但能节约更多环境损害成本，也会使总成本下降。

如果将污染削减看作是一种产品，则可将污染削减避免的环境损害作为这种产品的收益。由于边际收益曲线显示了不同价格下消费者愿意购买的产品数量，因此可以将边际环境成本曲线 MEC 作为污染削减的需求曲线；由于边际削减成本曲线显示了不同价格下生产者愿意提供的削减数量，因此可以将污染边际削减成本曲线 MAC 作为污染削减的供给曲线。这样污染削减的市场均衡水平就由供给曲线和需求曲线的交点决定。

从图 4-3 中也可以发现最优的污染水平不是 0。这正是经济学分析的核心思想：人们通过选择达到最优结果，而选择是有成本的。在污染问题上也是这样，人们需要在(忍受更多污染 + 取得更多经济收益)和(忍受较少污染 + 取得较少经济收益)间进行选择，

以达到总效用的最大化，选择结果的最优点往往既不是随心所欲地排放污染，因为那样人类将无法生存，也不是彻底消除所有污染，因为那样经济成本太高，而是执其两端，权衡之后在中间取一个组合。

4.1.4　最优污染水平的动态变化

边际削减成本曲线和边际环境损害成本曲线受多种因素的影响，其中任何一种因素引起边际曲线的移动，都会使最优污染水平发生变化。

在图4-4中，由于人口增长，使同样数量的污染排放损害了更多人的健康，造成更大的损害，因此，MEC向上移动到MEC′，相应地，最优排放水平由 Q^* 移动到较低水平 Q'。这一变化的含义是，在人口稠密的地区，最优污染水平更低，需要投入更多的资源进行污染控制。

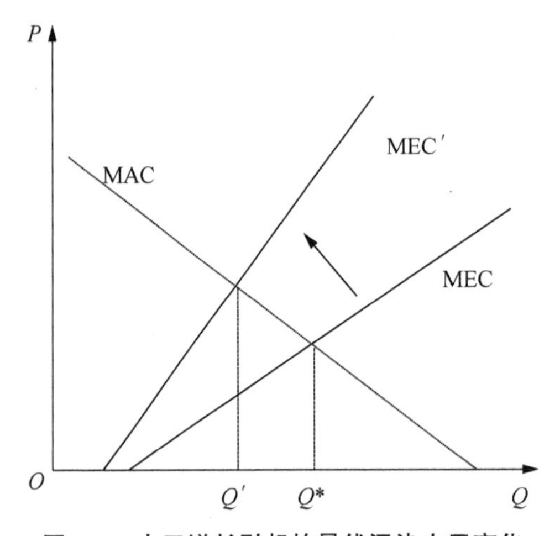

图4-4　人口增长引起的最优污染水平变化

在图4-5中，由于技术进步，使削减同样数量的污染的成本下降，因此，MAC向下移

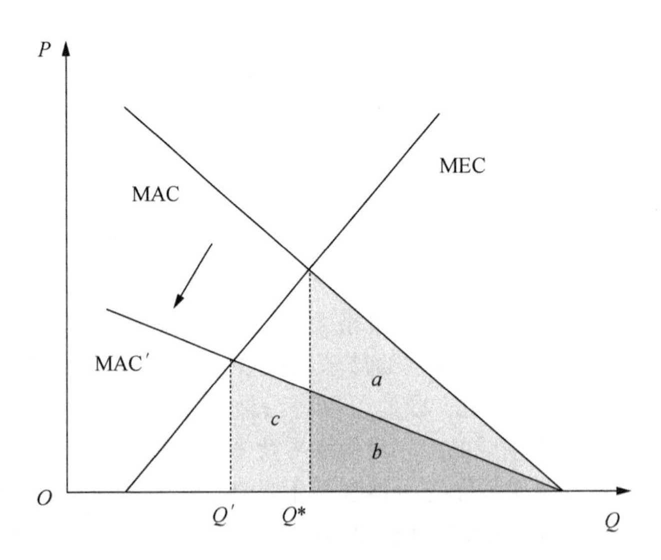

图4-5　技术进步引起的最优污染水平变化

动到MAC′,相应地,最优排放水平由Q^*移动到较低水平Q'。这一变化的含义是,从社会利益最大化的角度看,随着削减技术的进步,污染者应该削减更多的污染。但是从污染者的角度看,其付出的削减总成本不一定减少。在削减技术进步前,其付出的削减总成本是$a+b$的面积,而削减技术进步后要削减更多污染,其付出的削减总成本是$c+b$的面积。总削减成本是增加还是减少,要看图中两块浅色阴影面积的比较。如果没有激励,企业可能不会自觉地应用先进的削减技术。

4.1.5　污染削减成本的负担

要达到最优污染水平意味着削减一定数量的污染,而这是要花费成本的,从道义上讲,这笔成本应由谁负担呢?从经济效益角度看,如何在多个负担者间分配削减任务才能使总削减成本最小?

1. 污染者付费原则

削减污染要花费成本,在20世纪60年代末陆续引入环境管制政策后,由于担心企业成本加大会减少竞争力,为了保持本国企业的竞争力,西方各国政府会向本国企业提供治污费用补贴,使其比自己承担污染削减费用的外国对手更有成本优势,这些补贴扭曲了市场竞争环境。为了维持企业间的公平竞争,经合组织(OECD)1974年提出了污染者付费原则(polluter pays principle,PPP),规定造成污染的污染者应该承担由政府决定的控制污染措施的费用,使环境处于可接受的状态。

需要指出的是,这里污染者的含义不限于污染产品的生产者,这些产品的消费者也是污染者,这是因为没有消费就不会有生产。所以,在污染者付费原则下,虽然污染者直接承担了污染削减成本,但会通过提高产品价格向消费者转嫁成本负担,结果使得两者实际上分担了污染削减成本。至于各自分担的比例,则取决于污染产品的供给曲线和需求曲线的弹性大小的对比(可参考微观经济分析中"税收在生产者和消费者间的分担")。

2. 多个污染者间污染削减成本的分担

在一个地区内往往存在多个污染者,这些污染者控制污染的成本一般来说是不同的。比如,要削减同样数量的污水,纺织厂花费的成本较低,而造纸厂、化工厂花费的成本可能高得多。如果为了保护当地的环境质量需要削减一定数量的污染,削减量应如何在地区内不同的污染者间进行分配才能最大限度地节约总削减成本,达到经济效率目标呢?

答案并不是平均分配,因为显然削减成本低的污染者承担更大的削减责任可以节约总成本。可以用边际方法推导这个问题的准确答案。为了分析简便,可以先假定该地区有两个污染者,他们的边际削减成本不同,污染者1可以以较低的成本削减污染,边际削减成本曲线(MAC_1)较平缓,污染者2的削减成本较高,边际削减成本曲线(MAC_2)较陡峭(图4-6)。

为了达到政府的环境目标,二者要共同削减AB单位的污染。横轴从左向右是污染者1的情况显示,表示随削减量的增加,MAC_1上升,MAC_1下的面积是其负担的削减成本;从右向左是污染者2的情况显示,表示随削减量的增加,MAC_2上升,MAC_2下的面积

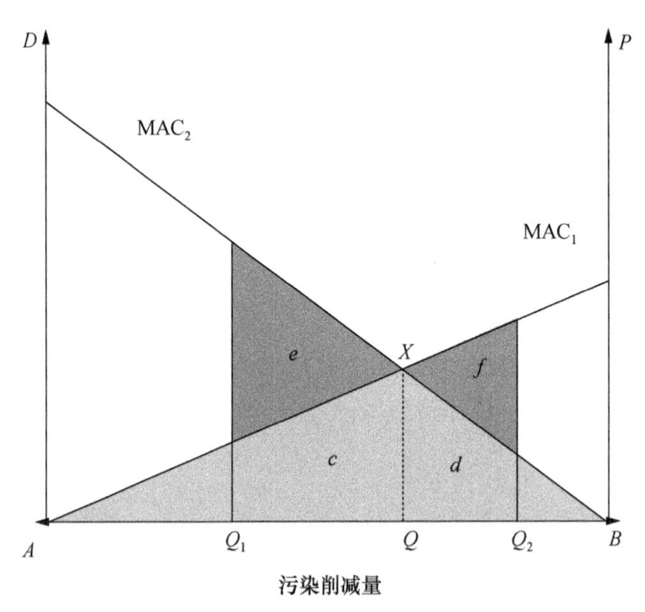

图 4-6　污染削减成本的分配

是其负担的削减成本。X 轴上的点对应于二者分担污染削减量的划分情况,其中 A 点对应所有削减任务由污染者 2 承担,B 点对应所有削减任务由污染者 1 承担。

观察曲线可知,MAC_1 和 MAC_2 的交点对应的削减量的划分方案可以最大限度地节约总成本,此时二者的总削减成本最小,为三角形 AXB 的面积 $c+d$。在点 Q 的左侧 Q_1,污染者 2 承担的削减任务过多,会使总成本增加面积 e;而在点 Q 的右侧 Q_2,污染者 1 承担的削减任务过多,会使总成本增加面积 f。

可见,对两个污染削减成本不同的污染者,要使他们共同削减一定量的污染,最节约成本的方案是他们的边际削减成本曲线的交点对应的削减量分配方案。这个方案意味着能以较低成本减少污染的一方应该承担更多的削减任务。

这一分析结论可以很容易地扩展到多个污染者的情形:要以最低的成本削减一个地区的污染,不应在多个污染者中平均分配削减任务,优化的分配方案对应于所有污染者的边际削减成本曲线的交点。此时削减成本低的污染者应该多承担削减任务。

可以用一个案例计算来演示这种解决思路:

污染削减量分配方案举例

一个地区有两个企业排放污染物,其削减污染的边际成本分别为:

$$MC_1 = 200q_1$$

$$MC_2 = 100q_2$$

这里 q_1 和 q_2 是这两个企业的污染削减量。假设不进行任何排污控制,每个企业的排污量为 20 吨,地区的总排污量是 40 吨。而科学家们经过测算,要保持该地区的环境质量,最多只能容纳 21 吨的污染,这样就需要减少 19 吨污染。可用下式计算减少 19 吨排污量的成本有效配置。

$$\begin{cases} 200q_1 = 100q_2 \\ q_1 + q_2 = 19 \end{cases}$$

解得 $q_1 = 6.33$，$q_2 = 12.67$。可见，按照这种分配方案，削减任务不是平均分配，削减成本较低的企业应承担约三分之二的削减任务。

尽管按照理论分析，让削减成本低的污染者承担更多的削减任务会节约总成本，但对污染者来说，承担更多削减任务会增加自己的成本负担，所以他们即使能以较低成本进行削减也不会主动报告。作为外部监管者的环境管理者往往无法获得污染者的边际削减成本曲线的形状，这种信息不对称使得环境管理者无法制定出最优的削减任务配额方案。借助于经济手段可以规避这种信息不对称问题，这在后面的章节里会加以详细介绍。

4.2　物质平衡分析

用边际分析方法可以求出最优污染水平，即当污染的边际成本与边际收益相等，或污染的边际损害成本与边际削减成本相等时的污染水平是最优的。在大多数情况下这样计算得到的最优污染水平不是0，而且在最优污染水平下仍可能带来巨大的环境损害。要寻找从根本上减少污染的办法，需要从污染物质的来源上想办法。

4.2.1　物质平衡的概念模型

物理学认为在一个封闭体系中，物质的量是守恒的，物质只能从一种形态转化为另一种形态，或从一个地方转移到另一地方。从物质转变转移的角度看，人类的经济活动是将自然环境中的各种物质加工组合成更好的形式、运送到不同的位置，来为人们提供各种服务和效用，在加工过程中和经消费废弃后这些物质都会返回到环境中去（图4-7）。如果环境不能分解消纳这些废弃物，就会产生污染问题。

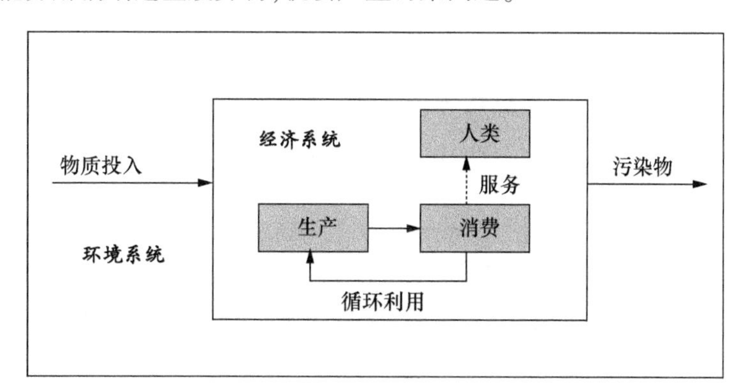

图4-7　进出经济系统的物质

应用物质平衡的思路分析人类经济系统中的物质流动，可以发现进入环境的废弃物

的质量,必等于取自环境中的燃料、食物和原材料及取自大气圈中的氧气的质量。可以用图4-8对人类经济活动中的物质流动进行细化分析:环境是经济活动的背景和基础,为公共和私人的经济活动提供所有的原材料并吸纳废弃物,它与环境类部门、非环境类部门和家庭构成一个封闭的体系。在这个体系中,环境类部门指直接从环境中汲取原材料的产业部门,包括农、林、牧、渔业和矿业部门;非环境类部门是其生产原料来源于环境类部门的行业部门,这些行业对农产品和矿产品进行进一步的加工,相当于间接利用来源于环境的原材料。在非环境类部门的运行中,一部分废弃物可能得到再循环利用。家庭是环境类部门和非环境类部门所生产的产品的消费者。在生产和消费过程中,环境类部门、非环境类部门和家庭都向环境中排放废弃物。①

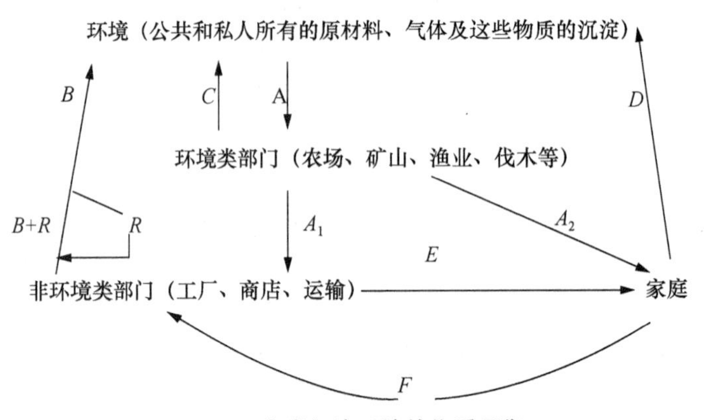

图4-8 人类经济系统的物质平衡

按照物质平衡原理,在这一体系内部,物质的总量是守恒的。同时,在这一体系的运行中,进出每个行为主体的物质量也是平衡的,即:

环境:$A=B+C+D$

环境类部门:$A=A_1+A_2+C$

非环境类部门:$B+R+E=R$②$+A_1+F$

家庭:$A_2+E=D+F$

可见,物质一旦从环境中提取出来,最终都会以各种废弃物的形式回到环境中去,对废弃物的处理尽管会使其改变形态或转移位置,但质量并不减少。因此,废弃物处理不能“消除”废弃物,但有利于将废弃物转变成更好的形态或改变其位置。

4.2.2 在污染管理中应用物质平衡原理

从物质平衡的角度看,物质一旦从环境中提取出来,最终都会以各种废弃物的形式回到环境中去。所以不论是否以最优污染水平进行排放,污染的产生是必然结果。要从根本上减少污染,不能仅着眼于具体的生产消费决策,还要从源头上预防污染的产生,减

① Ayres, R. U., Kneese, A. V. Production, consumption, and externalities[J]. American Economic Review, 1969, 69: 282—297.

② R是被回收再利用的废弃物流。

少从环境中提取的物质的量、提高物质在经济系统中的循环利用率,这就要求进行清洁生产、建设生态工业和循环经济体系。

1. 清洁生产

1989年,联合国环境规划署(UNEP)提出清洁生产(Cleaner Production)的概念:要求将整体预防的环境战略持续应用于生产过程、产品和服务中,以增加生态效应和减少人类及环境的风险。对生产过程,要求节约原材料和能源,淘汰有毒原材料,减少和降低所有废弃物的数量和毒性;对产品,要求减少从原材料提炼到产品最终处置的全生命周期的不利环境影响;对服务,要求将环境因素纳入产品设计和所提供的服务中。

实施清洁生产的措施主要有:

(1) 产品绿色设计。要求在产品设计过程中考虑环境保护,减少资源消耗,提供减少废物污染的实质性机会。绿色设计有多种类型,可以是对产品本身的改善,如增加防止污染的设置、增加无毒材料的使用、增加再循环和可拆卸零件、增加原材料的重复利用、减少能源使用量等。

(2) 实施生产全过程控制。要求企业采用少废、无废的生产工艺技术和高效生产设备;尽量少用、不用有毒有害的原料;减少生产过程中的各种危险因素和有毒有害的中间产品;使用简便、可靠的操作和控制;建立良好的卫生规范、卫生标准操作程序,进行危害关键控制点分析;组织物料的再循环;建立全面质量管理系统;优化生产组织;进行必要的污染治理,实现清洁、高效的利用和生产。

(3) 实施材料优化管理。要求在选择材料时考虑其可循环性,可供再使用与再循环的材料可以通过提高环境质量和减少成本创造经济与环境收益;实行合理的材料闭环流动,主要包括原材料和产品的回收处理过程的材料流动、产品使用过程的材料流动和产品制造过程的材料流动。在材料流动的各个环节都努力实现废弃物减量化、资源化和无害化。

在实践中,清洁生产是与现有生产技术相比较而言的。可以将国际标准化组织(ISO)的环境管理系列标准(ISO 14000)作为清洁生产的评价标准。该标准由ISO/TC207的环境管理技术委员会制定,有14001到14100共100个号,包括环境管理体系(EMC)、环境审核(EA)、环境标志(EL)、环境行为评价(EPE)、生命周期评估(LCA)、术语和定义(T&D)、产品标准中的环境指标(WG1)和备用共8个号段。制定ISO 14000系列标准的出发点是促进工业污染控制战略的转变,从加强环境管理入手建立污染预防观念。通过企业的"自我决策、自我控制、自我管理"方式,把环境管理融于企业全面管理之中。

按ISO 14000标准要求,企业的环境管理体系包括五个部分:环境方针、规划、实施与运行、检查与纠正措施、管理评审。这五个部分包含了环境管理体系的建立、评审、改进的循环,以促进组织内部环境管理体系的持续完善和提高。

生产者是从环境中提取物质的主体,不仅在生产过程中会排放废弃物,其生产出的产品经废弃后也可能成为污染物。生命周期评估要求生产者对产品的设计、生产、使用、报废和回收全过程中影响环境的因素加以控制。ISO/TC207专门成立了生命周期评估技术委员会,用以评估产品在每个生命阶段对环境影响的大小。生命周期评估(Life Cycle Assessment, LCA)将环境管理从行业、企业层次下降到产品的微观层次,是保证清洁生产实现的重要技术手段。按照ISO 14000的规范,一个完整的产品生命周期评估包括以下

几个阶段:

——目标和范围的确定。在这个阶段里应明确生命周期评估的应用目标,确定研究深度,界定研究范围,选择研究方向,使人们对所考察的产品有一个全面的认识。同时应明确研究对数据的需求,对原始数据的质量要求及数据分摊方法等。

——清单分析。这个阶段主要是收集所需数据,做成产品生命周期各阶段物质能量的收支表。

——影响评估。这个阶段是运用清单分析的结果对产品生命周期各阶段所涉及的所有潜在重要环境影响进行定性或定量的评估。

——结果讨论。这个阶段是将前期工作中的发现和计算结果进行综合分析得出结论并提出建议。最后撰写研究报告,组织评审。

由于产品对环境的影响分散在整个生命周期里,要将产品的环境外部性充分地内化,需要生产者对其产品整个生命周期的环境影响负责。1988 年,托马斯·林赫斯特(Thomas Lindhqvist)提出"生产者延伸责任"(extended producer responsibility,EPR)的概念,认为生产者的责任应该延伸到产品的整个生命周期。欧盟把 EPR 定义为生产者必须承担产品使用完毕后的回收、再生和处理的责任,其策略是将产品废弃阶段的环境责任归于生产者。目前 EPR 已是构建欧盟环保体系中的重要基础。欧盟已经通过并实施了管理废弃电池的91/157/EEC(EU Battery Directive),管理包装和包装废弃物的94/62/EC(Directive on Packaging and Packaging Waste,经过多次修订,现执行的是 2013/2/EU),管理报废车辆的 2000/53/EC(Directive on End-of Life Vehicles),管理报废的电子电器设备的 2002/96/EC(Waste Electrical and Electronic Equipment Directive,WEEE),禁止在电子电器设备中使用某些有害物质的 2011/65/EU(Restriction of Hazardous Substances,RoHS)等指令。EPR 在促进欧盟企业进行清洁生产、减少有毒有害固体废弃物排放方面产生了明显的效果。

我国 2002 年制定了《中华人民共和国清洁生产促进法》,自 2003 年 1 月 1 日起施行,2012 年对该法进行了修订。按照这部法律的规定:各行业企业是清洁生产的实施主体,在生产实践中应优先采用资源利用率高以及污染物产生量少的清洁生产技术、工艺和设备。各级政府起引领、促进、保障和监督的作用。各级政府在促进清洁生产方面的责任主要有:制定有利于实施清洁生产的财政税收政策、产业政策、技术开发和推广政策;编制清洁生产推行规划,明确推行清洁生产的目标、主要任务和保障措施,确定开展清洁生产的重点领域、重点行业和重点工程;保障资金投入,提供技术和信息支持;编制清洁生产技术、工艺、设备和产品导向目录,编制清洁生产指南,指导实施清洁生产;对浪费资源和严重污染环境的落后生产技术、工艺、设备和产品实行限期淘汰制度;指导和支持清洁生产技术和有利于环境与资源保护的产品的研究、开发以及清洁生产技术的示范和推广工作;优先采购节能、节水、废物再生利用等有利于环境与资源保护的产品;通过宣传、教育等措施,鼓励公众购买和使用节能、节水、废物再生利用等有利于环境与资源保护的产品;对在清洁生产工作中做出显著成绩的单位和个人给予表彰和奖励。

2. 生态工业

传统工业中企业追求的是单一产品的效益,采用一种从原料到产品到废料排放的线性生产方式，以达到单一产品的经济效益最大化。在这个过程中，大量没有转化为产品的资源被废弃成为环境污染的物质根源。生态工业把地域上聚集在一起的工业生产视为一种类似于自然生态系统的体系，其中一个单元产生的“废物”或副产品，是另一个单元的“营养物”和投入原料。这样，区域内彼此靠近的工业企业就可以形成一个相互依存，类似于生态食物链的“工业生态系统”。投入生产过程中的材料，经过上一轮生产后，将剩余物作为下一轮产品的原料，以此类推，最后无法避免的剩余物经过改造后实现无害排放，这样会大大减少废弃物的产生。

丹麦卡伦堡生态工业园（Kalundborg Eco-Industrial Park）是生态工业的一个样板，这个工业园中的主体企业有发电厂、炼油厂、制药厂和石膏板厂等，这些企业按照互惠互利的原则，通过废弃物的综合利用联系在一起。发电厂的粉煤灰和除尘渣不需建灰场，炼油厂的含硫烟气不再排入大气，制药厂的残渣也不需填埋，这些都通过生态工业链转化为其他企业的原料。它们之间的资源交换和互动减少了大量的废弃物排放（图4-9）。

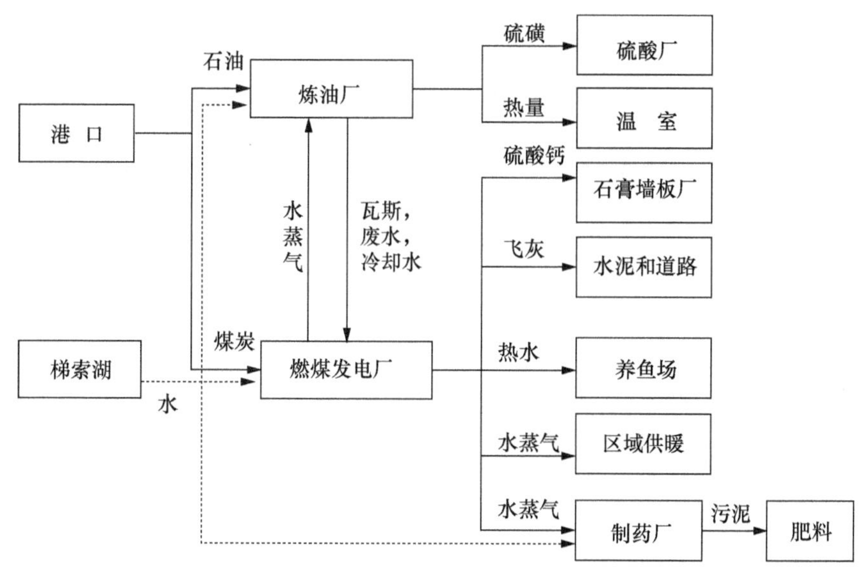

图4-9　卡伦堡工业园的生态工业链

截至2014年，我国通过规划论证正在建设的国家生态工业示范园区数量达到59个，其中通过验收的国家生态工业示范园区有26个，各个省、大部分地市甚至部分县都开始建设自己的生态工业园。按照规划，这些园区内的企业通过废物交换利用、能量梯级利用、土地集约利用、水的分类利用和循环使用，共同使用基础设施和其他有关设施等措施降低了它们整体上对环境的影响。其中广西贵港国家生态工业（制糖）示范园区于2001年由原国家环保总局批准建设。该园区以上市公司贵糖（集团）股份有限公司为核心，以蔗田系统、制糖系统、酒精系统、造纸系统、热电联产系统、环境综合处理系统为框架，示范园区的6个系统分别有产品产出，各系统通过中间产品和废弃物的交换而相互衔接，形成一个较完整和闭合的生态工业网络。园区内的主要生态链有两条：一是甘蔗→制糖→废糖蜜→制酒精→酒精废液制复合肥→回到蔗田；二是甘蔗→制糖→蔗渣造纸→制浆黑液碱回收。此外还有制糖业（有机糖）→低聚果糖，制糖滤泥→水泥等较小的生态

链。这些生态链在一定程度上形成网状结构(图4-10)。

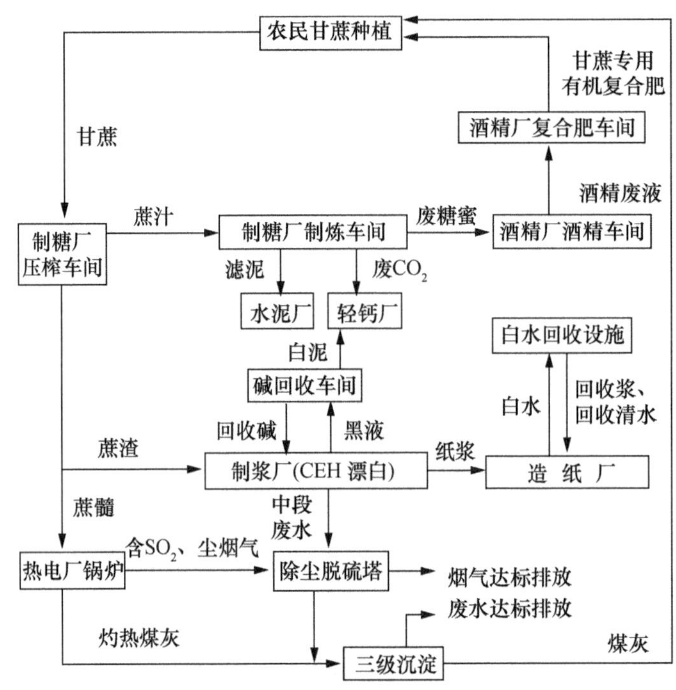

图4-10 广西贵港国家生态工业(制糖)示范园区结构

资料来源:冯之浚.循环经济导论[M].北京:人民出版社,2004:209.

3. 循环经济

产业革命以来的200多年中,工业发展与环境保护长期处于尖锐的冲突中。在严格法规的约束下,工业界开展了对污染的治理。这种治理走的是一条“先污染后治理”的路,结果老的环境污染尚未得到控制,新的污染又源源不断地冒出来。为了摆脱这一困境,人们开始对高消耗、高污染、低效益的传统工业发展模式进行变革,希望找到环境和经济双赢的发展道路。经过理论探讨和实践摸索,人们发现循环经济是有望实现环境与经济双赢的经济运行模式。循环经济是人类按照自然的生态系统物质循环和能量流动规律建构的经济系统,它以实现资源使用的减量化、产品的反复使用和废弃物的资源化为目的,强调清洁生产。

循环经济与传统经济的不同之处在于:传统经济是一种由“资源—产品—消费—排放”所构成的物质单向流动的线形经济。在这种经济中,人们以越来越高的强度把地球上的物质和能源开采出来,在生产加工和消费过程中又把污染和废物大量地排放到环境中去,对资源的利用常常是粗放的和一次性的,通过把资源持续不断地变成废物来实现经济的数量型增长,导致了许多自然资源的短缺与枯竭,并酿成了灾难性环境污染后果。而循环经济倡导的是一种建立在物质不断循环利用基础上的经济发展模式,它要求经济活动按照自然生态系统的模式,在生产、流通和消费等过程中进行物质的减量化、再利用、再循环活动(reduce, reuse, recycle,简称“3R”),组织成一个“资源—产品—消费—再生资源”的物质循环流的过程,使得整个经济系统以及生产和消费的过程基本上不产生或者只产生很少的废弃物。其中减量化是指在生产、流通和消费等过程中减少资源消耗和废物产生；再利用是指将废物直接作为产品或者经修复、翻新、再制造后继续作为产品使用，或者将废物的全部或者部分作为其他产品的部件予以使用；再循环是指将废物直接作为原料进行利用或者对废物进行再生利用。

循环经济认为“只有放错了地方的资源，而没有真正的废弃物”，所有的物质和能源在不断进行的经济循环中得到合理和持久的利用，以把经济活动对自然环境的影响降低到尽可能小的程度。这样就使环境合理性和经济有效性得到了很好的结合。循环经济为工业化以来的传统经济转向可持续发展的经济提供了新的理论范式，有助于化解长期以来环境与发展之间的尖锐冲突。

为了促进循环经济的发展，我国于2009年颁布了《中华人民共和国循环经济促进法》，提出要在生产、流通和消费等过程中进行减量化、再利用、再循环活动。按照这部法律的规定，发展循环经济是我国经济社会发展的一项重大战略，由政府推动、市场引导、企业实施、公众参与共同推进，在技术可行、经济合理和有利于节约资源、保护环境的前提下，按照减量化优先的原则实施。

国务院循环经济发展综合管理部门会同国务院环境保护等有关主管部门，定期发布鼓励、限制和淘汰的技术、工艺、设备、材料和产品名录。禁止生产、进口、销售列入淘汰名录的设备、材料和产品，禁止使用列入淘汰名录的技术、工艺、设备和材料。要求从事工艺、设备、产品及包装物设计的企业，应当按照减少资源消耗和废物产生的要求，优先选择采用易回收、易拆解、易降解、无毒无害或者低毒低害的材料和设计方案，并符合有关国家标准的强制性要求。要求在拆解和处置过程中可能造成环境污染的电器电子等产品，不得设计使用国家禁止使用的有毒有害物质。设计产品包装物应当执行产品包装标准，防止过度包装造成资源浪费和环境污染。对钢铁、有色金属、煤炭、电力、石油加工、化工、建材、建筑、造纸、印染等行业年综合能源消费量、用水量超过国家规定总量的重点企业，实行能耗、水耗的重点监督管理制度。建立健全循环经济统计制度、能源效率标识等产品资源消耗标识制度，并将主要统计指标定期向社会公布。

县以上各级政府负责组织协调、监督管理本行政区域的循环经济发展工作，编制本区域的循环经济发展规划，建立发展循环经济的目标责任制，采取规划、财政、投资、政府采购等措施促进循环经济发展。

企业事业单位应当建立健全管理制度，采取措施降低资源消耗，减少废物的产生量和排放量，提高废物的再利用和资源化水平。生产列入强制回收名录的产品或者包装物的企业，必须对废弃的产品或者包装物负责回收。对其中可以利用的，由该生产企业负责利用；对因不具备技术经济条件而不适合利用的，由该生产企业负责无害化处置。

公民应当增强节约资源和保护环境意识，合理消费、节约资源。国家鼓励和引导公民使用节能、节水、节材和有利于保护环境的产品及再生产品，减少废物的产生量和排放量。对列入强制回收名录的产品和包装物，消费者应当将废弃的产品或者包装物交给生产者或者其委托回收的销售者或者其他组织。

日本创建循环经济社会

日本除森林外,其他自然资源都很贫乏。但日本同时又是世界第三大经济体,是一个资源消费大国。为了振兴经济、寻求新的经济增长点、继续保持国际竞争力,日本提出了建立循环型社会的发展目标,并把建设循环型社会提升为基本国策。政府制定法律政策指导循环经济发展,通过政府绿色采购引导企业和公众的绿色消费。与此同时,日本在全社会范围内开展废弃物分类回收、综合利用,大力发展以静脉产业(一种形象的说法,指从事废弃物回收和再利用的产业)为代表的环境产业,促进产业结构转型,以达到节约资源、保护环境、提高产业竞争力的目的。

日本的循环经济建设有以下几个特点:

(1) 以废弃物循环利用为核心,积极发展静脉产业。将已产生的废弃物重新利用,既解决了废物处理问题,还能产生经济效益。

(2) 完善相关法律法规。20 世纪 90 年代,日本提出了“环境立国”口号,集中制定了一系列法律法规,保证了在市场经济条件下发展循环产业有法可依。这些法律法规可分为三个层面:第一层面为基础层,即《促进建立循环社会基本法》;第二层面是综合性法律,有《固体废弃物管理和公共清洁法》和《资源有效利用促进法》;第三层面是针对物质输出端,依据各种产品的性质制定的具体法律法规,如《促进容器和包装物分类回收法》、《家用电器回收法》、《食品回收法》、《建筑及材料回收法》等。

(3) 通过差别税收、财政支持、政府采购等方式扶持循环经济的发展。经济扶持政策使发展循环经济的企业在市场经济条件下有利可图,促进了循环产业的发展。

经过二十多年的努力,日本废弃物的再循环率明显提高,最终排放量大大减少(表 4-1)。

表 4-1 日本的废弃物产生和处置情况 单位:千吨

	1990	2000	2005	2010	2011
工业废弃物					
产生量	394 736	406 037	421 677	385 988	381 206
再循环	150 568	184 237	218 888	204 733	199 996
减量处置	154 443	176 933	178 560	167 000	168 771
最终排放	89 725	44 868	24 229	14 255	12 439
非工业废弃物					
产生量	50 257	54 834	52 720	45 359	45 430
按照城市计划收集的废弃物	42 495	46 695	44 633	38 827	39 025
直接运送至垃圾处理企业的废弃物	6 776	5 373	5 090	3 803	3 724
社区回收的可再循环废物	986	2 765	2 996	2 729	2 682
处置量	49 282	52 090	49 754	42 791	42 853
直接焚烧	36 192	40 304	38 486	33 799	34 002
再循环	3 300	8 703	9 824	8 331	8 258
直接排放	9 790	3 084	1 444	662	593
人均废弃物产生量(千克)	1 115	1 185	1 131	976	976

注:受地震影响,2010 年数据不包括宫城县,2011 年数据不包括灾难产生的废弃物。

资料来源:Statistical Handbook of Japan 2014. http://www.stat.go.jp/english/data/handbook/c0117.htm

小结

分析污染有两种思路:从边际角度进行的静态局部均衡分析和从物质平衡角度进行的物质流分析。

通过前者的分析可知最优污染水平是由污染的边际收益和边际成本的交点决定的,要用最低的成本削减污染、达到最优污染水平,意味着所有的承担污染削减责任的企业具有相等的边际削减成本。只要削减成本存在差异,削减成本相对较低的污染者就应该承担更多的削减责任。

通过后者的分析可知污染的产生具有物质根源,通过改革产品设计、生产工艺和生产流程,实行清洁生产、建设生态工业,可以降低工业生产的物质消耗和污染排放。而在整个社会层面推进循环经济,促进物质的再循环不仅对减少废弃物排放有积极作用,还会促进所谓“静脉产业”的发展,有助于优化国家的产业结构。

进一步阅读

1. Ayres, R. U., Kneese, A. V. Production, consumption, and externalities[J]. American Economic Review, 1969, 69: 282—297.

2. Baumol, W. J., Oates, W. E. The theory of environmental policy[M]. Cambridge: Cambridge University Press, 1988.

3. 马传栋. 工业生态经济学与循环经济[M]. 北京: 中国社会科学出版社, 2007.

4. 钱易. 清洁生产与循环经济: 概念、方法和案例[M]. 北京: 清华大学出版社, 2006.

思考题

1. 什么是最优污染水平? 为什么一般来说最优污染水平不是0? 什么情况下最优污染水平为0?

2. 人口增长、技术进步会对最优污染水平产生什么影响?

3. 如果一个地区有多家污染源,在不同污染源中平均分配削减任务是有经济效率的吗? 为什么?

4. 什么是物质平衡原理?

5. 试简述实施清洁生产的主要措施。

6. 什么是循环经济? 如何发展循环经济?

第5章　环境影响的经济评价

学习目标

- 了解衡量环境质量变化对福利影响的主要方法
- 掌握评估环境质量变化价值的主要手段
- 认识不同评估手段的适用性和局限性

是建设水坝还是保护物种？将污染排放标准设定为多高是合适的？排放税率应往上调整多少？有限的财政资金是用于加强教育和基础设施建设，还是用于环境污染治理？要科学回答这些社会决策问题，需要进行成本—收益分析，这要求将不同选择方案的成本和收益放在同一个平台上进行比较。但是，不像工程建设项目可以利用市场价格准确地计算成本和收益，许多环境问题的成本和收益并没有现成的市场价格，这就需要寻找一些替代方案。

保护还是开发？澳大利亚的选择①

卡卡都国家公园（KNP）是澳大利亚主要的国家公园之一，具有独特的生态系统、丰富的野生动物及原住民遗址，公园的大部分被列入联合国世界文化遗产名录。面积为50平方公里的卡卡都保护区（KCZ）位于卡卡都国家公园内。这一地区最初是作为牧场使用，但人们认为它地下蕴藏着多种贵金属矿。矿产开发能增加收入、扩大就业机会，但也可能导致卡卡都保护区和卡卡都国家公园的生态系统受到不可挽回的破坏。

1990年，澳大利亚资源评估委员会（the Resource Assessment Commission，RAC）负责评估卡卡都保护区的不同用途的价值，以决定是开采这一地区的矿物，还是将其纳入卡卡都国家公园保护起来。这就需要对生态系统破坏的成本进行价值评估，并将其与预期的就业和收入效益进行比较。

经济学家用意愿调查法评估了不同方案的收益和成本，保护这一地区的价值估计为4.35亿澳元，而开发带来的价值估计为1.02亿澳元。因此，保护这一地区有利于社会福利的最大化，保护是优先选择。政府采纳了RAC的研究结果和建议。

---

① Carson，R. T.，et al. Valuing the preservation of Australia's Kakadu Conservation Zone[J]. Oxford Economic Papers，1994，46：727—749.

5.1　环境价值的社会选择

一些环境保护主义的著作认为动植物、荒野都有其存在的价值，认为这种价值与人自身的价值并列，是不以人的喜好而增减的。因此，各种价值间没有孰优孰劣的问题，人类应尊重自然环境的存在价值，不应对其进行损害。问题是人类的活动不可能不影响到环境，如果所有的自然环境要素都有其内在价值，都不可损害，人类的活动就无法进行了。

经济学分析是在约束条件下研究选择的学说。在"鱼和熊掌不可得兼"时，需要取舍。而要取舍就需要在一个统一的标准下进行比较。在环境价值的衡量中，这个统一的标准是人类本位主义。也就是说自然环境本身没有价值，它的价值是依其对人类福利的作用而存在的。这样就可以将自然环境与其他影响人类福利的因素进行对比，使人类能在开发环境还是保护环境、保护某个物种还是建一座水电站之间做出选择。

成本—收益分析是基础的经济学分析方法，它的含义是理性的经济人在对一个行动进行评价和取舍时，会对其进行成本—收益的衡量。如果成本大于收益，就会放弃；而如果收益大于成本，就可以选择这一行动。如果是要对多个行动方案进行选择，则会比较这些方案的净收益的大小，选择净收益最大的方案。

对于与环境问题有关的行动、政策的选择也可以基于这种思路：如果一个与环境有关的项目的预期净收益为正，就可以进行，反之则不应该进行。对环境政策的分析也是如此，如果实施一项环境政策的净收益为正值，执行这一政策就是有利的，反之就不应该执行。由于许多与环境有关的成本或收益没有现成的市场价格，在计量这些成本和收益时，有时需要采取变通的方法，把本应获得但没有得到的收入作为损失计入成本，把避免的损害计为收益。如计算水污染的损失，就可以把因水污染减少的渔业产值作为损失。而在计算水污染防治措施的收益时，可以把因污染防治而避免的渔业损失作为收益。

5.2　环境变化对福利的影响

环境质量的变化通过四条渠道影响个人福利：市场化商品的价格变动，生产要素价格的变动，非市场化物品的数量和质量的变动，风险的变动。其中价格变动对福利的影响是分析福利影响的基础，它的分析模型一般是假设有两种物品。要计算其中一种物品的价格变动对福利的影响，经济学提供了多种方法。

5.2.1　消费者剩余

消费者剩余（consumer surplus）是消费者从购买中得到的剩余满足，在数量上等于他愿意支付的价格和实际支付的价格之差。消费者剩余可以用需求曲线下方、价格线上方和价格轴围成的三角形的面积表示。如图 5-1 中以 OQ 代表商品数量，OP 代表商品价格，PQ 代表需求曲线，则消费者购买商品时获得的消费者剩余为图中灰色部分的面积。可见：如果价格上升，则消费者剩余减少；反之，如果价格下降，则消费者剩余增加。

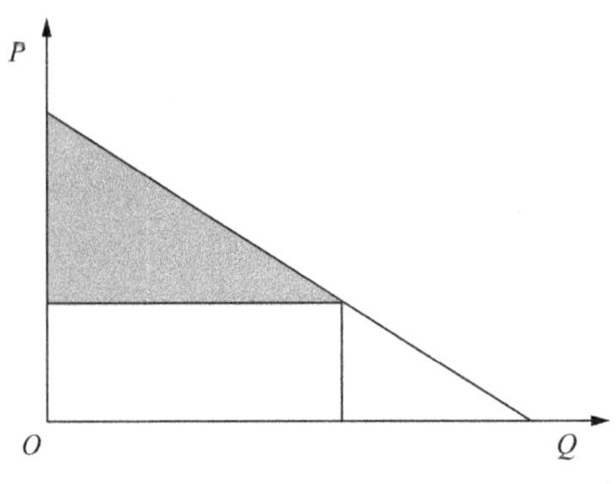

图 5-1　消费者剩余

当商品的价格发生变化时，会产生收入效应和替代效应。比如，假设消费者要将自己的收入全部用于购买两种商品：食品和衣服。当食品价格下降时，一方面，这相当于他的收入相对上升了，他可以购买更多的食品和衣服，福利水平会上升，这就是收入效应；另一方面，食品相对于衣服来说，变得更便宜了，他会购买更多的食品，福利水平也会上升，这就是替代效应。使用消费者剩余方法衡量福利变化，会把价格变化产生的收入效应和替代效应混合在一起，要单独分离出替代效应，需要开发其他方法。

5.2.2　补偿变化

为弥补消费者剩余方法的不足，希克斯(Hicks, 1943)发展了另外四种计量福利变化的方法：补偿变化、等价变化、补偿剩余和等价剩余。补偿变化(compensation variation, CV)是指需要多少补偿支付才能使个人在价格变化前后的福利状况一样。可以借助图5-2 对补偿变化进行解释。

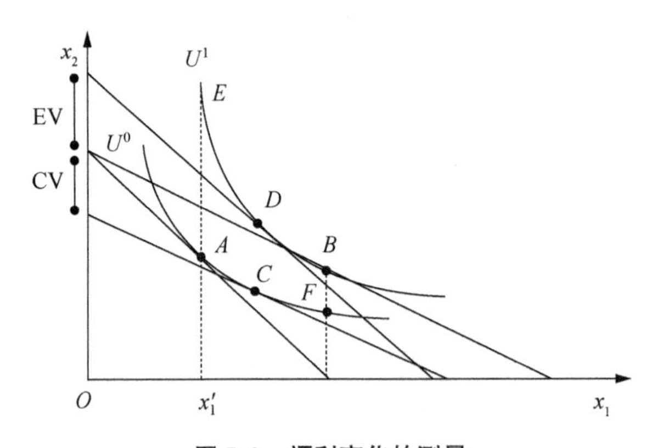

图 5-2　福利变化的测量

图 5-2 中，消费者将自己的收入用于 x_1 和 x_2 两种物品，在初始状态下，消费者的预算约束线与无差异曲线 U^0 切于 A 点。当 x_2 的价格不变，x_1 的价格由 p_1' 下降到 p_1''，每一个 x_2 的消费都可以对应更多的 x_1，表现为预算约束线发生旋转，与更高水平的无差异曲线 U^1 切于 B 点。显然，与 A 点相比，B 点意味着更高的福利水平。这里要回答的问题是：剔除收入效应，单独考察替代效应导致的 A 点到 B 点的福利增长，用货币单位计量出

来是多少？

补偿变化法是假定在价格变化时将消费者的收入减少 CV，使消费者的消费组合从 B 点变为 C 点，这时消费者的福利水平和价格变化前的点 A 一样（两点在同一条无差异曲线上），但是对 x_1 和 x_2 两种物品的消费组合比例与 B 点相同（预算约束线平行移动）。

$$\mathrm{CV}(p_1', p_1'') = E(p_1', p_2, U^0) - E(p_1'', p_2, U^0)$$

因此，当价格下降时，CV 是消费者对价格降低所愿意支付的最大价值。当价格上升时，CV 表示为使消费者福利不变必须补偿的价值。当价格降低时，CV 不能大于个人收入（因为消费者愿意支付的价值不能大于其收入）；当价格上升时，CV 可以大于个人收入。

5.2.3　等价变化

等价变化（equivalent variation，EV）是指给定初始价格，等同于价格的变动的收入变动。在图 5-2 中，给定初始价格，如果收入增加 EV，消费者在 D 点达到与 B 点相同的福利水平 U^1（两者在同一条无差异曲线上），对 x_1 和 x_2 两种物品的消费组合比例与 A 点相同。

$$\mathrm{EV}(p_1', p_1'') = E(p_1', p_2, U^1) - E(p_1'', p_2, U^1)$$

因此，价格下降时，EV 是使消费者自愿放弃在低价下购买商品所必须得到的最低数额。当价格上升时，EV 是消费者为了避免价格变动所愿意支付的最高数额。

EV 和 CV 的不同之处在于，EV 的变动是在原价格下，CV 的变动是在新价格下。两者的相同点是，EV 和 CV 都允许消费者调整两种商品的消费以应对价格和收入的变化。

当价格下降时，CV 是使个人效用保持在最初水平下相应的货币收入变化量，因此，它是价格下降时个人支付的最大数量，代表一种支付意愿（willingness to pay，WTP）。EV 是使个人效用保持在价格下降后的效用水平上相应的货币收入变化量，因此，它是为替代价格下降个人所接受的最小补偿量，它代表一种受偿意愿（willingness to accept，WTA）。

当价格上升时，CV 作为个人意愿受偿的最小值，将使个人效用保持不变；EV 作为个人意愿支付的最大值，将使价格保持相对不变。因此，CV、EV 与受偿意愿、支付意愿之间的关系可表示为表 5-1。

表 5-1　价格变化效应的货币计量

	补偿变化	等价变化
价格上升	对变化发生的支付意愿	对变化不发生的受偿意愿
价格下降	对变化发生的受偿意愿	对变化不发生的支付意愿

5.2.4　三种福利衡量手段的关系

计算消费者剩余的一般需求曲线是基于收入不变的情况，当价格变化时，从无差异曲线和预算约束线的组合中推导出的需求量和价格的函数关系，既包含了价格变动产生的收入效应,也包含了价格变动带来的替代效应。希克斯需求是保持效用水平不变,当价格变化时,需求量与价格的函数关系,只描述了价格变动的替代效应。反映在图形上,希克斯需求曲线比一般需求曲线更陡峭。

当价格发生变化时,消费者剩余、补偿变化、等价变化计算的福利变化数值并不一样,可以通过图 5-3 来说明这一关系。*EF* 是一条商品 *z* 的需求曲线,当 *z* 的价格从 p_z^0 下降到 p_z^1 时,消费者(收入不变)对 *z* 的消费量从 z_0 增加到 z_1,价格下降后消费者的效用提高,从而有两个分别代表价格变化前和变化后的补偿需求函数,一个通过 *E* 点,一个通过 *F* 点。图(a)中,补偿曲线 *EG* 左边的浅色阴影部分 *ABGE* 是价格变化产生的补偿变化,在图(b)中,一般需求曲线左边的阴影部分 *ABFE* 是与价格变化对应的消费者剩余,在图(c)中,补偿曲线 *DF* 左边的斜线部分 *ABFD* 是价格变化产生的等价变化,图(d)是将(a)、(b)、(c)叠加在一起,可以看出,消费者剩余介于补偿变化和等价变化之间,当价格下降时,三者之间的关系是补偿变化≤消费者剩余≤等价变化。

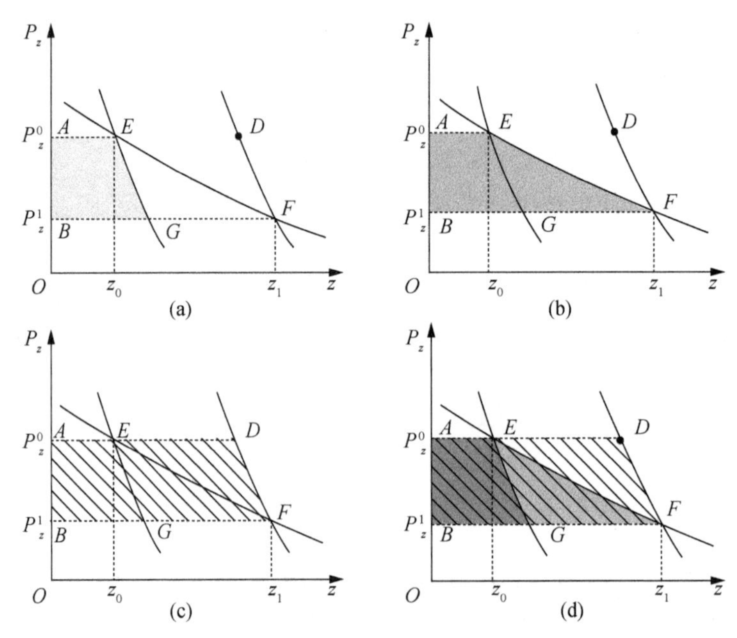

图 5-3　消费者剩余、补偿变化、等价变化的比较

在理论上,如果可以确定支付意愿或受偿意愿,我们就可以得到价格变化对福利影响的货币计量值,这是对价格变化引起的福利变化的准确衡量。假如做不到这一点,但知道需求函数也可以计量消费者剩余,消费者剩余介于两个准确计量值之间。在价格变化不大时,这种差异是可以忽略不计的,如果价格变化较大,三种计算结果可能会出现显著的差异,根据 Willig(1976)的研究,在大多数情况下,误差为 5%或更低。

5.2.5　补偿剩余和等价剩余

除了价格变化以外,环境服务水平的变化还可能表现为物品的数量变化或质量变化。对于这两种变化引起的福利变化,希克斯提出了两种衡量方法:补偿剩余(compensation surplus, CS)和等价剩余(equivalent surplus, ES)。

当对物品的消费数量从 q_0 变化到 q_1 时,补偿剩余指需要给消费者多少补偿才能使他的福利没有变化。补偿剩余是在新的数量 q_1 处两条无差异曲线的垂直距离,在图5-2中是 B 和 F 两点之间的距离。

$$CS(q_0, q_1) = E(p_1', q_0, U^0) - E(p_1', q_1, U^0)$$

等价剩余指给定旧价格和消费量 x_1',需要收入的多少变化才能使消费者的福利与在新价格和新的购买组合 B 下的福利相同。在图5-2中,ES是 x_1 的消费保持在初始数量水平 q_0 时两条无差异曲线的垂直距离AE。

$$ES(q_0, q_1) = E(p_1', q_0, U^1) - E(p_1', q_1, U^1)$$

5.3　环境变化的价值评估

环境要素和环境质量的变化本身往往没有市场价格,需要采用其他方法对其进行估价。目前人们常用的方法有:直接市场法、替代市场价值法、意愿调查法、市场实验法。

美国《清洁空气法》的收益和成本

美国《清洁空气法》体系的建立,源于两起环境公害事件:一件是1943年的洛杉矶烟雾事件,另一件是1948年的多诺拉烟雾事件,这两起事件都是由于严重的空气污染造成的。就美国联邦层次的立法而言,从1955年的《空气污染控制法》到1963年的《清洁空气法》、1967年的《空气质量控制法》,再到1970年的《清洁空气法》以及后来的1977年修正案和1990年修正案等多次修正而逐步完善。此外,各州和地方政府也建立有相似的法规,从而形成完整的法律规范体系。

1990年对《清洁空气法》进行修正时,美国国会要求环保局计算1970—1990年间实施该法的成本和效益,全面评估《清洁空气法》对美国的公众健康、经济和环境的影响。环保局的研究团队详细考察了 SO_2、NO_x、CO、颗粒物、臭氧、铅等空气污染物的控制效果,发现各类污染物的排放量明显下降:电力企业的 SO_2 排放下降了40%,工业烟尘的排放量下降了75%,对机动车的污染控制使CO排放量下降了50%、NO_x 排放下降了30%,挥发性有机物排放量下降了45%,并且基本消除了铅污染。

《清洁空气法》的直接收益体现在降低人群健康风险、提高空气透明度、避免农业损失等方面。按5%的贴现率换算为1990年价格,为落实《清洁空气法》的要求和目标,公共部门和私人部门1970—1990年间合计花费成本0.523万亿美元(成本没有包括可能对资本形成和技术创新的负面影响)。研究结果显示,1970—1990年间《清洁空气法》的净效益为21.7亿美元,收益与成本的比率约为42.5(表5-2)。可见,美国这一时期的大气污染控制政策在经济上是划算的。

表 5-2 《清洁空气法》的成本—收益分析　　单位:10 亿美元

	1975 年	1980 年	1985 年	1990 年	现值
货币化的平均收益					
第 5 个百分位的收益	87	235	293	329	5 600
平均收益	355	930	1 155	1 248	22 200
第 95 个百分位的收益	799	2 063	2 569	2 762	49 400
年化成本(按每年 5% 计算)	14	21	25	26	523
净收益的平均值	341	909	1 130	1 220	21 700
收益/成本比值的平均值	25/1	44/1	46/1	48/1	42/1

资料来源:U. S. Environmental Protection Agency. The benefits and costs of the Clean Act, 1970 to 1990. https://www. epa. gov/clean-air-act-overview/benefits-and-costs-clean-air-act-1970-1990-retrospective-study

5.3.1 直接市场法

直接市场法是根据环境质量变动对资产价值、生产效率的影响来评估环境资源价值的。这种评价方法把环境质量看作是一种生产要素,通过可以观察到并且可测量的生产率、生产成本和收益的变化,来评估环境损害成本或环境改善带来的效益。例如,酸雨损害了树木和建筑物,降低了它们的市场价值;土壤侵蚀减少了当地农作物的产量,使下游农民和水库所有者为了清除泥沙支付更多的费用;污染引起的疾病会产生医疗成本,同时还会带来发病者工资收入的损失。可以把树木和建筑物市场价值的变化,农民清除泥沙的费用,工人治疗疾病的成本和工资收入损失等作为环境损害成本。

在环境变化的价值评估中,直接市场法因比较直观、易于计算、易于调整等优点而被广泛应用。对处于不同发展阶段的国家,它都是最常见的价值评估方法。直接市场法主要适用于评估以下问题:

① 土壤侵蚀对农作物产量的影响;

② 河流泥沙沉积对流域下游地区使用者造成的影响;

③ 酸雨对农作物和森林的影响、对材料和设备造成的腐蚀损失;

④ 空气污染通过大气中的微粒和其他有害物质对人体健康产生的影响;

⑤ 水污染对人体健康造成的影响;

⑥ 由于排水不畅和渗漏造成受灌地的盐碱化,影响农作物的产量;

⑦ 砍伐森林对气候和生态的影响。

常用的直接市场法包括:剂量—反应法、生产率变动法、人力资本法等。

1. 剂量—反应法

剂量—反应法是通过建立环境损害和损害原因间的关系,确定在一定的污染水平下,物品或服务产出的变化,并依据市场价格(或影子价格)计算产出变化量的价值,由此对环境变化进行价值评估。环境影响与其成因之间的关系可以通过以下方法获得:

① 实验室或实地研究。例如观察水污染对种植业和渔业的影响、建立关系模型进行分析。

② 受控试验。即通过人为模拟环境变化并观测其影响结果,确定环境变化与影响因子之间的关系。

③ 根据实际生活中的信息,建立剂量—反应关系模型。例如,运用实际调查资料,建立人的健康和空气质量、食品结构、收入水平等因素间的关系模型,从而测算空气质量变化对健康的影响。

2. 生产率变动法

生产率变动法是通过测定环境质量变化对生产者的产量、成本和利润,或是对消费品的供给与价格的变动及其引起的消费者福利的变化来推算环境价值。

环境质量变化影响生产率,而生产率变化可以用单位投入生产的商品数量的变动表示,可以将商品价值变化作为环境质量变化带来的效益或损失的量度。按要素价格是否变化,生产率变动法的计算方法可分为两种:

① 要素价格不变。如果产出的增加相对于整个市场销售额而言很小,而投入的增加相对于市场销售的各种生产要素而言也很小,就可以假定产品和各种生产要素的价格在产量变化后保持不变。用预计的产量变化乘以市场价格就可以得到环境质量变化的经济价值。

② 要素价格变化。如果产量的增加对产品和生产要素的价格有影响,就需要该产品的供给曲线和需求曲线信息。如果可以获得该商品需求价格弹性系数的资料,而且如能假定需求曲线是一条直线,就可以计算出环境质量变化的经济价值约为:

$$\Delta Q \times \frac{(p_1 + p_2)}{2}$$

其中, p_1 为变化前的价格; p_2 为变化后的价格。

3. 人力资本法

污染导致环境系统对生命支持能力发生变化,会对人体健康产生很大的影响,导致劳动者的发病率与死亡率增加。人力资本法就是通过估算环境变化造成的健康损失来对环境变化的价值进行评估的。

环境质量变化对人体健康的影响包括医疗费的增加和由于健康原因引起的个人收入损失。前者等于因环境质量变化而增加的病人人数与每个病人的平均医疗费用的乘积;后者等于因环境质量变化引起的劳动者预期寿命和工作年限的缩短量与劳动者预期收入现值的乘积。由于劳动者的收入损失与年龄有关,所以计算收入损失时要先分年龄组分别计算劳动者各年龄段的收入损失,然后将各年龄段的收入损失汇总。人力资本法的评估步骤如下:

① 识别环境中的致病因素,即识别出环境中包含哪些可导致疾病或死亡的因素;

② 确定致病因素与疾病发生率和过早死亡率之间的关系;

③ 估算处于风险中的人口规模;

④ 估算由于疾病导致的收入损失和医疗费用;

⑤ 估算由于过早死亡而丧失的收入的现值；

⑥ 对④和⑤的计算结果求和，得到致病因素造成的损害价值。

4. 直接市场法的局限性

直接市场法基于可观察到的市场行为，易于被决策者和公众所理解，是应用最广的价值评估技术。但采用直接市场法需要具备一些条件，比如，环境质量变化产生的影响比较明显、可以观察出来；环境质量变化直接影响到物品或服务的价格或产量，因此可以用物品或服务的价值变动反映环境质量的变化；物品或服务的市场运行良好，价格是其经济价值的良好指标。当环境质量变化和市场化物品或服务的变化之间的关系不能确定、市场机制不完善，或产出的变化可能对价格产生重大影响时，这种评估方法的局限性就暴露出来。

一般地，通常很难把环境因素从其他影响因素中分离出来。例如，空气污染通常是由大量的污染源造成的，很难分清某一具体污染源造成的后果，因此难以估计该污染源对环境造成的影响与产出变化间的物理关系，使得确定环境质量变化与损害间的关系常常需要依靠假设，或者参考从其他地区建立的剂量—反应关系中获得的信息，因此可能会因为处理方式不同导致出现误差。

当环境变化对市场产生明显影响时，就需要对市场结构、供给曲线与需求曲线的弹性及变动进行比较深入的观察，需要对生产者和消费者的行为进行分析，同时也要联系生产者与消费者的适应性反映。分析涉及的环节越多，产生误差的可能也就越大。

5.3.2 替代市场价值法

在市场上存在一些物品，可以作为环境提供的服务的替代物。例如，游泳池可以看作是洁净湖泊或河流提供的游泳服务的替代物；私人公园可以看作是自然保护区或国家公园的替代物。如果这种替代关系成立，消费两者给用户带来的福利水平也是一样的。增加环境物品或服务的供应带来的效益，就可以从替代它们的私人商品购买量的减少测算出来。反过来，环境受到损害造成的损失，也可以从替代它们的私人商品购买量的增加测算出来。这种评估环境质量变化的方法就是替代市场价值法。常用的替代市场价值法有旅行费用法、资产定价法、防护支出法等。

由于环境的某些服务功能能够被私人物品完全替代，而有些只能被部分替代，甚至无法替代。例如，原始森林作为木材的使用价值部分可以被人工林替代，但原始森林本身所特有的生态功能(包括生物多样性等)则无法被人工林替代。所以使用替代市场价值法计算环境质量下降的损失可能存在估值过低的问题，常带来较大的争议。

1. 旅行费用法

旅行费用法是通过人们的旅游消费行为对非市场化的环境产品或服务进行价值评估，把旅游消费者对环境产品的支付意愿作为环境价值。旅游者的支付意愿包括两个部分：消费环境服务的直接费用和消费者剩余。直接费用主要包括交通、门票和住宿费用、时间成本等；消费者剩余则体现为消费者的支付意愿与实际支付之差。

旅行费用法的评估步骤如下：

① 定义和划分旅游者的出发地区,以评价场所为圆心,把场所四周的地区按距离远近分成若干个区域。也可以根据行政区域(如省市县)单位划分,距离评价地点越近的区域,其旅行费用越小。

② 在评价地点对旅游者进行抽样调查,收集用户的出发地区旅行费用及其社会经济特征。

③ 计算每一区域到此旅游的人次,从而计算出各区域的旅游率。

④ 求出旅行费用对旅游率的影响。根据对旅游者的调查资料,对不同区域的旅游率和旅行费用以及各种社会经济变量进行回归,求得旅行费用对旅游率的影响。这是一条人们对旅游的需求曲线。

$$Q_i = \beta_0 + \beta_1 \mathrm{CT}_i + \beta_2 X_i$$

式中,Q_i 指旅游率,CT_i 是从 i 区域到评价地点的旅行费用,X_i 是 i 区域旅游者的收入、受教育水平等相关社会经济变量。

⑤ 利用这条需求曲线估计各区域在不同门票价格下的旅游者实际数量,获得总需求曲线。

⑥ 计算消费者剩余。总需求曲线下面的面积就是用户享受的总消费者剩余。

⑦ 将每个区域的旅游费用及消费者剩余加总,得出总支付意愿,即是景点的价值。

2. 资产定价法

资产定价法也称内涵资产定价法、内涵价格法。其理论依据是人们赋予环境的价值可以从他们购买的具有环境属性的商品的价格中推断出来。资产定价法通常选择对房产市场进行分析。由于住房的价格中包含了环境因素,环境价值可以通过房价反映出来。资产定价法的评估步骤如下:

① 建立房产价格与其各种特征的函数关系。

$$\mathrm{PH} = f(h_1, h_2, \cdots, h_k)$$

式中,PH 是房产价格,$h_1, h_2, \cdots, h_k$ 是住房的各种内部特性(面积大小、房间数量、新旧程度、结构类型等)和住房的周边社会经济特性(当地学校的质量、离商店的远近、当地的犯罪率等),h_k 是住房附近的环境质量(比如空气质量)。

② 把房产价格函数对环境质量求导,求出环境质量的边际价格曲线,表示在其他特征不变的情况下,环境质量变动 1 个单位时房产价格的变动量。

$$P_{hk} = \frac{\partial \mathrm{PH}}{\partial h_k}$$

边际价格曲线是买主的支付意愿函数,也是买主的需求曲线。环境质量改进的价值是改进前后个人需求曲线以下的面积的差值。

3. 防护支出法

当环境质量下降时,人们会努力通过各种途径保护自己不受环境质量变化的影响。这些防护方法可能是环境质量的替代品,也可能是防止环境退化的措施。比如为了防止噪声污染,居民安上双层玻璃;因为担心饮用水受了污染,人们可能会购买瓶装水;对环境变化反应较强烈的人会搬迁以躲避环境损害等。防护支出法就是根据人们准备为此

支出的费用多少来判断出人们对环境价值的评价的。一般地,这种评估法按以下步骤进行:

① 识别环境危害。

② 界定受影响的人群。例如工作或者居住在起飞地带和机场道路周围的居民会受到飞机噪声的影响。

③ 获得相关数据。数据(主要是防护方法和防护支出的金额)的收集方法主要有:直接观察;对受到危害的人进行普遍调查或抽样调查;专家意见法(专家根据专业经验和主观判断对防护支出进行估价)。

防护支出法可能有偏差,这是因为:首先,防护支出法假设"防护支出"是必然发生的,而在现实生活中,由于人们对环境危害的认识往往滞后于环境风险和环境危害的产生。当新的风险和损害刚出现时,防护支出水平是偏低的,这使得评估的环境损害偏低。其次,防护支出法要求人们对他们受到损害的程度比较了解,然而,对于想象中的风险,或者随着时间增长的风险,人们的估计可能会过高或过低。有人会忍受一定的危害或困境,直到他们认为有必要采取行动,这时利用防护费用对损害进行估计的结果会偏低。有人由于过分担心自己的生命安全和生活质量而加大防护力度,导致防护支出过度,会使估值偏高。

5.3.3 意愿调查法

当缺乏真实的市场数据,甚至也无法通过间接观察市场行为评估环境价值时,可以依据意愿调查建立一个假想的市场来解决问题。这时一般使用意愿调查法,这种评估方法也称条件价值法(contingent valuation method,CVM),主要是利用问卷调查方式直接考察受访者在假想市场里的经济行为,推导出人们对环境资源的实际或假想变化的估价。

1. 支付意愿与受偿意愿

一个消费者面临两种消费选择:一种选择是货币收入,用 M 表示;另一种选择是享受一定的环境质量(譬如空气质量的改善等),用 E 表示。假设一个理性消费者的偏好用图5-4中的无差异曲线表示,W_1、W_2、W_3 分别代表低、中、高三种效用水平,每一条无差异曲线上的点都代表不同的 M 与 E 的组合,但这些不同的组合却代表相同的效用水平。

支付意愿是消费者愿意为环境质量改善支付的价格。在图5-4中,A 点表示消费者拥有 M_0 的收入,享受 E_0 的环境质量。环境质量从 E_0 增加至 E_1 时,对一个理性消费者而言,他愿意为此支付的货币为 $M_0 - M_1$。此时,他的福利状况从 A 点变到 C 点,C 点表示其拥有 M_1 的货币收入,享受 E_1 的环境质量,C 点和 A 点位于同一条无差异曲线 W_2 上,因此它们代表同样的效用水平。这意味着消费者为 $E_1 - E_0$ 的环境质量改善支付 $M_0 - M_1$ 的货币收入后其福利水平仍然未变。因此,$M_0 - M_1$ 就是消费者对 $E_1 - E_0$ 的环境变化的支付意愿,体现了该消费者对环境价值变化的货币评估。

受偿意愿是消费者愿意接受的忍受环境质量下降的补偿价格。在图5-4中,如果环境质量从 E_0 下降为 E_2,消费者愿意接受的最低货币补偿为 $M_2 - M_0$。此时他的福利状况处于 G 点。与 A 点相比,G 点代表更高的货币收入但更差的环境质量,由于二者处于同一条无差异曲线上,其代表的福利水平并没有改变。所以,$M_2 - M_0$ 实际上是消费者忍受环境质量下降所愿意接受的补偿意愿。

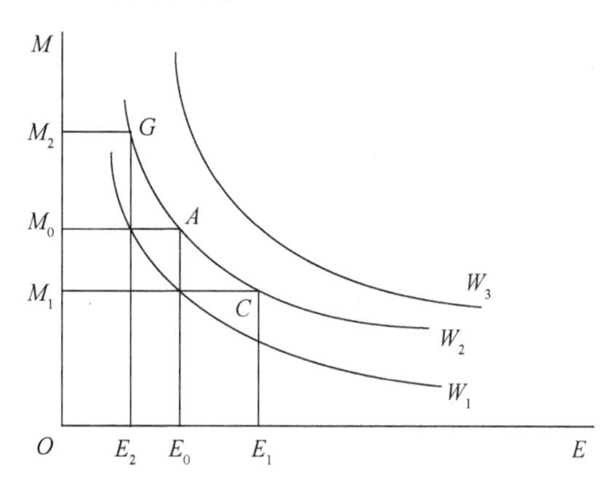

图 5-4 环境质量变化时的消费者选择

支付意愿法与受偿意愿法为环境变化的货币价值评估提供了基础。它们通常以家庭或个人为对象,通过建立假想市场,以调查问卷或直接访谈的形式询问被调查对象,征询他们对一项环境改善措施或防止环境恶化措施的支付愿望或忍受环境恶化的接受补偿意愿。二者在实际应用时的含义见表 5-3。意愿调查法多被用于对公共物品的价值评估上,如对森林、自然保护区、自然环境、野生动物的评估以及对环境质量改善的评估。

表 5-3 支付意愿和受偿意愿

	环境改善	环境恶化
支付意愿	为了改善环境,消费者愿意支付的最大金额	为了阻止环境恶化,消费者愿意支付的最大金额
受偿意愿	当环境改善政策中止时,作为补偿至少必需的金额	当环境恶化时,作为补偿至少必需的金额

2. 意愿调查法的偏差

要使调查结果尽量反映真实情况,除了需要精心设计调查方案外,还要求样本数量足够多,在处理调查结果时剔除偏差过大的样本。即使这样,意愿调查法的结果仍有可能存在较大的偏差,这是因为意愿调查法是基于假想评价,不像其他评价法是依据物理量的测量和市场价格,因此容易受到调查者和被调查者的个人影响。一般地,对同一种环境质量变化,支付意愿和受偿意愿有很大的不同。支付意愿比接受意愿的数量低很多(通常为 1/3)。这可能是由于同对获得其尚未拥有的某物的估价相比,人们对其已有之物的损失会有更高的估价。有时这种心理因素影响会造成较大的偏差。例如,由于历史原因我国许多地区的公共服务是低价甚至是免费的,如果征求当地居民的支付意愿,由于他们往往习惯于过去的低费用,认为舒适环境是他们的一种天生权利,如果商品原来已是免费的,他们就反对任何支付。而如果征求他们的受偿意愿,则可能使他们感到被剥夺了天生的权利,显示出极高的受偿意愿。也就是说,即便在意愿调查法的假设条件

下,也不存在为人们所接受的唯一的环境质量定价方法。① 除此之外,意愿调查法中比较典型的偏差还包括:

① 策略性偏差。当访问者相信他们的回答能影响决策时,将产生策略性偏差。例如,当询问电厂附近的居民对净化电站附近空气的支付意愿时,如果他们认为控制污染的费用将由其他人支付,就会促使他们偏高估计其支付意愿。相反,如果居民认为他们自己将根据各自的支付意愿纳税,可能就会促使他们偏低估计其支付意愿。

② 信息偏差。如果调查者对环境质量可能发生的变化、产生的影响和应对方案等信息叙述得不完全、不准确,就会导致信息偏差,对被调查者产生误导,使后者给出的估价不能反映他们的实际意愿。

③ 支付方式偏差。指因假设的支付方式不同而导致的偏差。用什么样的方式收取人们支付的货币,可能会影响到被调查者表明的支付意愿的大小。

④ 假想偏差。在意愿调查中,被调查者对假想的市场问题的反应与对真实问题的反应不一样,特别是当被调查者评估一个他不熟悉的和不在市场上交换的产品的价值时,不准确程度明显上升。

⑤ 起点偏差。起点偏差是由于调查者在设计问卷和问题时,所建议的支付意愿和受偿意愿的出价起点高低引起的回答范围的偏离。

北京居民为改善大气环境质量的支付意愿研究②

大气污染一直是北京市最严重的环境问题之一,也是市民最能切身感受到的污染问题。为了调查北京市居民对改善大气环境质量的真实支付意愿,杨开忠(2002)进行了入户调查研究。调查范围为北京市4个城区(东城、西城、崇文、宣武)③和4个近郊区(朝阳、丰台、石景山、海淀)。这一区域集中了81%的城市人口及2/3的工业产值,也是北京市大气污染最严重的区域。研究采用随机抽样、直接入户调查的方法,样本量为1 500个。抽样的方法是根据8个区住户的密度(总户数/总面积)按比例确定各区的抽样数,然后按抽样数在各区内均匀划分单元格,每个单元格近似到街道,随机抽取10户进行入户访问。

调查使用的问卷是通过两次预调查之后的修改最终确定下来的。通过预调查检验了问卷设计的合理性,主要是检验与支付意愿有关的问题能否被调查者理解和接受。问卷由三个主要部分组成,第一部分是对居民环境意识的调查;第二部分是居民对改善北京市大气环境质量的支付意愿的调查;第三部分是关于被调查者的社会经济情况的调查。

在向被调查者询问他们的支付意愿之前,由调查员将预先准备好的图片出示给被调

---

① 刘向华等. 意愿调查法在环境经济评价中的应用探讨[J]. 生态经济, 2005,4:36—38.

② 杨开忠等. 关于意愿调查价值评估法在我国环境领域应用的可行性探讨——以北京市居民支付意愿研究为例[J]. 地球科学进展, 2002, 17(3): 420—425.

③ 2010年,东城、崇文合并为新的东城区,西城、宣武合并为新的西城区。——编者注。

查者。图片是关于北京市大气污染状况的,对比了清洁和污染的空气质量。在出示图片的过程中,调查员向被调查者介绍大气污染的危害、支付费用的意义以及使用情况。出示图片并作相应的解释和说明之后,调查员问被调查者:"北京市大气质量改善的目标是在 5 年内达到降低目前空气污染物浓度的 50%,您的家庭是否愿意为实现这个目标每年支付一定的费用?"对这个问题,调查员给出"愿意支付"和"不愿意支付"的选择。如果被调查者选择了"愿意支付",则进一步提问:"您的家庭愿意为实现北京市大气质量改善的目标每年最多支付多少? 您最多愿意支付的金额大约占您家庭年收入的比例是多少?"[①]如果被调查者表示"不愿意支付",则请他们给出不愿意支付的原因。

调查选择入户访问的时间选定为周末的上午 10—下午 13 点、下午 16—17 点和晚上 19—21 点。选择这些时间段进行入户访问,有助于居民乐于接受调查并有比较充分的时间思考和认真回答。另外,调查时间长短的控制对于减小调查结果的偏差也很有意义。从心理学角度来说,时间长短应控制在让被调查者有充足时间思考,但又不失去耐心的范围,这样才能提高回答的准确性,减小结果的偏差。通过总结预调查的经验,正式调查的时间被控制在 20—30 分钟。

调查发现:北京市居民为将城市污染物浓度降低 50% 的支付意愿为 143 元/户(1999 年元),占居民家庭年收入的比值约为 0.7%—0.9%,8 个城区的总支付意愿是 3.36 亿元(表 5-4、表 5-5)。

表 5-4　北京市居民为改善大气环境质量的支付意愿统计

支付意愿的数值范围(元)	问卷数量	占总有效问卷数量的百分比(%)	支付意愿的数值范围(元)	问卷数量	占总有效问卷数量的百分比(%)
0	460	33.6	101—500	331	24.1
≤10	65	4.7	501—1 000	42	3.1
11—50	161	11.7	≥1 000	10	0.7
51—100	302	22.0	总数	1 371	100.0

表 5-5　支付意愿占收入的百分比统计

支付意愿占收入百分比范围(%)	问卷数量	占总有效问卷数量的百分比(%)	支付意愿占收入百分比范围(%)	问卷数量	占总有效问卷数量的百分比(%)
0	460	33.6	1—5	288	21.0
≤0.1	161	11.7	>5	3	0.2
0.1—0.5	173	12.6	总数	1 371	100.0
0.5—1	286	20.9			

① 该研究采用了意愿调查法常用的引导评估技术中的自由回答的方式,即直接询问被调查者为改善北京市大气环境质量最多愿意支付的费用,而没有给出任何选择范围,愿意支付多少完全由被调查者自行决定。一般认为,自由回答方式的优点在于它能够消除支付意愿的起点偏差和被调查者过于积极产生的偏差。

5.3.4 市场实验法

意愿调查法是基于假设条件的意愿陈述，人们并没真实支付或受偿，没有实际的利益关系发生，使得他们表述的评估价值可能存在偏差。针对这一问题，研究者们发展了一种新的评估方法——市场实验法，试图通过引入真实的货币收支，激励人们显示出自己对物品的真实评价。依照实验的场所不同，可将市场实验法分为现场实验和实验室实验两种类型。

现场实验是要真实地模拟一个之前在现实世界中都没有存在过的市场，通过对参与者选择的统计，得出他们对一个物品的估价。我们可以借用一个研究案例来帮助理解这一评估方法。

美国威斯康星州的霍里孔区（Horicon zone）是一片面积约 24 600 英亩的自然保护区，这里在秋季开放狩猎，持有狩猎许可证的人可捕杀一种野生鸟类——加拿大鹅，而威斯康星州自然资源管理处负责狩猎许可证的发放，1978 年通过在申请人间抽签的方法免费发放了 13 794 份狩猎许可证。为了评估狩猎许可证的价值（也可视为自然保护区的价值），Bishop（1983）用多种方法进行了评估。①

一方面，研究者们用旅行成本法和意愿调查法对许可证进行了价值评估。具体方法是，在狩猎季后调查了 300 个狩猎者的旅行成本，其平均值为 32 美元。抽取 353 个人进行问卷调查，调查他们的支付意愿和受偿意愿。由于并不真正进行支付或得到补偿，意愿调查法的偏差非常明显，研究者们得到的结果分散在 11—101 美元之间，而且受偿意愿明显高于支付意愿，前者在 67—101 美元间，后者只有 11—12 美元。

另一方面，研究者设计了一个人工市场，使用现场实验法进行了价值评估，实验方法是，随机抽取了 237 位许可证持有者作为研究样本，给他们邮寄面额 1—200 美元的支票，让收到者在两个选项中进行选择：收下支票返还许可证；归还支票保留许可证，从而测算在假想市场中的出售意愿（Simulated Market Willingness-to-Sell，SMWTS），结果均值为 63 美元。

进行现场实验需要一个条件：待评估物品已经被分配成为私人物品，这样才有可能在此基础上设计市场。在不满足这个条件时，可以组织实验室实验。这种实验方法是，召集一批志愿者作为被试人员，给他们货币让他们参与实验，通过统计被试人员在货币和物品间的取舍，对物品进行估价。

在市场实验法中，尽管市场是人为设计的，但并不是假想的，参与者做出的决定与真实货币有关，所以更能反映人们对物品的真实估价，这是市场实验法最突出的优点。但是市场实验法也有局限性，主要是在实验对象和实验环境的选择上，难以完全避免一定的特殊性，也很难对实验过程进行充分有效的控制，完全排除其他因素的影响，这限制了市场实验法结果的代表性和应用范围。

---

① Bishop, R. C., et al. Contingent valuation of environmental assets: comparison with a simulated market[J]. Natural Resources Journal, 1983, 23(3): 619—634.

应小心使用环境价值评估结果

使用直接或间接的方法对环境变化的影响进行价值评估有助于将其纳入经济学的分析框架里,但在环境决策中,单纯依靠经济分析也是不够的。

1992 年,《经济学人》发表了前世界银行首席经济学家萨默斯的一份谈话备忘录。在这份备忘录里萨默斯建议鼓励将更多的污染工业转移到欠发达国家中去。他的理由有三:

① 污染带来的健康成本取决于由于更高的发病率和死亡率而不得不放弃的利益。从这个角度来看,污染导致的健康损害应该发生在成本最低的,也就是工资最低的国家。因此把有毒废物倾倒在工资最低的国家这类行为背后的经济逻辑是无可辩驳的。

② 由于在污染水平很低时增加污染的成本可能会非常低,污染成本曲线可能是非线性的。非洲那些人口稀少的国家在很大程度上是污染程度不够的,与洛杉矶或者墨西哥城相比,它们的空气质量可能是毫无意义的太好了。向非洲转移污染产业和废弃物有助于提高世界的福利水平。可惜的是,许多污染是由不可贸易物品产业(交通、发电)制造的,固体废物的单位运输成本过高阻止了这种转移。

③ 出于审美和对健康的关注而产生的对清洁环境的需求可能会有非常高的收入弹性。如果一种诱因有百万分之一的可能性会导致前列腺癌,那么在一个人们能够活到得前列腺癌的年纪的国家,人们对这一诱因的关注肯定要高于一个五岁以下幼儿死亡率为千分之二百的国家。因此对那些能引起对污染的担忧的物品的贸易是能够促进福利的。

这份备忘录背后的经济学逻辑"完美无瑕",但发表后引起了很大的争论,特别是在发展中国家引起哗然。巴西当时的环境部部长卢森伯格给萨默斯写了一封公开信:"你的推理在逻辑上是完美的,但根本上是疯狂的。……你的想法是那些传统的'经济学家们'在思考我们生活的世界时所表现出的不可思议的精神错乱、简化论思维、对社会的冷漠和自大无知的具体例子。"

可见,环境决策不仅要考虑经济效率,还要综合考虑公平、人权等多方面的因素,生硬地照搬经济学原理是远远不够的。

贴现率问题

许多经济决策的环境影响是深远的,因此不仅要考虑成本和收益的数量,还要考虑它们发生的时间。有三个方面的因素使数量和品质相同的物品当前比未来更有价值:① 人们对当前消费的偏好,更看重近期而非远期的消费。② 资本具有增值能力,即使不考虑通货膨胀因素,现在投资一个单位货币价值量的资本可以在未来产生出大于一个单位货币价值量的物品和服务。③ 由于未来有不确定性,人们更愿意在近期而不是在远期获取同样的利益。因此,时间是有价值的。贴现率就是对时间价值的度量指标,它反映同样收益的价值随其发生时间的推迟,在单位时间内平均相对折损数量的参数,可以用下面的公式来计算:

$$i = \sqrt[t]{\frac{M_0}{M_t}} - 1$$

式中,i 为贴现率,M_0 为收益发生在现在的价值量,M_t 为收益发生在将来 t 时间的价值量,t 为收益发生在将来与现在的时间间隔。贴现率衡量的是相同的财富或消费在现在和将来给人们带来的效用差异,贴现率越大表示人们越偏好现在的财富或消费。

贴现率决定了成本和收益的现值,所以贴现率的选择对于成本—收益分析的结果影响很大。使用低贴现率会使未来收益变大,而高贴现率使未来收益变小。在工程项目决策中,一般使用市场利率作为贴现率。但从可持续发展的角度看,这种贴现率偏高。这是因为一般地,经济学在讨论资源最优配置时,只考虑一代人的生命周期,忽视后代人的效用,而可持续发展强调代际公平,如果后代人与当代人有相同的发展权利,就要求延长资源使用效用的贴现时间,因此需要更低的贴现率。

在气候变化问题的讨论中,因为削减温室气体排放不是免费的,一旦开始行动立刻就要付出成本,而气候变化的影响是长远的。贴现率的选择就影响着人们的决策:是否要立即采取高成本的措施?较高的贴现率把发生在未来的灾难成本大打折扣,使得它们在今天的消费者和纳税人眼中看起来小了许多,甚至可以忽略不计。2006 年,英国政府经济事务部负责人斯特恩发表了一份关于气候变化的报告。① 该报告采用了低于市场利率的 1% 的贴现率,计算出气候变化每年造成的损失预计占全球年 GDP 的 5% 左右,如果从更广义的角度考虑风险和影响,气候变化造成的损失可能达到全球 GDP 的 20%。减缓气候变化的措施的成本约占全球年 GDP 的 1%。这意味着现在应该采取强有力的减排措施。斯特恩报告发布后引发大量讨论,不少学者反对采用假定的过低的贴现率作为分析的基础。

小结

进行与环境有关的经济决策需要进行成本—收益的对比,这要求把所有的成本—收益换算成相同的货币单位。大多数环境质量变化没有市场价格,需要采用变通的方法测算其价值。在实践中这些变通的方法主要有:直接市场法、替代市场价值法、意愿调查法和市场实验法。这些方法适用于不同的环境价值评估,一般来说,衡量污染损失用直接市场法,衡量间接使用价值使用替代市场法或市场实验法,衡量存在价值使用意愿调查法。

进一步阅读

1.〔美〕戴维·德格拉齐亚. 动物权利[M]. 北京:外语教学与研究出版社, 2007.

① Stern, et al. Stern review: the economics of climate change[R]. HM Treasury, London, 2006.

2. 〔美〕霍尔姆斯·罗尔斯顿. 哲学走向荒野[M]. 长春:吉林人民出版社, 2000.

3. 〔美〕J. A. 迪克逊等. 环境影响的经济分析[M]. 北京:中国环境科学出版社, 2001.

4. Arrow, K. J., et al. Is there a role for benefit-cost analysis in environmental, health, and safety regulation[J]. Science, 1996, 272(5259):195—221.

5. Freeman, A. M. The measurement of environmental and resource values: theory and methods[M]. Washington, DC: Resources for the Future, 1993.

6. Hausman, J. A. Contingent valuation: a critical assessment[M]. Amsterdam: North-Holland Press, 1993.

7. Willig, R. D. Consumers' surplus without apology[J]. American Economic Review, 1976, 66(4):589—97.

思考题

1. 衡量福利变化有哪些常见的方法?
2. 资源环境价值评价的方法有哪些?
3. 意愿调查法的偏差来源主要有哪些?
4. 什么是市场实验法?

第6章　削减工业污染的政策手段

学习目标

● 掌握几种常见的削减工业污染的政策手段：命令—控制手段、庇古税、补贴、排污权交易、押金—退款制

● 掌握不同政策手段的适用范围，辩证地认识现实中的各种污染削减手段的优缺点

工业污染是一种典型的负外部性，在市场机制下无法自我纠正，这时就需要利用政府这只“看得见的手”，通过实施环境政策纠正污染者的行为，将负外部性内部化。对于工业污染的管理来说，常用的环境政策手段大致可分为两类：命令—控制手段，经济手段。其中后者又可由两种不同思路实现：利用市场型的税费和补贴手段，建立市场型的排污权交易手段。

6.1　命令—控制手段

命令—控制手段（command-and-control instruments）指政府运用行政和法律手段，对污染企业的生产和排放行为进行纠正，强制其执行环境标准的方法。

6.1.1　命令—控制手段的主要形式

命令—控制手段的具体形式多种多样，按是否直接管控污染物，可以大致分为直接管制和间接管制两种，直接管制是直接对污染物排放进行规定，如规定允许排放的污染物的最大浓度、排放速率、排放总量等。而间接管制一般是通过对生产技术、生产地点的选择等进行规定，最终达到控制污染排放的目的，如规定可选择的生产投入物的种类、生产技术、对产品产量或污染物排放量进行配额控制、对污染企业的选址进行约束等。

命令—控制手段的实施往往是建立在一些污染控制法律之上的，如环境保护法和具体领域的污染控制法，然后根据这些法律确定污染物排放种类、数量、方式以及与产品和生产工艺相关的污染指标。有关生产者和消费者遵守这些法律和污染物排放规定是义务性或强制性的，如果违反，往往会受到行政、法律或经济制裁。

排放标准是一种典型的命令—控制手段。图6-1显示了排放标准的制定思路。这里MPB、MPC、MSC的含义与图3-1相同。要将污染排放水平减少到最优水平Q^*，政府制定了排放标准S，并规定污染者不能排放超过这一标准的污染，否则对每一单位的污染处以至少为P^*的处罚。在处罚的威胁下，污染者排放多于Q^*的污染是不划算的，这样，就可以达到预期的环境目标。

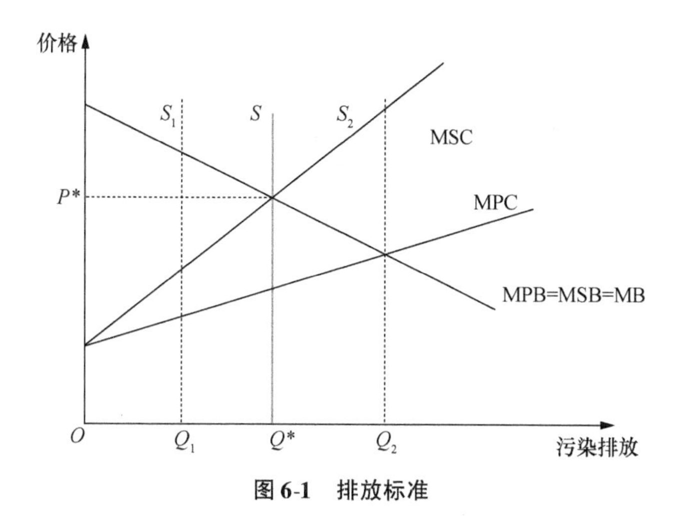

图 6-1　排放标准

一般地,制定排放标准是按照五个步骤制定的:第一步是设立环境目标,如使空气质量保持在不威胁人群健康和安全的水平;第二步是设定指标,指标应是最能代表和解释目标的,并且应是可测量的,如大气环境指标中的 SO_2 浓度、PM2.5 浓度等;第三步是建立指标的质量标准,也就是确定什么水平的环境指标算污染,什么水平的环境指标是可接受的;第四步是建立排放标准,也就是确定把排放量限制在什么水平才能达到环境质量标准;第五步是执行,包括排放标准的执行、污染减排、监测和违法处罚等。

在实际操作中,由于环境管理者往往难以获得边际私人收益、边际私人成本、边际社会成本的信息,要制定恰好等于最优排放水平的排放标准并不容易。命令—控制手段由国家强制力量保证推行,具有对问题定位准确、简便、易于在自上而下的行政体系下推行、见效快的优点,标准是各国运用最多的命令—控制型手段。因为担心各地区会为了吸引投资和创造就业而竞相放松环境标准,一般地,对新污染源的环境标准会设定得更严格,而且多在国家层面上设定,与地方无关。

6.1.2　命令—控制手段的局限性

尽管被各国环境管理部门广泛使用,但从节约政策执行成本、灵活性等角度看,命令—控制手段也有一些局限性,主要表现在以下方面:

(1) 难以制定最优标准。从理论上说,环境标准应根据污染的边际成本等于边际收益的原则确定,如果信息是完全的,环境标准应设立在图 6-1 中 MSC 和 MB 曲线的交点上,此时的污染水平 Q^* 是最有效率的。但实际上,由于政府掌握的信息往往不完全,无法知道边际曲线的形状和交点,因此制定的环境标准是综合多方面因素的结果,这样的环境标准下的污染水平往往不等于最优污染水平,可能偏左或偏右,如图中 S_1 或 S_2,只有在极凑巧的情况下,排污标准才能达到最优排污量。

(2) 难以实现削减量的优化分配。从第 4 章的分析可知,在存在多个污染源的情况下,各污染源的边际削减成本曲线的交点对应的削减量分配方案是最优的。从理论上说,政府应根据每个污染源的削减成本和收益情况,对其设立相应的排污标准。但这种做法不具有现实可操作性，政府只能对不同的污染源设立统一的排污标准，这样就无法在污染源间进行有效的配额分配。

（3）不能提供动态激励。削减污染是要花费一定成本的，而且随着污染的逐步削减，边际削减成本递增。为了节约成本，污染源没有动力在达到标准后进一步减少污染，因此排污标准无法为持续减少排污提供动态刺激。

（4）政策执行成本大。命令—控制手段很难考虑企业间的技术差异或边际削减成本差异，在实施过程中招致阻力、拖延、违反的可能性高，这类手段往往需要巨大的监督成本和惩罚成本。Titenberg 的研究发现，要实现同样程度的污染削减，命令—控制手段的成本相当于最小费用手段的 2—22 倍。[①]

（5）灵活性差。为了对新的环境状况和变化做出反映，政府需要根据生产工艺或产品逐个制定详细的规定。这需要对比大量工程和经济方面的数据，是一件耗时的工作，而且规定出台的同时可能又有新技术新产品出现了，使得政策不得不再次对标准进行更新。

来之不易的 APEC 蓝

近年来，以北京为代表的我国许多地方在冬季会出现大面积严重雾霾天气，严重影响人们的身体健康和交通安全。虽然政府采取了各种环保措施，但效果并不显著，雾霾的消散基本上要靠“风吹雨打”。2014 年 11 月北京举办 APEC 会议，为了减少空气污染物排放，保证会议期间北京的空气质量，政府出台了严格的命令—控制措施。这些措施包括：

- 污染企业停工限产。北京、天津、河北、山西、内蒙古、山东六省区市的燃煤电厂和焦化、冶金、水泥等行业的污染企业大范围限产停工。对实施停产、限产的重点企业和停工工地，派驻现场监督人员，实行驻厂、驻点 24 小时专人负责制。
- 建筑工地停工，对渣土运输车辆实施管控。
- 部分城市对机动车进行管制。其中，北京市机关事业单位放假、道路限行，实行全市机动车单双号行驶、机关和市属企事业单位停驶 70% 公车，对货运车辆以及外埠进京车辆实施管控。
- 高强度的督查，联动不好要问责。

严格的管控措施取得了立竿见影的效果：APEC 会议期间北京市主要大气污染物排放量同比均大幅削减，SO_2、NO_x、可吸入颗粒物（PM10）、细颗粒物（PM2.5）、挥发性有机物等减排比例分别达到 54%、41%、68%、63% 和 35% 左右，空气中的 PM2.5 浓度下降 30% 以上，周边五省区市主要大气污染物排放量也均明显下降。APEC 会议期间，天空呈现久违的蔚蓝色，被称为“APEC 蓝”。APEC 会议结束后，许多人热切期盼“请把 APEC

---

① Titenberg, T. H. Emissions trading: Principles and Practice[M]. Washington: Resources for the Future, 1985.

蓝留下”,但 APEC 会议期间实行的高强度手段代价巨大,无法长期使用。治理北京的大气污染、改善空气质量仍将是一个长期、复杂、艰巨的过程。

6.2　排污税（费）

在命令—控制手段下,政府不仅直接干预企业的生产决策,规定企业不能使用什么技术、不能在哪里办厂、不能排放超过多少量的污染[①]……而且这类手段还有上节介绍的多种不足,所以经济学家们更倾向于推荐基于市场机制的经济手段(economic instruments),也称为基于市场的手段(market-based instruments)。经济手段通过价格、成本、利润、信贷、税收、收费、罚款等经济杠杆调节各方面的经济利益关系,政府不直接干预污染企业的生产决策,只调控企业面临的市场环境,企业则根据变化了的市场环境自主进行经营决策。

调控市场价格就是一种常用的经济手段。对有害于环境的污染,可以通过与污染行为相挂钩的税(费)增加污染者的成本,促使污染者减少污染;对有利于环境的产品和技术进步等,可以用补贴的方式增加这类产品的收益,促使生产者增加供给。二者虽然作用方向相反,但原理是一样的,本节主要介绍税(费),下一节介绍补贴。

6.2.1　庇古税

从外部性的角度分析,污染是一种公共成本大于私人成本的负外部性,在市场机制下,会产生比社会最优水平更多的污染。1920 年,英国经济学家庇古在《福利经济学》一书中首先提出对污染征收税或费的想法。他建议,应当根据污染造成的危害对排污者征税,用税收来弥补私人成本和社会成本之间的差距,使二者相等,这就是“庇古税”。

可以用图 6-2 来说明庇古税的思想:由于外部性的存在,污染的边际社会成本曲线 MSC 高于边际私人成本曲线 MPC。可以用征税的方法提高边际私人成本曲线,使其与污染的边际收益曲线 MB 的交点对应最优污染水平。为了将污染者的行为纠正到社会最优,排污税的税率应设定为边际私人成本与边际社会成本的差额,也是最优污染水平时的环境外部成本,在图 6-2 中相当于线段 ab。对每一单位的排污量都征收 ab 的税,这相当于把 MPC 曲线向上移动到 MPC_t。此时,排污者从自身利益出发,会将污染水平自动调整到 Q^*。

从图 6-2 可以看出,在排污税税率为 t 的情况下,污染者要缴纳的排污税为图形 $tOba$ 的面积,而污染者造成的环境损失为三角形 Oba 的面积,也就是说企业缴纳的总排污税超过了损害损失,超过部分为三角形 tOa 的面积,有人质疑这对企业是不公平的。为了解决这个问题,可以考虑制定双重排污收费制度,允许企业免税排放一定量的污染,只对超过规定限度的排放量征收费用。如允许企业免税排放 Q_2 单位的污染物,对超过这个

① 在技术水平一定的情况下,污染的排放量是与产品产量成正比的,这一规定其实相当于限制了企业的产量。

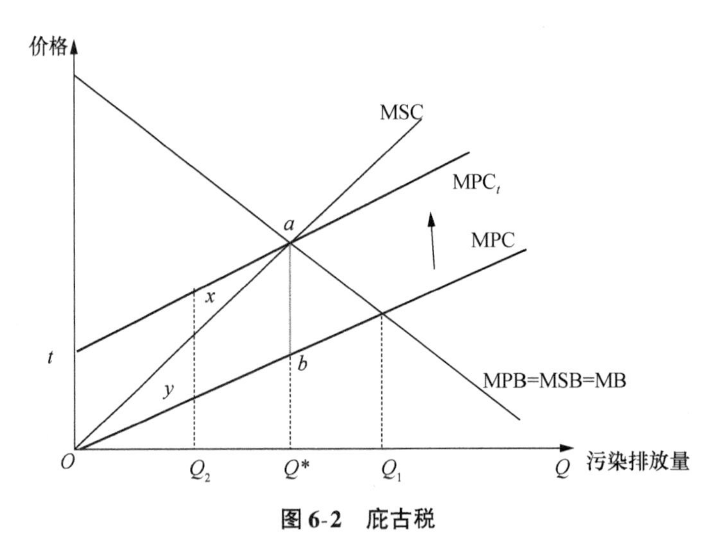

图 6-2　庇古税

限度的排放量按税率 t 征税,这样企业会在激励作用下将排污量削减至 Q^*。与对每一单位排污都征收排污税相比,此时污染者的削减成本、排污量不变,但政府的排污税收入减少了。经过调整 Q_2,从理论上讲可以使图中 x 和 y 部分大小相当。这样企业承担的排污税就与其造成的环境损害相当。

庇古税是由污染者支付给政府的,这笔税金是否应用于支付给受害者呢? 从经济效率的角度看,这是没有必要的。原因有二:其一,受害者只是污染结果的接受者,对污染的多少不能产生影响,因此,补偿只是一种转移支付,是否得到补偿并不会改变污染者的行为选择;其二,现实中受害者往往是可以转移流动的,如果受害者能得到补偿,可能会鼓励他们向污染源靠近,反而会加大污染损害成本,造成效率损失。因此,庇古税应该被征收但不需要支付给受害者。

1. 对一个污染者的情景

如果政府设定了庇古税税率,对排放的每一单位污染都征收固定税率的排污税,污染者为了使自己排污的总成本最小,会选择削减污染,一直到边际削减成本曲线与税率的交点。

如图 6-3 所示,在没有实行排污税时,污染者自由排污,此时的污染排放量为 OQ。污染边际削减成本递增,要完全消除污染,污染者需要付出的总削减成本是 MAC 曲线向下的积分,也就是三角形 COQ 的面积。在实行了税率为 t 的排污税后,污染者需要付出的总成本由削减成本和排污税组成。污染者会调整污染削减量到 Q^*,此时边际削减成本等于排污税的税率,在图上对应 MT 和 MAC 的交点 A。之所以会在这点达到均衡,是因为在 A 点右侧,污染者付出的削减成本过大,减少污染削减量代之以交纳排污税可以降低总成本;而在 A 点的左侧,污染者付出的排污税大于污染削减成本,进一步削减污染可以降低总成本。在 A 点,污染者需要付出 AOQ^* 的削减成本,同时支付 $ABQQ^*$ 的排污费,此时总成本最小。

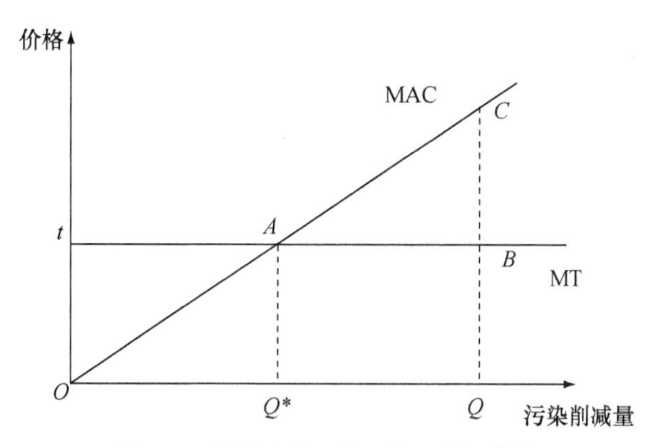

图6-3 在排污税手段下的一个污染者

2. 对两个及更多污染者的情景

一个地区的污染者往往不是一家,图6-4是两个污染者面对排污税时的情景,两者从自身成本最小化的角度出发,都会调整自己的污染削减量,使之对应于自身的边际削减成本曲线与排污税税率相等的点,即 $MAC_1 = MAC_2 = t$。

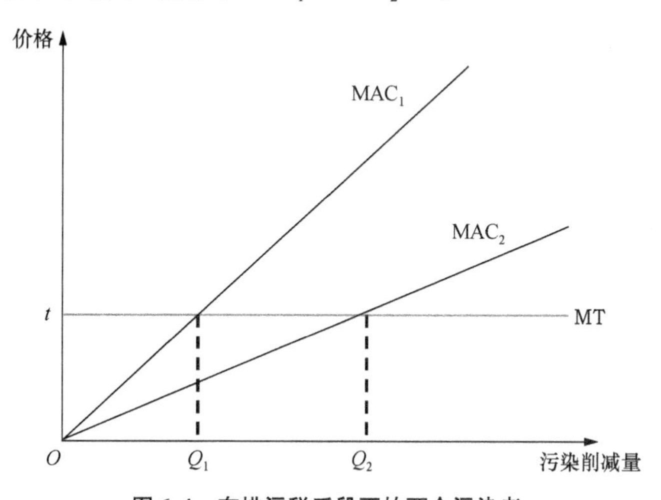

图6-4 在排污税手段下的两个污染者

当一个地区有多个污染者,可以将对两个污染者的分析扩展到多个污染者面对排污税时的情景,所有的排污者从自身成本最小化的角度出发,都会调整自己的污染削减量,使之对应于自身的边际削减成本曲线与排污税税率相等的点,即 $MAC_1 = MAC_2 = \cdots = MAC_n = t$。

这意味着所有的污染者都具有相同的边际削减成本,这也是以最小成本实现污染控制目标的要求(回忆4.1.5中的相关内容)。

从图6-4中可以看出,在排污税税率为 t 时,污染者1将削减 Q_1 单位的污染,而污染者2将削减 Q_2 单位的污染,二者合计的削减量是 $(Q_1 + Q_2)$。如果有多个污染者,其合计的削减量是 $(Q_1 + Q_2 + \cdots)$。可见,随着污染者数量的变化,总削减量不是一个固定的数量。相应地,总污染排放量也是变动的。

6.2.2 对变化的监管条件的适应

排污税有较大的灵活性，通过调整税率可以适应不同的信息水平，还可以促进持续的技术进步。

1. 对不完整信息的适应

从理论上讲，实施排污税不需要了解各个企业的边际削减成本曲线，但要将排污税税率设定在正好对应最优排污水平，需要了解社会整体的边际社会成本(MSC)和边际社会收益(MSB)曲线的信息或边际外部成本(MEC)和MAC曲线的信息，可是在现实中这些信息往往不能准确获得。环保部门需要在信息不完整的情况下设定排污税税率，因而常难以实现理想的庇古税。变通的办法是设定某个环境标准替代理论上的最佳点，并以此为目标设计税率，现实中的污染税(费)制度就是按这样的变通方法设定的。

图6-5、图6-6和图6-7是在不同信息水平下设定排污税的结果：

① 图6-5是在完全信息下设定的排放税，此时可以将税率设为 t^*，其对应的排污量是最优污染水平 Q^*，而且各个污染企业将会自动调整到自身的边际削减成本与 t^* 相等，使得达到 Q^* 的总削减成本最低。

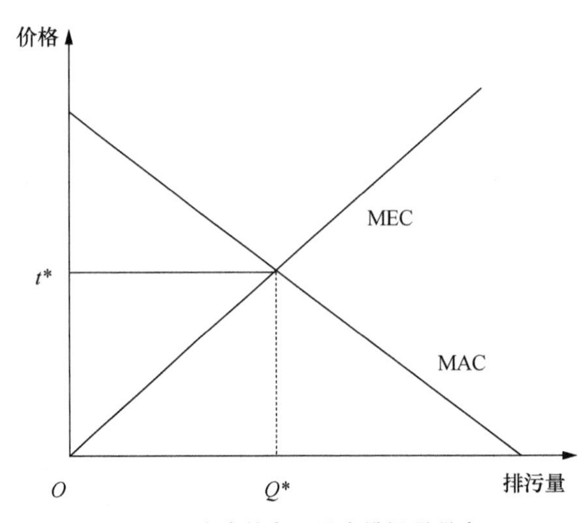

图6-5 完全信息下设定排污税税率

② 由于污染的影响具有多样、间接、滞后的特点，限于人类的认知水平有限常不能确切地认定，而且有的损失还难以用货币准确衡量，因此要获得MEC曲线信息非常困难。图6-6是在只了解MAC没有MEC曲线信息下设定排污税，此时可以根据希望达到的排放量 Q 设定一个相应的税率，这里 Q 可能与最优排放量 Q^* 不一致，但设定了排污税税率 t 后，各个污染企业将会自动调整到自身的边际削减成本与 t 相等，使得达到 Q 的总削减成本最低。

③ 如果对MAC和MEC曲线的信息都不了解，仍可能设定一个税率 t，各个污染企业会自动调整到自身的边际削减成本与 t 相等，把各企业削减后的排污量相加就是总排污量。图6-7显示的是两个污染者的情况。在排污税税率为 t 时，这两个污染者排放的污

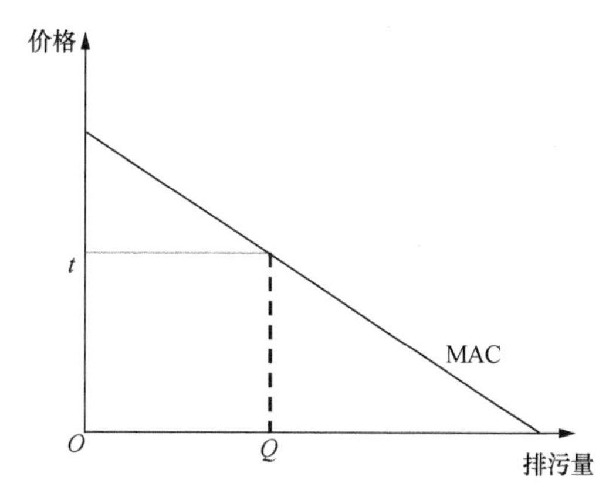

图 6-6　缺乏环境成本信息时设定排污税税率

染的量为(Q_1+Q_2)。虽然此种情况下总削减量和总排污量是无法提前预知的,但达到这一总排污量的总削减成本仍是最低的。

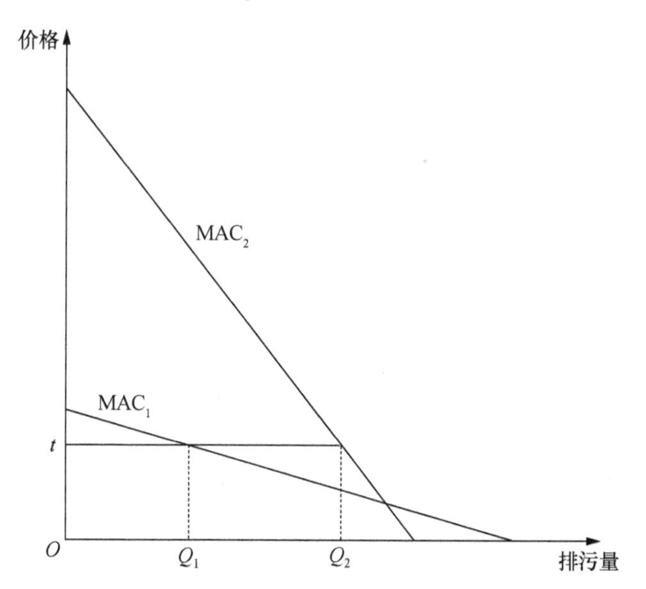

图 6-7　缺乏削减成本和环境成本信息时设定排污税税率

2. 对技术进步的持续激励

在削减污染方面,技术进步可以降低边际削减成本曲线,如图 6-8 所示,在没有实施排污税时污染者自由排放数量为 Q 的污染。在排污税税率为 t 时,污染者会削减 Q_1 数量的污染,排放 Q_1Q 数量的污染,此时污染者支付的总成本包括面积为 OPQ_1 的削减成本和面积为$(Q_1Q\times t)$的排污税;由于技术进步,污染者的边际削减成本曲线从 MAC 变为 MAC′,污染者会削减 Q_2 数量的污染,排放 Q_2Q 数量的污染,此时污染者支付的总成本包括面积为 $OP'Q_2$ 的削减成本和面积为$(Q_2Q\times t)$的排污税。

不考虑技术进步的成本,减污技术的进步会使污染者减少成本开支,数量为阴影部分的面积 OPP',同时,还会多削减 Q_1Q_2 的污染。因此企业有动力持续推进减污技术的进步,使环境持续得到改善。而考虑到技术研发也需要投入,技术进步也是有成本的。

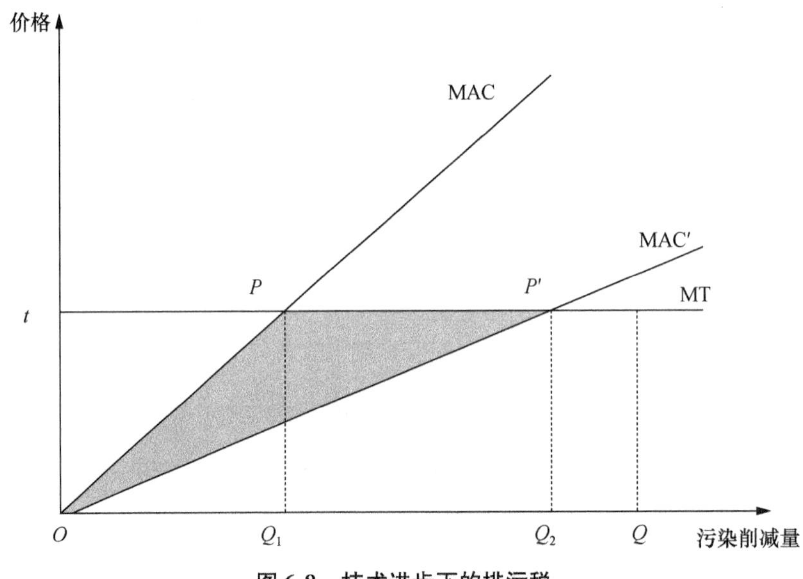

图 6-8　技术进步下的排污税

企业是否会选择开发和应用新技术,需要比较技术进步的成本与其带来的成本节约哪个更大,只要节约的成本大于增加的成本,企业就会选择推进技术进步。

同时,由于排污税是对污染排放征税,而不是对产出征税,还会鼓励一些对环境有利的替代效应发生。比如,用污染较轻的投入品替代污染重的投入品、用污染较轻的产品替代污染重的产品、用污染较轻的生产工艺代替污染重的生产工艺,这些都是有利于环境的技术进步。

6.3　补　　贴

补贴把排污权界定给污染者,由管理者支付污染削减费用来激励污染者改变行为。污染者排污的机会成本就是管理者提供的污染补贴,他必须在自己的边际削减成本和补贴间进行衡量。如图 6-9 所示,如果管理者为每一单位的污染削减提供的补贴标准是 S,污染者将削减 OQ 单位的污染,对应边际污染成本曲线与补贴标准的交点,此时污染者得到的补贴相当于 $SOQP$ 的面积,而付出的削减成本相当于 OQP 的面积,除了最后一个单位的削减外,污染者的每一份削减努力都能得到收益,这样通过削减 OQ 的污染,污染者可以得到 SOP 的净收益。偏离 Q 点的削减量会导致净收益的下降,从图上可以看出,如果污染削减量只有 Q',则净收益会减少 EFP;而如果污染削减量达到 Q'',则净收益会减少 PDC。所以,当边际削减成本等于补贴标准时,污染者的削减量是最优的。

可以将对一个污染者的分析推广到多个污染者的情景,每个污染者都会根据自己的削减成本情况削减一定量的污染,使各自的边际削减成本等于补贴标准。与庇古税类似,这意味着所有的污染者在边际上具有相同的削减成本,这也是以最小成本实现污染控制目标的要求。随着污染者数量的变化,总削减量不是一个固定的数量。相应地,总污染排放量也是变动的。

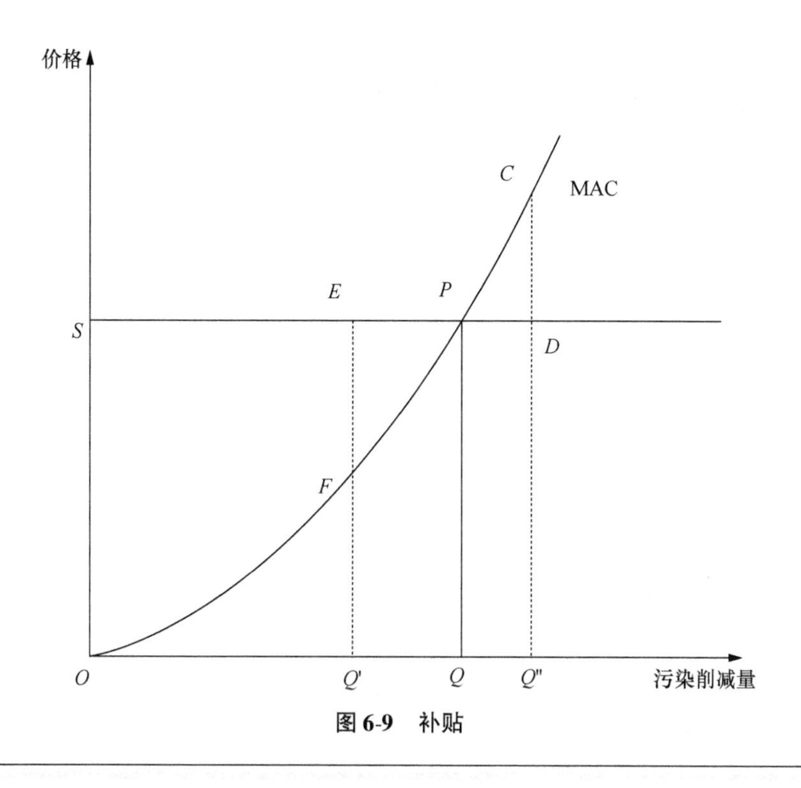

图6-9　补贴

旧车报废补贴

出于减少排放、刺激消费等目的，不少国家都会对老旧机动车的报废进行补贴。比较有代表性的是美国的"汽车津贴回扣系统"(Car Allowance Rebate System)，这项政策于2009年由美国联邦政府发起，旨在使用经济刺激手段使美国消费者将家中费油的老旧机动车报废，换成省油的新车。除了环保方面的考虑，由于新车车况和安全配置更高，这一政策还有助于人们获得一个更加安全的交通环境。美国政府最初投入的补贴基金总额是10亿美元，并于当年7月24日正式接受申请，然而活动开始不到一周的时间所有补贴款就发放一空，这时距离原定结束日期11月1日还有很长时间。鉴于置换需求还非常旺盛，美国国会批准追加了20亿美元用于该项目。最终的调查显示被淘汰的老旧车辆的平均油耗为14.9升/百公里，而消费者用它们换到的新车的平均油耗降到了9.3升/百公里。

我国也有类似的政策，根据《财政部商务部关于发布〈老旧汽车报废更新补贴资金管理办法〉的通知》(财建[2013]183号)等有关规定，2014—2015年对老旧汽车报废更新补贴的车辆范围及补贴标准为：使用10年以上(含10年)且不到15年的半挂牵引车和总质量大于12000千克(含12000千克)的重型载货车(含普通货车、厢式货车、仓栅式货车、封闭货车、罐式货车、平板货车、集装箱车、自卸货车、特殊结构货车等车型，不含全挂车和半挂车)，补贴标准为每辆车18000元。

6.4 排污权交易

庇古税是通过调整污染者面对的价格信号来纠正污染者的行为，在这个过程中，环境服务仍作为公共物品存在，消纳经济活动产生的废弃物，政府作为环境的代言人，以税收的形式强制要求排污者为这种服务付费，从而将外部性内部化。而排污权交易机制的建立则是基于另外一种思路：它通过建立产权将环境服务界定为私人物品，使之成为一种可交易商品纳入到市场机制中来，因而消除了外部性。

6.4.1 排污权交易机制

1. 科斯分析污染问题的思路

用庇古税的思路分析污染问题，如果 A 的行为妨害了 B，则通过税收纠正 A 的行为来制止这种妨害是正当的。但科斯（1960）发现，庇古税本身将造成资源配置效率的损失。要避免社会福利的损失，需有一种双重纳税制度，在向污染者征税的同时，也需要向被污染者征税。而要进行双重纳税需要的信息量是巨大的，在现实中几乎不可能实施。

科斯认为，若产生空气污染的 A 向 B 施加了外部性，制止 A 妨害 B 时，也就使 B 妨害了 A，特别是在对环境的竞争性使用上。究竟是允许 A 妨害 B 还是相反，关键是要界定私有产权。如果产权界定清晰而且可以自由买卖，就会形成产权市场。若 B 拥有产权，则 A 为了生产必须向 B 购买污染权；反之，若 A 拥有产权，则 B 为了享有清洁的空气可以向 A 购买产权。A、B 间通过交易可使市场污染数量达到帕累托最优状态。在交易成本为零时，只要初始产权界定清晰，并允许经济活动当事人进行谈判交易，交易的结果都会导致资源的有效配置，这一结论也被人们称为“科斯定理”（Coase theorem）。

受烟尘影响的居民的案例

假定一个工厂周围有 5 户居民，工厂的烟囱排放的烟尘使居民晒在户外的衣物受到污染，每户损失 75 元，5 户居民总共损失 375 元。解决这个污染问题的办法有三种：一是在工厂的烟囱上安装一个防尘罩，费用为 150 元；二是每户购买一台除尘机，除尘机价格为 50 元，总费用是 250 元；第三种是每户居民自己承担 75 元的损失，或从工厂方面得到 75 元的损失补偿。假定 5 户居民之间，以及居民与工厂之间达到某种约定的成本为零，即交易成本为零，在这种情况下：

如果法律规定工厂享有排污权，那么，居民户会选择每户出资 30 元去共同购买一个防尘罩安装在工厂的烟囱上，因为相对于每户拿出 50 元钱买除尘机，或者自认了 75 元的损失来说，这是一种最经济的办法。

如果法律规定居民户享有清洁权，那么，工厂也会选择出资 150 元购买一个防尘罩安装在自己的烟囱上，因为相对于出资 250 元给每户居民配备一个除尘机，或者拿出 375 元给每户居民赔偿 75 元的损失，购买防尘罩也是最经济的办法。

因此，在交易成本为零时，无论法律规定工厂享有排污权，还是做出相反的规定让居民享有清洁权，最后解决烟尘污染衣物导致375元损失的成本都是最低的，即150元，这样的解决办法效率最高。

可见，在有效的产权界定下，原来的外部性问题可以被纳入市场交易机制，外部性自然消除了，交易的结果会产生均衡状态，使得偏离该均衡状态时至少有一方要受到损失，也就是实现了帕累托最优状态。而且如果市场交易的成本可以忽略，资源配置最优效率状态或结果与初始产权界定给谁无关。

在现实中，由于发现交易对象、进行讨价还价、监督保护交易的进行等都要花费成本，所以交易成本是真实存在的，有时交易成本还很大，以至于可能阻止交易的进行。[①]比如在上文中所举的例子里，如果受烟尘影响的居民数量不是5户而是50户、每家洗衣服的数量不同因而损失不同，工厂要和他们分别进行谈判达成交易就非常困难。而如果一个地区排放烟尘的是多家工厂，情况就更复杂了。因此，通过清晰界定产权，由污染者和受损者间通过产权交易将外部性内化只是一个理论上的理想状态。实际上，按照产权交易思路建立的排污权交易机制是将排污权界定在排污者之间，通过排污者之间的交易达到以最低成本实现污染削减的目标的一种机制。

2. 排污权交易的政策设计

应用科斯分析污染问题的思路，可以通过界定污染产权，并允许污染产权自由交易的方法达到最优污染水平，这就是排污权交易机制。它建立在区域内排污总量控制的基础上，首先由政府部门确定一定区域的环境质量目标，并据此评估该区域的环境容量，推算出污染物的最大允许排放量。政府通过一定的方式（无偿或有偿）将排污总量分解到区域内的排污企业，建立相应的交易平台，允许排污权在交易平台上买卖，同时规定只有持有排污权才能排放相应数量的污染，否则就要进行处罚。

初始排污权可以是免费发放的，环境管理者按照现有的排污比例向现有污染者免费发放排污权，从而在不加重现有污染者平均成本负担的情况下，引入可交易的许可证制度。这种方法容易为污染企业接受。初始排污权也可以是有偿分配的，比如可以通过拍卖分配排污权，这样政府可以得到一笔资金，但这会加重现有污染者的负担，可能遭到他们的反对。

初始排污权分配后，就清晰界定了污染产权，通过排污权交易，会形成排污权的市场均衡价格，边际削减成本较高的污染者将买进排污权，而边际削减成本较低的污染者将出售排污权，其结果是所有的排污者都会调整自己的污染削减量，使自身边际削减成本与市场均衡价格相等，从而使达到环境目标的总污染削减成本最小化。图6-10演示了这一机制。

为了分析简便，可以先假定某地区有两个污染者，他们的边际削减成本不同，污染者

---

① 对一个交易来说，潜在的买家和卖家必须互相确认，互相谈判，从而最终在交易的价格上达成一致，并且这个交易必须被监督和强制执行。这样就有三种可能的交易成本来源：搜寻和信息成本、议价和决策制定成本、监督和执行成本。

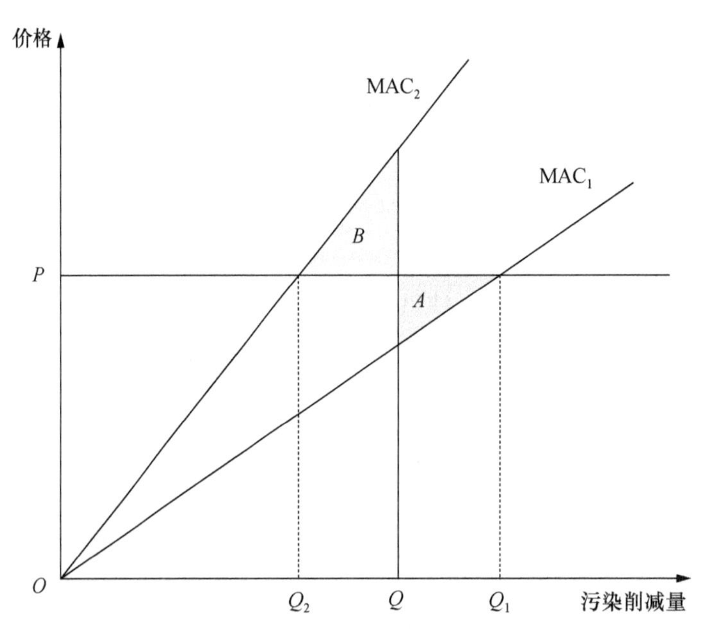

图 6-10 排污权交易手段下的排污者决策

1 可以以较低的成本削减污染,边际削减成本曲线(MAC_1)较平缓,污染者 2 的削减成本较高,边际削减成本曲线(MAC_2)较陡峭。为了达到政府的环境目标,将本地区的污染排放总量控制在某个水平上,二者要共同承担污染削减任务。假设排污权是等量分配给两个污染者,每个污染者都要削减 OQ 单位的污染,共同削减量为 $2OQ$,排污权的市场均衡价格是 P。此时污染者 1 会发现自己增加 QQ_1 的污染削减量是有利的,并将因此富余出来的排污权以价格 P 出售,可以获得面积为 A 的净收益。而污染者 2 会发现自己以价格 P 购入 QQ_2 的排污权并相应减少自己的污染削减量是有利的,因为可以节约面积为 B 的成本开支。这样,这两个污染者从自身利益出发就会进行排污权交易,交易后污染者 1 削减 OQ_1 的污染,污染者 2 削减 OQ_2 的污染,两者的共同削减量仍为 $2OQ$。交易后两个污染者的边际削减成本都等于排污权的市场价格,这满足了第 4 章中讨论的在多个污染者间有效分配污染削减量的条件。可以很容易地将两个污染者的情形扩展到多个污染者:污染者们会根据自身的边际削减成本曲线进行决策,是出售还是买进排污权,交易的结果是每个污染者的边际削减成本都与排污权的市场价格相等,从而以最低成本实现了污染削减目标。

美国排污权交易的实践

1968 年,美国学者 Dales 首先提出了排污权交易的想法。[1] 20 世纪 70 年代初,在美国的一些地区经济增长和环境保护的矛盾变得十分突出:一方面法律要求这些地区改善

① Dales, J. H. Pollution, property and prices[M]. University of Toronto Press,1968.

空气质量,另一方面经济增长又会使空气进一步恶化。环保局不得不禁止更多新污染企业进入该地区,直到当地空气质量达标为止。但通过阻止经济增长来解决空气质量问题,不受政府和民众的欢迎,在政治上又是不可行的。可交易许可证手段使同时实现经济增长和环境保护这两种看似矛盾的目标成为可能:可交易许可证可配合地区污染排放总量控制政策实施,已有的污染源将排放水平削减到法律要求的水平之下后,超量削减经环保局认可后成为"排放削减信用"(emission reduction credit, ERC),可以出售给想进入该地区的新排放源。新排放源只要从该地区的其他排放源手中获得足够的排放削减信用,使新排放源进入后该地区的总排放量不高于从前,就可以进入该地区。这样排污权交易既能使空气污染物排放量控制在一定水平内,又为新企业提供了机会。美国于 1976 年开始在部分地区试行排污权交易,为了应对酸雨污染,于 1990 年起在全国范围内引入 SO_2 的排放总量控制和排污权交易机制。目前排污权交易已成为美国空气质量管理的主要手段。

在排污权交易中,可交易的排污量等于允许排放量与实际排放量之差。排污权交易通过确定排污控制总量和参加单位、分配初始排污权、经市场交易再分配排污权、审核调整等 4 个部分的工作来实现污染控制的管理目标。为了增加排污权交易制度的灵活性,方便排污企业在一定的时间和空间范围内根据生产需要调配自己掌握的排污权,排污权交易机制还配套有容量节余、补偿、泡泡和银行四项灵活性政策:

✓ 容量节余政策。只要污染源单位在本厂区内的排污量无明显增加,则允许在其进行改建、扩建时免于承担满足新污染源审查要求的举证和行政责任,排污者可以用其排放削减信用抵消改建、扩建部分增加的排放量。

✓ 补偿政策。以一处污染源的污染削减量来抵消另一处污染源的污染排放增加量,或是允许新建、改建的污染源单位通过购买足够的排放削减信用,以抵消其增加的排污量。实践证明这一政策不仅改善了空气质量,促进了当地的经济增长,反过来又使经济增长成为改善空气质量的动力。因为新企业要想在该地区发展,就要求已有污染源必须实施削减。经济增长与改善空气质量之间的矛盾在补偿政策下得到统一。

✓ 泡泡政策。把一家工厂的空气污染物总量形象地比作一个大"泡泡",其中可包括多个污染排放口。只要其所有排放口排放的污染物总量保持在规定的限度内,排放空气污染物的工厂就可以在环保局规定的一定标准下,有选择、有重点地分配治污资金,调节厂内各个排放口的排放量。

✓ 银行政策。允许污染者将排放削减信用存入指定的银行,以备自己将来使用或出售给其他排污者,银行则参与排污削减信用的贮存与流通。

历经二十多年的实践,美国形成了多种不同类型的排污权交易体系。按是否配合污染物排放总量控制政策,可将美国实施的排污权交易分成两类:总量控制型排污权交易和排污信用交易。

总量控制型排污权交易的特点是预先为一定区域内的污染源设定总的年度排放上限及一定时期的污染排放削减计划时间表,促进企业对未来的减污政策变动形成理性预期。总量控制型排污权交易是目前美国最主要的交易形式,美国最为成功的酸雨计划中的 SO_2 排放许可交易是最典型的总量控制型排污权交易的例子。由于存在排污总量上限,此类计划又被称为“封闭市场体系”。它通常是强制性的,主管部门掌握一定区域内被要求参加计划的企业的排放信息,以便确定排放削减水平,然后据此确定区域允许的排放上限。一般地,总量上限逐年递减,直至达到空气质量标准的要求,因此这种方法通常被作为未达标区的一种达标战略。年度排放的总量上限以许可或配额的形式分配给区域内的污染源。许可一般是按历史排放量来分配的,要求参加的企业在达标期末拥有的排放许可数量至少应等于其在该期的排放量。企业可以自由选择如何达到这一要求,例如企业可以削减排放量、使用分配所得的许可或在交易市场上购买许可等,剩余没有使用的许可可以存入银行以备将来之用、出售或退出使用。许可的购买也很自由,任何人都可以通过经纪人、环境组织或年度拍卖会购买。

排污信用交易则不与污染物排放总量控制政策配套使用,由于没有排放总量上限,信用交易体系也被称为“开放市场体系”。在排污信用交易体系下,污染源只要在一定时间内自愿削减了污染物排放,经环保局认可,就可以产生排放削减信用。一个排放削减信用就是一个交易单位。除了用于交易,ERC 也可被用来达到排放控制要求,或存储以备将来之用。该体系允许将产生的污染物削减量出售给他人(或企业),可以激励自愿的排放削减行为,同时也为受管制企业提供了达标的灵活性。这类体系是自愿参加的,目前美国开展的排污信用交易的污染物主要有 NO_x 和挥发性有机物。

美国的排污权交易取得了积极而显著的效果:1978—1998 年,美国空气中 CO 浓度下降了 58%,SO_2 浓度下降了 53%;1990—2000 年,CO 排放量下降了 15%,SO_2 排放量下降了 25%。

6.4.2 对变化的监管条件的适应

从理论上看,相对于高成本的命令—控制手段,排污权交易可以降低区域内企业的总污染削减成本。排污权交易机制的建立可促使企业从被动治污向主动治污转变,有助于促进区域产业结构和产业布局的调整、促进环保技术的成果转化,既可达到预期的环境目标,也不会成为区域内产业扩张的障碍,从而有助于协调经济增长和保护环境的矛盾。与命令—控制型政策比较起来,排污权交易制度有适应条件变化的灵活性。

1. 对增长的污染源的适应

在现实中,环境监管条件会发生变化,比如污染源数量增长、发生通货膨胀、生产技术和污染削减技术进步等。不同的环境手段在应对这些监管条件变化时的灵活性有较大的差异。在排污权交易体系里,排放源数量增加,会加大对排污权的需求,在排污权供应总量不变的情况下,排污权的价格会上升。排污权交易的灵活性主要体现在以下方面:

① 有利于进行宏观调控。环境管理者不直接制定排污标准,但可以通过发放和购买排污许可影响排污价格,从而控制实际污染排放量,能很好地适应污染源的增长。例如,管理者认为需要严格排污标准时,就可以买进一定数量的排污权冻结起来,使排污许可的价格上升;而要放松环境标准时,可以进行反向操作,或发放新的排污许可。

② 排污权交易可以给非排污者表达意见的机会。环境保护组织如果希望降低污染水平,可以购买排污权,然后把排污权控制在自己的手中,不排污也不卖出,这样污染水平就会降低。

③ 通过排污权交易,既能保证环境质量水平,又使新、改、扩建企业有可能通过购买排污权得到发展,有助于形成污染水平较低而生产效率较高的经济体系。

在排污税(费)情况下,如果税率不变,新增排放源会导致地区污染总量增加,环境质量恶化。因此,对一个增长中的经济体来说,要维持一定的环境质量水平,排污权交易比排污税更有优势。

在发生通货膨胀时,污染控制成本受通货膨胀影响会上升。在排污权交易体系下,这会自动导致更高的许可证价格,排污总量不变化。在排污税情况下,由于污染控制成本相对于固定税率的上升,会导致更低的污染削减量,使环境质量恶化。

2. 对技术进步的激励

采用先进工艺和设备减少污染排放的企业可以将节约下来的排污权出售或贮存起来以备企业今后发展使用,因此排污权交易制度有助于提高企业投资污染控制设备的积极性。

减污技术进步可以降低边际削减成本曲线,如图6-11所示,在没有实施环境政策时,污染者自由排放数量为 Q 的污染。而实施了污染总量控制后市场上的排污许可证的价格是 P,此时,污染者会削减 OQ_1 数量的污染,排放 Q_1Q 数量的污染,此时污染者支付的总成本包括面积为 AOQ_1 的削减成本和面积为($Q_1Q \times P$)的购买排污许可的开支。由于技术进步,边际削减成本曲线从 MAC 变为 MAC′。在技术进步后,污染者会削减 OQ_2 数量的污染,排放 Q_2Q 数量的污染,此时污染者支付的总成本包括面积为 BOQ_2 的削减成本和面积为($Q_2Q \times P$)的购买排污许可的开支。

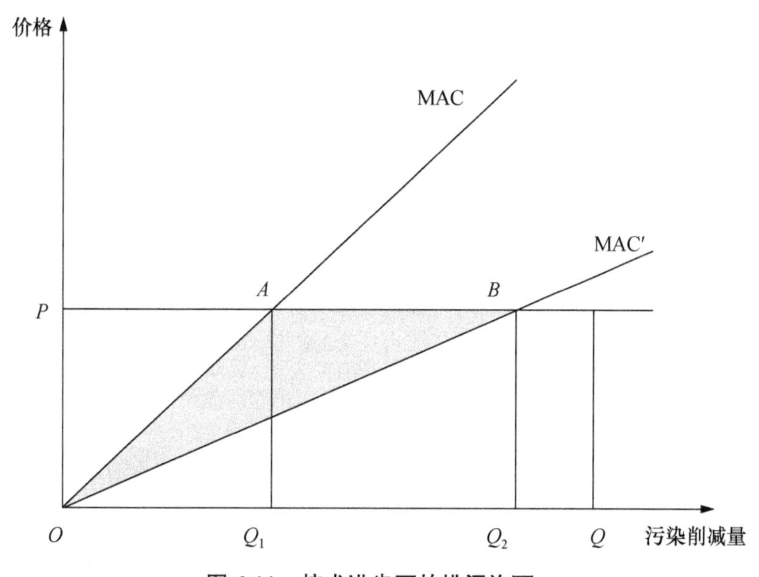

图6-11　技术进步下的排污许可

比较看来，如果不考虑技术进步的成本，减污技术的进步会使污染者减少成本开支，数量为阴影部分的面积 ABO。同时，这还会使污染削减量从 OQ_1 增加到 OQ_2，相应地排污量从 Q_1Q 下降到 Q_2Q。因此企业有动力推进减污技术的进步。

但是，如果技术进步得到普及，所有排污者的边际削减成本曲线都有所下降，就会导致更低的排污许可证价格。在排污权交易体系下，总体上的污染削减量不会改变，排污总量也没有变化。而在排污税下，降低的污染削减成本曲线会促进企业削减更多污染，使地区排放总量下降。

6.4.3 中国的排污权交易

我国试行排污权的有偿使用和交易机制已有二十多年的历史，目前主要以地方试点的方式进行，还没有形成全国性的交易平台。

“十五”之前，我国排污权交易实践以零星的地方性试点为主，如 1987 年上海市闵行区开展的企业之间水污染物排放指标有偿转让，1994 年起原国家环保总局在包头、开远、柳州、太原、平顶山、贵阳等 6 个城市开展的大气排污权交易试点等。

“十五”期间，我国环保工作的重点全面转到污染物排放总量控制上，原国家环保总局提出了通过实施排污权交易制度促进总量控制工作的思路，使排污权交易制度的试点范围不断扩大。2007 年，财政部和原国家环保总局选择电力行业和太湖流域开展排污权交易试点。自 2008 年起，财政部与环保部联合在全国范围内开展排污权交易试点工作，截至 2013 年已确定天津、江苏、湖北、陕西、浙江、内蒙古、湖南、山西、河北、河南、重庆共 11 个排污权交易试点省市。同时四川、云南、贵州、山东等近 10 个省市也在积极开展排污权交易实践工作，各地建立了一批排污权交易试点平台(表 6-1)。这些实践取得了一定的环境与经济效益，有的地区性银行还尝试以排污权为抵押开发了企业贷款业务。

表 6-1 国内主要排污权交易机构统计表

交易机构	成立时间	业务范围
嘉兴市排污权储备交易中心	2007	中国首家排污权储备交易机构，为 COD 和 SO_2 排污权的地区性二级市场交易提供服务。作为中间方，转让方向储备交易中心出让排污权，需求方向储备交易中心申购排污权。
北京环境交易所	2008	为节能减排环保技术、节能指标、COD 和 SO_2 等排污权益的二级市场交易提供服务，并为温室气体减排提供信息服务，是全国性的 CDM 服务平台。
上海环境能源交易所	2008	通过环境能源权益交易管理系统，为 COD 和 SO_2 等环境能源领域权益的二级市场交易提供服务。
天津排放权交易所	2008	由中油资产管理有限公司、天津产权交易中心和芝加哥气候交易所三方出资设立，为 COD 和 SO_2 等主要污染物交易和能源效率交易提供服务。
长沙环境资源交易所	2008	主要从事污染物排污权交易、环境污染治理技术交易以及生态环境资源的交易。
杭州产权交易所	2009	完全市场化的区域性平台。企业可在产权交易所将排污权挂牌，需求方和转让方自主协商交易。
湖北环境资源交易中心	2009	SO_2、COD、C 排放等，面向华中地区的区域性交易平台。

"十二五"以来,大部分试点平台增加了可进行排污权交易的污染物种类,但各市场排污权交易的数量普遍不多,排污权交易制度在污染物控制方面所起的作用有限。总结起来,通过这些试点发现的问题主要有:

① 排污权交易是以总量控制为出发点和归宿的。总量控制的基础在于环境容量的确定,这需要大量的环境监测数据,这正是中国许多地方环保管理工作的薄弱环节。许多地方片面追求发展的速度,更使排污总量的确定成为排污权交易的难点。

② 排污权的初始配置直接涉及排污单位的经济利益,并且影响到环境容量资源的配置效率。目前中国排污指标的供给方式是分配制的,而如何保证排放配额的分配公平合理则是一大难题,也是排污权以稀缺要素身份进入市场过程中最有争议的问题。

③ 排污权有偿使用和交易的法律支撑不足。我国尚无全国性的排污权有偿使用和交易法律法规,对排污权的性质、排污权交易规则、交易主体的责权利划分、交易纠纷的裁决渠道、排污权折旧方法、排污权是否可作为资产抵押、交易的监管程序、违法责任等问题均没有明确的界定,存在法律依据不充分的问题。

④ 市场和政府之间的边界不明晰。排污权交易制度是一种在政府的监督管理下由排污企业参与的市场行为,然而我国现行的排污权交易制度对行政权力和市场机制各自的作用领域界定模糊。环保部门既是交易规则的制定者,又是交易的参与者、中介者,使得排污权交易带有很强的行政干预色彩。许多地区的排污权交易是在当地环保部门的撮合下,按环保部门的"指导价格"成交的,市场的价格杠杆和竞争机制没有发挥作用,因而很难反映环境容量资源的稀缺水平。

⑤ 排污权交易制度与其他相关政策间缺乏协调和衔接。排污权有偿使用和交易政策的推行与污染物排放总量控制、环评审批、排污许可证制度等许多政策均密切相关,而从试点地区的政策实施情况来看,不少地区存在排污权有偿使用和交易与排污权许可证制度衔接不当的问题。①

⑥ 排污权交易的顺利进行需要完善的执法监督体系,杜绝无证排污现象的存在。为此管理部门需要利用各种连续监测手段对污染源实行技术监测,如排污单位提出排污权出售申请,要通过对其排污源的技术监测核实该单位削减额外污染物的能力,在确认后才能批准出售申请。在交易成交后,还要促使排污权交易双方完成其承诺的责任,保证排放的污染物数量不超过其分配或购买的排放量,以督促交易双方履行交易合同。如果不购买排污权也可以偷排,被发现受到的处罚也轻,谁还愿意出钱买呢?

中国的碳排污权交易试点

随着人们对气候变化和碳减排问题的关注日益增强,碳排污权交易成为我国排污权交易机制试点的一个重要内容。2011 年国家发展和改革委员会批准北京、天津、上海、重庆等省市进行碳排污权交易试点,将 2013—2015 年作为试点阶段。

由于将环境成本内化会加大经济运行成本,关系着未来各地的产业竞争力,各地试点时都非常慎重。这些地区的产业结构和经济发展水平不同,其碳排放总量目标和交易

① 参考王金南等. 中国排污权有偿使用和交易:实践与展望[J]. 环境保护, 2014(14):22—25.

覆盖的行业范围也是根据国家下达的碳排放强度目标,结合本地区的社会经济发展情况制定的。各试点地区确定的总量目标并不是绝对值,而是相对量,留足了经济发展所需要的碳排放增长空间。试点覆盖的行业绝大多数为热电、钢铁、化工等高耗能行业。排放权的配额分配均采用免费发放为主。北京、天津、湖北和广东按年度分配排放配额。上海和深圳则是一次性分配2013—2015年的排放配额,但在试点期内各年度对配额进行调整。2014年各试点相继开市交易,取得了一定进展。从图6-12和图6-13可以看出,我国的碳排污权交易已形成一定的市场规模,碳排放权的市场价格机制初步形成。但是,各交易平台仍存在企业认可度较低、市场透明度较差、监管标准不一、市场流动性弱等问题。

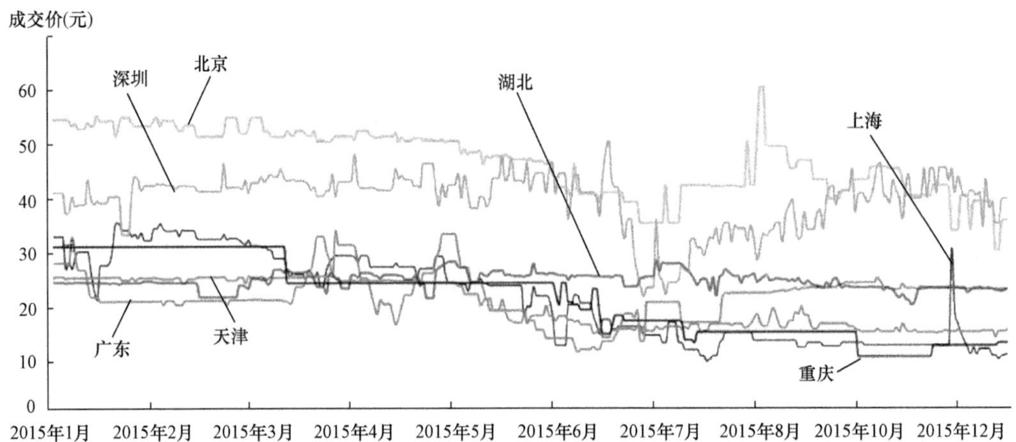

图6-12　各试点交易所的碳成交价

资料来源:中国碳排放交易网 http://www.tanpaifang.com/

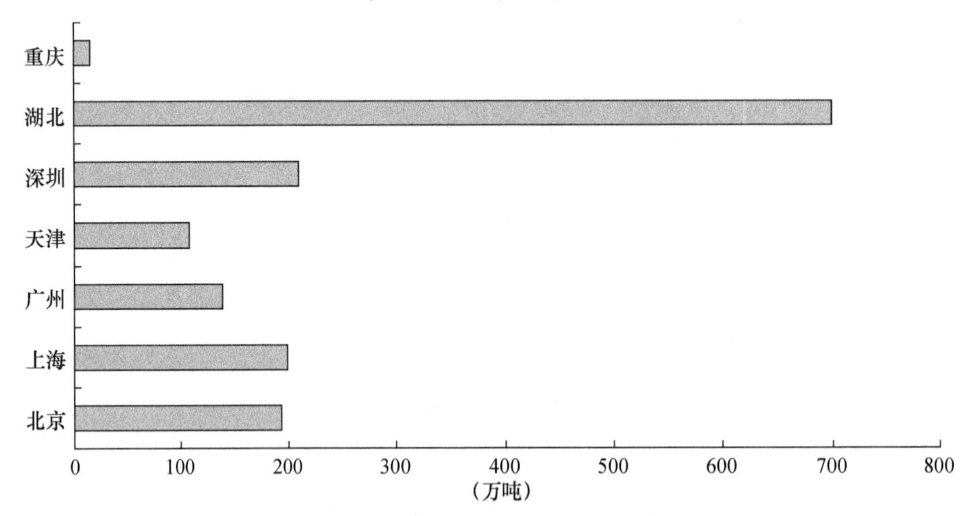

图6-13　各试点交易所的碳成交量

资料来源:中国碳排放交易网 http://www.tanpaifang.com/

6.5　押金—退款制

押金—退款制就是对具有潜在污染的产品在销售时增加一项额外费用,如果通过回收这些产品或把它们的残余物送到指定的收集系统后达到了避免污染的目的,就把押金退还给购买者。可以结合图 6-14 对押金—退款制进行分析:在存在环境负外部性的情况下,消费某产品的边际社会成本 MSC 高于边际私人成本 MPC,因此使得生产(消费)的数量 Q'偏离了社会最优数量 Q^*。为了对这种偏差进行纠正,可对每单位的消费量征收数量为 ab 的押金,如果事后消费者证明自己已按要求处理了污染,就退还所收押金。

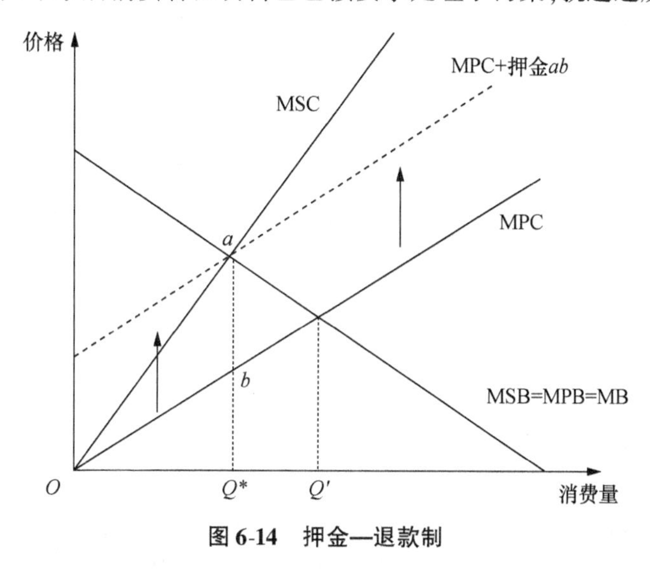

图 6-14　押金—退款制

押金—退款制在发达国家作为一种应用较多的固体废物污染控制的手段,多用于易拉罐、啤酒瓶和软饮料瓶的回收,处于政策研究或制定过程之中的还有对汽车电池、轮胎、杀虫剂容器的回收处理。其中对汽车残骸使用押金—退款制度的国家有希腊、挪威、瑞典,目的是促使人们放弃旧车,购买能达到更高排放标准的新车,同时还可以避免随处丢弃旧车,其返还率达到 80%—90%。对金属罐使用押金—退款制的国家有澳大利亚、加拿大、葡萄牙、瑞典、美国,啤酒罐、软饮料罐等的返还率达 50%—90%。对塑料饮料容器使用押金—退款制的有十多个国家,各国的返还率均超过 60%。对玻璃瓶采用押金—退款制在 OECD 国家应用得更加广泛,有二十多个国家,主要适用的是啤酒瓶、葡萄酒瓶等,其中啤酒瓶和软饮料瓶的押金占销售价格的百分比较高,其返还率可达 90%—100%;葡萄酒瓶和酒精瓶的返还率为 60%—80%。对荧光灯管、清洁剂包装、涂料包装和汽车电池等实行押金—退款制的国家有奥地利、德国、美国,返还率为 60%—80%。[1]

我国也曾在啤酒瓶的回收上采用过押金—退款制,采用这一制度的一个重要原因是当时原材料匮乏,也不存在计划外的市场,厂家只能回收啤酒瓶,清洗后重复使用。但目

---

① 经济合作与发展组织. 环境管理中的经济手段[M]. 北京:中国环境科学出版社, 1996: 92—96.

前这一回收体系已几乎不见踪影,原因是啤酒瓶的原材料供应充分,回收旧瓶运输成本过高,同一产品的生产商数量越来越多,批发和进货的渠道无法控制等,使本来就不是出于环保考虑的厂商失去了继续实行押金—退款制的动力。

从国内外的实践可以看出,有两个主要原因影响了押金—退款制的实施,一是各类包装容器的生产成本日益降低,而回收这类废弃物的运输和贮藏费用升高。二是废旧包装的收集、分类和加工多是劳动密集型行业,劳动力成本越高,回收废料在投入市场上的竞争力就越弱。如果仅用经济效益衡量,押金—退款制不易被企业接受。

要使押金—退款制顺利运行下去,需要满足这样几个条件:一是必须有强制性的环境法规的支持,要求相关企业必须采用押金—退款制;二是押金的收取标准要足够高,才能对消费者形成激励;三是要建立一个收集和监督相对容易、管理费用相对较低的回收系统。

6.6 减污政策的选择与比较

要达到同样的污染削减目标可以有多种手段。在实践中,人们需要对这些减污手段进行比较和选择。

6.6.1 命令—控制型手段与经济手段的比较

命令—控制型手段的实施依靠自上而下的政府强制力量推行,能够迅速直接地达到环境目标,其运作机制为政府所熟悉,因此在各种类型国家中得到普遍的应用。但是命令—控制型手段也有明显的缺点,主要是难以用最低的成本实现污染削减目标,灵活性也较差,不能促进技术进步和持续的污染削减。所以一般学者们更乐于推荐经济手段。

与命令—控制型手段比较起来,人们认为经济手段有许多优点,如节约成本、能达到最优污染水平、能促进动态效率等。但它们要建立在成熟的市场经济体制基础上,需要有效的环境监测和严格的环境执法体系保证其实现。而在许多发展中国家,这些条件是不具备的,这使得环境经济手段“看起来太好了以至于显得不真实”,妨碍经济手段发挥作用的主要因素有:

① 经济手段作用的正常发挥需要两个重要的条件;一是需要完善的市场经济机制和灵敏的价格信号;二是需要完善的法制。在许多情况下这两个条件不能得到满足。

② 经济手段是在市场失灵的假设基础上,按经济效率标准设计和运行的,对政府失灵可能造成的环境问题考虑不足,对管理上的可行性、政治上的可接受程度及对社会公平性的影响等方面也难以进行全面考虑。

③ 经济手段的设计复杂而困难。经济手段的决策基础是对环境资源价值的正确评估,但现有的评估方法常难以体现资源环境的真实价值。如果不能确切了解厂商和居民户对环境资源价值的评价,从理论上讲就不能在帕累托有效水平上设计和运用经济手段。

④ 技术和经济发展水平制约了经济手段的运用。经济手段并不涉及污染削减的技术问题,没有将在实践中发挥重要作用的技术因素考虑在内。但只有当政策对象具有生

产或污染治理技术调整的可能性时,经济手段才会有效果。环境保护的力度一般是随着经济发展水平提高而逐渐加大的,在经济基础薄弱的国家或地区,环境保护无法在政府和私人的决策中占重要地位。

在环境管理实践中,各国实行的都是混合政策,即命令—控制型手段、经济手段的同时应用。实际上,即使在使用经济手段较多的发达国家,命令—控制手段也比经济手段更常用。

6.6.2　庇古税与补贴的比较

庇古税认为以政府为代表的一般公众对清洁的环境拥有产权,排污者必须为其引起的损害付费。而排污补贴则认为排污者有排放污染的权利,政府和公众要得到清洁的环境,必须向排污者付费购买。在两种管理手段下,现金流是向两个相反的方向流动的。

在征税情况下,污染者不仅要为排放的污染付费,还要为削减污染支出成本,征税给污染者带来的成本负担大于实现同一排放水平的排放标准,但是征税可以为政府增加收入。

补贴则相反,排污者可以从削减污染中获得收益,而公众则通过政府支付减排费用。因此,庇古税和补贴对企业成本的影响不同。这会对企业的盈利能力,进而对整个行业的产出和排污有不同的影响:征税会提高企业的平均成本,长期来看会导致一些企业退出行业;而补贴会使平均成本下降,增加企业的获利机会,长期来看会导致更多的企业进入该行业。这样,在补贴手段下,即使每个污染者都更清洁,但更多的污染者还是会产生更多的污染。所以庇古税和补贴虽然在短期能实现相同的污染削减目标,但长期来看,在补贴手段下会产生更多的污染。

6.6.3　排污税与排污权交易的比较

排污权交易和排污税都是建立在污染者付费基础上的环境管理制度。前者是污染者付费购买污染权,它能保证污染的定量削减,但其费用是不确定的;后者是污染者直接付费给政府,它对排放量的影响不确定,但对污染者来说,排污的边际费用是一定的。

对这两种市场机制的选择在于:减少污染控制费用的不确定性和污染削减数量的不确定性哪个更重要?如果减少污染控制费用的不确定性更重要,就应该选择税收制度,如果减少污染削减数量的不确定性更重要,就应该选择排污权交易制度。

在污染者的削减成本存在不确定性时,可以通过比较边际削减成本的污染排放量弹性和边际环境损害成本的污染排放量弹性的大小做出选择。边际削减成本的弹性较大时,选择排污税更合适,反之,则应选择排污权交易。

可以用图 6-15 直观地说明这一点,在图 6-15 中,环境管理部门不了解每个污染者的边际削减成本情况,只知道总体的边际削减成本 MAC,污染者的边际削减成本可能偏高或偏低,在图中为 MAC_H 或 MAC_L,浅色阴影面积是和价格控制有关的福利损失,深色阴影面积是与数量控制有关的福利损失。在图(a)中,MAC 的弹性较大,浅色阴影面积大于深色阴影面积,因此应选择数量控制,也就是排污权交易;而在图(b)中,MEC 的弹性较大，浅色阴影面积小于深色阴影面积，因此应选择价格控制，也就是排污税。①

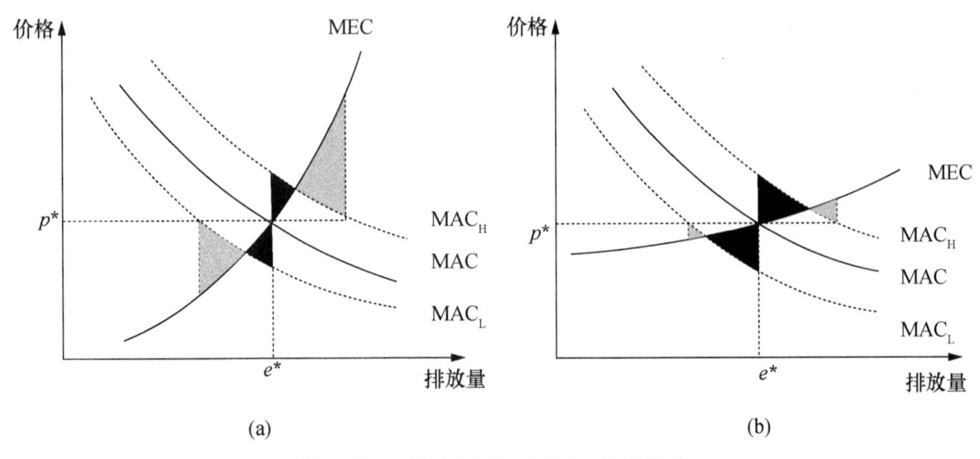

图6-15　价格或数量控制下的福利损失

排污税可以带来财政收入，成为治理污染的重要资金来源。而且税率是适用于整个行业的，无论是原有污染企业还是新增污染企业都适用这一税率，因此比较公平。管理者不需要详细了解每个企业的情况，减少了管理者与企业进行单独接触的机会，也有利于避免腐败。但是，在排污税机制下，受信息不足的约束，管理部门往往无法施行最优税率。

排污权交易更加灵活。环境管理者不直接制定排污标准，可以通过发放和购买排污权来影响排污价格。但是，为了降低政策阻力，排污权的初次分配往往用无偿的方法配置给现有的污染企业，政府不能取得收入，在配额的管理方面可能有腐败的风险。原有污染企业的排污权是免费取得而新增污染企业需要购买排污权，相当于原有污染企业获得了不公平的成本优势，也是对市场竞争秩序的损害。

6.6.4　减污政策的选择

污染物被排放后，可能以复杂的方式被转移转化，在很长的时间段后造成损失，污染源和损失在时间和空间上可能是分离的，因此环境问题具有复杂性的特点，单一的减污政策不能有效解决所有的环境问题。

在削减污染中，人们需要综合运用各种政策工具。经济效率也不是选择减污政策的唯一标准，同时还要考虑政策的可行性、对经济增长的影响等多方面的因素。表6-2列出了选择减污政策的主要标准，从中可以看出要在实践中选择减污政策，需要进行多方面的评估和考察。因此，为了达到一定的环境目标，现实中的减污政策往往是多种手段的组合，其执行部门也不限于环境管理部门。

---

① Weitzman, M. Prices vs. quantities[J]. Review of Economic Studies, 1974, 41:477—491.

表 6-2　选择减污手段的主要标准

选择标准	简要描述
环境有效性	能否较好地实现环境目标?
费用有效性	能否以最低的成本达到目标?
可靠性	多大程度上可以依靠该手段实现目标?
信息要求	要求污染控制主管部门掌握多少信息?信息获得的成本是多少?
可实施性	有效实施要求多少监测?能做到吗?政策执行是否简便易行?
长期影响	政策的影响力是随时间减弱、增强,还是保持不变?
动态效率	能否持续不断地提供激励来促使污染者减少污染和进行技术革新?
灵活性	当出现新信息、条件改变或目标改变时,能否以低廉的成本迅速适应?
公平性	对不同收入阶层、不同地域的影响是否有差异,是否是公平的?

表 6-3 对常见的环境政策工具的环境有效性、成本有效性、分配效应和可行性进行了大致的评估,从中可见,没有哪种工具可以同时达到这多方面的评估目标,所以实践中的环境政策是各种政策工具的组合。

表 6-3　主要环境政策工具的评估①

工具	环境有效性	成本有效性	满足分配方面的考虑	制度可行性
规章和标准	直接设定排放水平,不排除例外。效果取决于延滞和遵约情况。	取决于设计。统一应用往往导致较高的遵约成本。	取决于公平竞争。小/新的行动者可能处于不利地位。	取决于技术能力。在市场功能薄弱的国家受管理者的欢迎。
税收和收费	取决于建立能诱导行为改变的税制的能力	广泛应用的效果更好。机构越薄弱,行政成本越高。	累退征收。可以通过收入循环改善。	通常在政治上不受欢迎。可能很难在欠发达的制度中实施。
可交易的许可证	取决于排放限额、参与和遵约情况。	(效益)随着有限的参与和较少的部门而减小。	取决于最初的许可证分配。对小额排放者不利。	需要运作良好的市场和互补的机构。
自愿环境协议	取决于方案设计,包括清楚的目标,基准情景,参与设计和审查的第三方以及监管条款。	取决于政府激励、奖励和处罚的程度和灵活性。	只有参与者能获得利益。	通常在政治上受欢迎。需要大量的行政工作人员。
补贴和其他激励	措施取决于项目设计。不如条例/标准那样具有确定性。	取决于补贴的程度和项目设计。可能造成市场扭曲。	措施的受惠者不一定是受益应得者。	受惠者欢迎。可能会遭到来自既得利益者的阻力。很难将其逐步清除。
研究和开发	技术开发、政策推广时,取决于持续的融资。可能在长期会有高收益。	取决于项目设计和风险的程度。	最初选择的参与者受益。可能容易造成资金分配错误。	需要许多独立的决定。取决于研究能力和长期融资。
信息政策	取决于消费者如何利用信息。在和其他政策联用时最有效。	有可能是低成本的,但取决于项目设计。	可能对缺乏信息的群体(如低收入群体)效果不明显。	取决于特殊利益群体的合作。

① IPCC 2007. Climate Change 2007: Mitigation. http://www.ipcc.ch/pdf/assessment-report/ar4/wg3/ar4-wg3-frontmatter.pdf

6.7 减污政策的执行

环境政策的执行主要分为两个部分:监控和惩罚。监控是指环境管理部门测量污染者的排污量,将其与环境法规规定的水平相比较,以促使污染者遵守环境政策,并作为收取排污费的依据。惩罚是对被发现的违规者的处罚。监控和惩罚的实施都是需要成本的。

6.7.1 执行成本

执行成本是与环境法规实施过程中的管制活动相关的公共成本。一般地,执行成本会使边际削减成本曲线升高,边际执行成本随着排放量的减少而增加,也就是说,随着削减量的增加,实施进一步减排花费的成本就越来越高(图6-16)。引入执行成本E将使最优污染水平向右移动,从 Q^* 移动到 Q'。

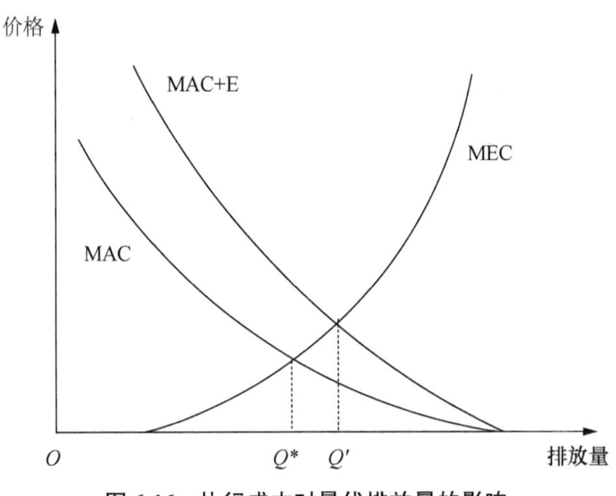

图6-16 执行成本对最优排放量的影响

6.7.2 惩罚"激励"

除了补贴外,大多数的污染削减手段都是要按"污染者付费"的原则将环境外部成本内部化,这会加大污染者的成本负担。为了降低成本,污染者可能会不完全遵守政策要求,经过算计后选择违反政策,或者想办法钻漏洞偷偷排放污染。

污染削减手段是靠政府的强制力改变污染者的行为,如果不附加对违规的惩罚,污染者不会削减排放。惩罚可以有多样化的形式,如罚金、对责任人进行处分或追究刑事责任等。惩罚的力度不足会直接导致环境管制的失败。

以环境标准+罚金为例,如果罚金的标准过低,或罚金的期望值过低,都无法实现预期的环境目标。可以以图6-17为辅助理解这一问题。在图中,MB是污染企业的边际收益曲线,在没有外在约束的情况下,企业会增加排放直至边际收益为0,即排放16 600吨污染物。为了维持一定的环境质量,政府设定了DS的排放标准,只允许企业排放5 000

吨污染物。此时,企业要削减 11 600 吨污染,对应的边际削减成本为 2 020 元/吨。与自由排污相比,企业会损失相当于阴影部分面积的利益。在利益驱动下,如果违反排放标准没有惩罚,企业是不会削减排放的。因此为了保证排放标准的实现,需要设立罚金。从理论上讲,将罚金标准设立在 2 020 元/吨之上,就可以防止企业违规排放,因为多排放带来的收益低于罚金。

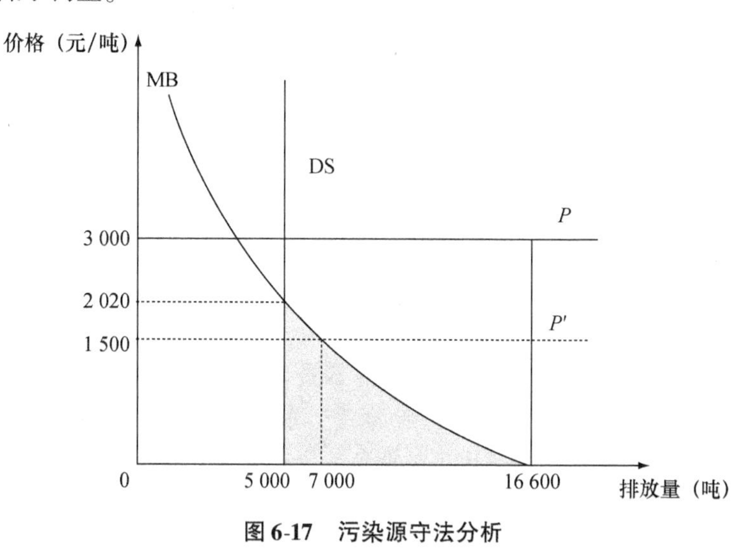

图 6-17 污染源守法分析

但在实际上,受监管能力的限制,不是所有的违规排放现象都能被发现并被处罚,所以企业会将被发现并被处罚的概率考虑进来。将罚金标准与被处罚的概率相乘得到罚金期望值(expected penalty),企业将按照罚金期望值来调整自己的行为。在图 6-17 中,管理部门将罚金标准定为 3 000 元/吨,如果违规者都被 100% 地处罚,这个标准会对污染者产生有效的警告作用,污染者将遵守排放标准,排放 5 000 吨的污染物。而如果被发现并被处罚的概率是 50%,罚金期望值就只有 1 500 元/吨,此时,污染者会选择违规多排放 2 000 吨污染。

可见,虽然排放标准为企业规定了允许排放量,但污染者是否守法,还取决于对违规行为的罚金期望值的大小。有两个因素影响罚金期望值:一是罚金标准,二是对违规者实施处罚的概率。只有制定足够高的罚金标准,并附之以严格的执行,排放标准才能落实。

四川沱江水污染案

沱江干流总长达 600 多公里,经成都、资阳、内江、泸州后注入长江,流域面积约 2.7 万平方公里,其中仅内江市就有 80 万人靠它提供用水。而在这条大河的上游沿线,大大小小的企业也靠沱江汲水、排污。2004 年,沱江发生严重的污染事件。

2004 年 2 月下旬,位于沱江中下游的四川省资阳市境内的简阳市沿江一带,有人发现一些死鱼在江中漂浮,而后死鱼越来越多,到 3 月初,简阳市一些居民家中的水龙头突然流出有浓烈异味的黑水。2004 年 3 月 2 日,接到紧急报告的四川省环保局经调查后通知简阳市立即关闭了全市的自来水供应系统，简阳下游的内江市也立即采取紧急措施，要求市供水单位及全市各县沿江居民停止取水。从2004年3月2日早晨开始，内江市区及资中县城区和资阳市的简阳三地出现了大面积停水，百万人断水26天，上千家宾馆、饭店、茶楼等营业场所被迫关闭，50万千克鱼类被毒死，经济损失2亿多元。

据资阳市环境监测站3月1日的采样监测显示，沱江氨氮指标严重超标。事故原因是位于长江上游一级支流沱江附近的川化集团有限责任公司（下称“川化集团”）的控股子公司川化股份有限公司所属第二化肥厂，因违规技改并试生产，设备出现故障，在未经上报环保部门的情况下，将2 000吨氨氮含量超标数十倍的废水直接外排，导致沱江流域严重污染。

为缓解缺水带来的巨大恐慌，资阳市、内江市以及简阳、资中等受灾严重的地区有关部门使用救火车、洒水车等运输工具为群众运水，甚至紧急请求上级出动飞机进行了20个小时的人工降雨。因污染事故影响正常生活用水的内江、资中、简阳等地在事隔近1个月后，才恢复了从沱江取水。

但是，5月3日沱江再次发生污染事故，原因是2004年2月以来，位于眉山市仁寿县的肇事企业东方红纸业有限公司违法超标排污。东方红纸业有限公司多年来一直是污染大户，2003年省环保局还对其下达了限期年底治理完毕的通知，但2003年12月初，这家企业未经批准就擅自调试生产，2003年年底，经眉山市有关部门批准，该公司获准调试生产后，做出了“保证达标排放、不发生污染”的承诺。但是在时隔不久的2004年1月初，四川省政府督查组暗访时发现该公司仍在违规偷排造纸废水。两天后，眉山市再次要求仁寿县责令其停产整改。到2004年2月27日，东方红纸业有限公司又声称治污设施已达标，要求调试生产，并一再保证不会偷排、漏排、超标排放，然而就在这次调试过程中，该公司又超标偷排污水。从4月16日至30日，该公司约有6 000吨造纸废水未经处理就直接排放了，使大量污染物沉积于河道中。2004年4月23日至5月2日，四川境内出现两次大规模降雨，沉积的污染物被暴涨的河水冲入沱江，致使沱江河水溶解氧急剧下降，沱江资中县河段出现大面积死鱼，资中县境内的沱江文江段水面呈黑褐色，并散发出刺鼻的气味，污染造成的直接经济损失高达270多万元。沱江生态环境遭受严重破坏，据专家估计，需要5年时间生态环境才能恢复到事故前水平。

2004年7月2日，四川省政府决定投入5 000万元加大对沱江污染的治理力度，其中2 000万元用于解决沱江沿岸内江市群众的饮水困难问题，1 000万元解决工业污染源问题，2 000万元用于沱江流域水质的在线监测。

污染事件发生后，有关部门按照国家有关规定，对川化集团处以100万元的罚款，而东方红纸业则被立即实施停产、停电、停排处理，处以15万元罚款。有关部门除对肇事企业川化集团和东方红纸业追缴罚款外，还责成川化集团及东方红纸业分别赔偿渔民及渔业养殖户等经济损失1 100万元和90万元。与沱江污染造成的巨大损失相比，对污染企业的经济处罚显得过轻，其直接后果就是严重损害了公众利益之后，一些企业的态度依然是麻木不仁。

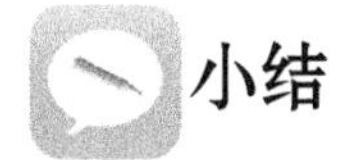

小结

削减工业污染的政策是多种具体手段的组合,大致可以将这些具体手段分为命令—控制型手段和经济手段。其中经济手段有几种主要形式:一是按照庇古税的思路对污染者征收相当于环境损害成本的排污税;二是对污染者进行补贴;三是按照科斯产权分析的思路建立使用环境的产权,也就是排污权,并建立排污权的交易平台,通过市场交易实现对排污权的最有效利用;四是通过收取押金促进废弃物和包装材料的回收处置。

命令—控制手段的优点是在管控复杂环境问题时有更大的可行性和确定性,不足之处主要是成本较高,不能激励持续减污,也不能实现经济效率。与命令—控制手段相比,经济手段能够实现经济效率,也更加灵活,能促进持续的污染削减技术进步和污染削减,但应用经济手段也需要相应的技术能力、管理能力和监控能力的支撑,如果支撑条件达不到则无法实施。现实中,各国使用的工业污染削减措施都是以命令—控制手段为主体,辅之以多种经济手段的综合性政策。

进一步阅读

1. Portney P. R. , R. N. Stavins. Publics policies for environmental protection[M]. Routledge, 2000.

2. 约瑟夫·费尔德. 科斯定理1-2-3[J]. 经济社会体制比较, 2003(5): 72—81.

3. 世界银行. 绿色工业——社区、市场和政府的新职能[M]. 北京: 中国财政经济出版社, 2001.

4. 大卫·皮尔斯. 绿色经济的蓝图[M]. 北京: 北京师范大学出版社, 1996.

5. K.哈密尔顿. 里约后五年——环境政策的创新[M]. 北京: 中国环境科学出版社, 1998.

6. 王金南等. 中国与OECD的环境经济政策[M]. 北京: 中国环境科学出版社, 1997.

7. 经济合作与发展组织. OECD环境经济与政策丛书[M]. 北京:中国环境科学出版社,1996.

8. Bromley, D. W. Environment and economy: property rights and public policy[M]. Oxford: Blackwell, Inc. , 1991.

9. Baumol, W. J. On taxation and the control of externalities[J]. The American Economic Review, 1972, 62(3): 307—322.

10. Baumol, W. J. , Oates, W. E. The theory of environmental policy[M]. Cambridge: Cambridge University Press, 1988.

11. Buchanan, J. M. , G. Tullock. Polluters' profits and political response: direct control versus taxes[J]. American Economic Review, 1975, 65: 139—147.

12. Weitzman, M. Prices vs. quantities[J]. Review of Economic Studies, 1974, 41: 477—491.

思考题

1. 命令—控制手段在管控工业污染源时有什么优缺点?
2. 简述庇古税的原理。
3. 补贴手段是如何实现污染削减的?
4. 简述排污权交易手段的原理。
5. 通过试点,可以发现我国的排污权交易制度还面临哪些困难和不足?
6. 简述押金—退款制的原理。
7. 与命令—控制手段相比,经济手段有什么优点?
8. 经济手段相对于命令—控制手段有许多优点,但为什么在实践中却不如后者常见?
9. 庇古税和补贴在削减工业污染方面有哪些差异?
10. 庇古税和排污权交易在管制工业污染方面有哪些差异?
11. 选择减污手段的主要标准有哪些?
12. 从惩罚激励的角度分析为何有时污染企业会“知法犯法”、“屡教不改”。

第7章　削减非点源污染的政策手段

学习目标

- 了解流动污染的特点
- 掌握削减流动污染的手段
- 了解面源污染的特点
- 掌握削减面源污染的手段

燃煤电厂、造纸厂、化工厂等排放污染物的企业都是固定在一定的地点上,因此被称为点源污染(point-source pollution),这类污染源容易观测和监控,污染排放量和环境影响间的关系也容易研究。与点源污染相比,许多污染物没有明确、固定的排放地点,如行驶的汽车排放尾气,农药、化肥等化学物质散布在泥土和水体中,这种污染称为非点源污染(nonpoint-source pollution)。按污染源的空间性质,可进一步将非点源污染分为流动源污染和面源污染。

7.1　流动源污染的削减

7.1.1　流动污染源的特点

以汽车、飞机等各类交通工具为代表的流动污染源排放的 CO_2、CO、NO_x、细微颗粒物等污染物,是城市空气污染的重要来源。流动污染源的主要特征有:

① 污染源是流动的。流动污染源会在不同区域间移动,污染是由暂时地点的排放引起的,如大城市交通高峰期间的空气污染,重新安置(如搬迁污染工厂)的办法不适用。如果不同地区的环境标准要求不一样,要求流动污染源达到不同的要求也是不可能的。

② 流动污染源数量多。2010 年,我国全国有工业污染源 157.6 万个,而同年私人汽车拥有量为 5 938.7 万辆,2013 年,私人汽车拥有量迅速增长到 1.05 亿辆,要监控这样大规模且迅速增长的汽车污染源显然比监控数量少得多的工业污染源更加困难。

③ 排放情况难管控。固定污染源一般规模较大且由专业人员经营,而汽车这样的流动污染源较小且由非专业人员操控,使得流动污染源可能由于缺乏可靠的维修和保养使排放情况更难控制。

7.1.2　削减流动污染的手段

由于流动污染源的这些特征,对其进行直接管控在操作上非常困难,替代的方案是对生产商的设计制造环节、使用的燃料等提出标准,同时通过制定区域交通规划、进行交通控制,提高公共交通使用率等减少机动车的使用。

① 相比于数量巨大且四处活动的汽车,制造商的数量少得多,要求出厂汽车达到排放标准可以从源头上控制排放。同时,辅之以旧排放标准的汽车加速退出的政策,就可以逐步实现对所有汽车的限排。

② 提高燃料标准。机动车排放的尾气中有毒有害物质的内容和数量与使用的燃料直接相关,比如把铅作为助燃剂加入燃料汽油是造成尾气中铅污染的直接原因。加快石油炼制企业升级改造,提升燃油品质,提高燃油标准在减少流动源污染上可以起到“釜底抽薪”的作用。我国规定,在2013年年底前,全国供应符合国Ⅳ标准的车用汽油,在2014年年底前,全国供应符合国Ⅳ标准的车用柴油,在2015年年底前,京津冀、长三角、珠三角等区域内重点城市全面供应符合国Ⅴ标准的车用汽、柴油,在2017年年底前,推广到全国供应符合国Ⅴ标准的车用汽、柴油。同时,加强油品质量监督检查,严厉打击非法生产、销售不合格油品行为。

③ 优化交通规划和管理。由于机动车排放造成的空气污染往往在城市的上下班交通高峰期更严重,在短时间内不易扩散,可能造成较严重的污染事件。因此,机动车何时开、开往哪里也是流动源控制的要点。这方面可采用的政策措施主要有优化城市功能和布局规划;根据城市发展规划,推广智能交通管理,缓解城市交通拥堵;实施公交优先战略,提高公共交通出行比例;鼓励绿色出行,加强步行、自行车交通系统建设。

④ 升级对流动源的认证。老旧车辆的尾气排放很难达标,用新的、环境标准更高的机动车替代老旧车辆是减少流动源污染的重要思路。这方面可采取的政策手段有:用划定禁行区域、经济补偿等方式,逐步淘汰老旧车辆;加强新生产车辆环保监管,打击生产、销售环保不达标车辆的违法行为;加强在用机动车年度检验,对不达标车辆不发放环保合格标志,禁止上路行驶;缩短公交车、出租车强制报废年限;鼓励出租车每年更换高效尾气净化装置;开展工程机械等非道路移动机械和船舶的污染控制;推进低速汽车升级换代,促进相关产业和产品技术升级换代;推广新能源汽车,对污染排放低的交通工具、发动机、电池等的生产者或消费者,实施补贴、税收减免政策;在公交、环卫等行业和政府机关率先使用新能源汽车,采取直接上牌、财政补贴等措施鼓励个人购买。[①]

⑤ 限制私人交通工具。即使单个机动车的排放达到更高的标准,如果有更多的机动车行驶在路上,仍会产生更严重的污染问题。与对单个车辆的油耗、排放进行管制相比,减少流动源是更根本的治理方法。在实践中可以通过限制上牌、车牌拍卖等手段控制机动车保有量,通过增加使用成本、单双号限行等措施降低机动车使用强度。但如果没有公共交通的补充,使用这些政策会增加人们的出行困难。

墨西哥城的机动车限行政策

对私人交通工具的限制措施有时会产生与政策设计初衷相反的结果。例如,为了控

---

① 根据《大气污染防治行动计划》(简称“大气十条”)编辑。

制汽车尾气污染,墨西哥城曾在1989年推行“今天不开车”计划,根据尾号将机动车分为五种颜色,每种颜色每周禁驶一天,重污染天还会升级限行令。这在刚开始确实减少了上路车辆和污染排放,但人们很快就找到了规避的办法——再买一辆二手车代步。结果上路的机动车数量没有减少,而且由于二手车的车况普遍较差,尾气排放更多,使城市的汽车尾气污染更严重了。

为了改变这种局面,墨西哥城政府1998年修改了限行政策,从简单地按车牌尾号限行改为根据尾气排放状况来决定限行与否:所有车辆每年必须接受两次尾气检测,检测结果分为“00(新车)”、“0(符合严格排放标准)”、“1(符合一般排放标准)”和“2(符合最低排放标准)”四种标识。“0”和“00”标识的车辆不限行;“1”和“2”标识的车辆,平常日每周限行一天,每月还有两个周末日不得上路。据2006年的检测结果,200多万辆获得了“00”或“0”的机动车,每年排放有害气体5 273吨,150万辆获得“2”审核的车辆,则排放了35 604吨。这意味着,一辆被限行的旧车的有害气体的排放量达到新车的9倍。新的限行政策更有针对性,因此取得了较好的效果。

7.2 面源污染的削减

7.2.1 面源污染的特点

面源污染(diffused pollution,DP),是指溶解和固体的污染物从非特定地点,在降水或融雪的冲刷作用下,通过径流过程而汇入受纳水体(包括河流、湖泊、水库和海湾等)并引起有机污染、水体富营养化或有毒有害等其他形式的污染。如农业生产施用的化肥,经雨水冲刷流入水体造成的农业污染;再如城市交通中,汽车尾气排放出的重金属物质,随降雨或融雪后的地面径流,经城市排水系统而进入河流,造成的水体污染;以及各种生活污水等。随着工业污染逐渐得到控制,面源污染在污染物排放中占的比重呈上升趋势,统计数据显示,生活污水已占我国污水排放量的一半以上。面源污染的特点主要有:

① 起源分散、多样。面源污染源大多规模小而且分散,地理边界和发生的位置难以识别和确定。如农田中的土粒、氮素、磷素、农药重金属、农村禽畜粪便与生活垃圾等有机或无机物质,从非特定的地域,在降水和径流冲刷作用下,会通过农田地表径流、农田排水和地下渗漏,进入受纳水体(河流、湖泊、水库、海湾)引起污染。

② 随机性强、成分复杂。面源污染的排放时间、排放物内容、排放数量都有很大的随机性,排放物在水体或空气中混合后往往还发生复杂的反应,无法追踪排放源的责任。

③ 扩散面广,潜伏周期长。面源污染往往经过复杂的迁移过程,进入大气、地面水系和地下水系,影响面广,难以清除。这使得其危害潜伏周期长,难以认知,潜在危害巨大。

④ 防治十分困难。点源污染在包括我国在内的许多国家已经得到较好的控制和治理,而面源污染由于涉及范围广、控制难度大,目前已成为影响水体环境质量的重要污染源。

7.2.2 削减面源污染的手段

面源污染源数量多、规模小,监测和追踪污染源的排污量几乎是不可能的,因此与流动源污染一样,也难以根据排污量对面源污染进行管控。所以要削减面源污染不能在污染已经产生后或扩散后再采取措施,而是要在这之前施加政策。在现实中多采用的方法是集中处置、对生产中或使用时会产生污染的产品征税。

① 集中处置。面源污染,特别是空气污染,一般是现场治理才有效,扩散后就难以收集处理了。因此,对这种类型的污染,需要进行废物收集和集中化处理厂的建设,建立大型的废物集中化治理厂可以产生规模效应,这些属于基础设施建设领域,需要大量的投资。

② 产品税。对于面源污染,监测和追踪污染源的排污量是不可能的,这时当然就无法征收排污税(费)。可采用的替代方案是对排污最直接负责的产品征税,如可以对汽油征税,而不是试图监测每辆汽车的排污量;对化肥征税,而不是试图测算每袋化肥对水体造成的污染量。虽然产品税便于计算和管理,但只有当购买的所有单位的产品的边际损失完全相同时,产品税才等同于排污税(费)。而现实中由于每一单位的征税产品对环境产生的影响是变化的,所以产品税不能等同于排污税(费),因此很难达到有效率的目标。但使用产品税调控污染总比什么也不做好很多。

③ 禁令和标准。在面源污染控制中,由于见效快、易操作,禁令和标准等命令—控制手段被大量应用。如要综合整治城市扬尘,政府就可以从多个方面发布禁令:要求加强施工扬尘监管,要求建设工程施工现场全封闭设置围挡墙,严禁敞开式作业,要求施工现场道路进行地面硬化,渣土运输车辆采取密闭措施并安装卫星定位系统;推行道路机械化清扫等低尘作业方式,要求大型煤堆、料堆实现封闭储存或建设防风抑尘设施;推进城市及周边绿化和防风防沙林建设,扩大城市建成区绿地规模等。[①]

④ 补贴和技术支持。有些面源污染,不仅每个污染者排放的污染量本身难以监测,征收产品税也不可行。如秸秆焚烧产生的面源污染,每个农户都是潜在的污染者,他们数量众多且布局分散,是否焚烧、焚烧了多少秸秆都难以监测。由于不是所有的农户都会焚烧秸秆,农产品和污染间没有紧密的对应关系,对农产品征税的方案也不可行。在这种情况下,可以使用补贴代替税收手段对农户形成激励,引导他们选择不烧秸秆。与对面源污染使用排污税方案面临的困难类似,由于面源污染的排放量和削减量都不易监测,因此补贴也往往不是直接与污染削减量挂钩,而是代之以对工艺流程和生产技术提供补贴。

秸秆焚烧

秸秆焚烧是指将农作物秸秆用火烧从而销毁的一种行为。秸秆焚烧危害很多,比如

① 根据“大气十条”编辑。

污染空气环境、危害人体健康、影响交通安全、容易引发火灾等。以豫冀鲁三省为代表，秸秆焚烧的着火点分散在广大的农村地区，着火后还容易连成片，覆盖面大，夏季往往形成面状污染，多年以来难以管控。

我国大片农村地区夏季焚烧秸秆的主要原因是，随着生活水平的提高，家用电器、煤气使用日益广泛，农民对柴草的需求下降；秸秆处理的成本高，机械收割留茬较高，影响下一季农作物的播种；农村大批青壮年进城务工、经商，农忙时农村劳动力以妇女、老人为主，要想将机械收割后的秸秆捆扎搬运离田心有余而力不足，所以一烧了之；焚烧的秸秆可在一定程度上补充耕地肥力。

从理论上讲，可以通过以下方式实现对秸秆的综合利用：

① 机械化秸秆还田。秸秆还田的方法有两种：一是用机械将秸秆打碎，耕作时深翻严埋，利用土壤中的微生物将秸秆腐化分解。二是将秸秆粉碎后，掺进适量石灰和人畜粪便发酵后再取出肥田使用。

② 过腹还田。过腹还田是将秸秆通过青贮、微贮、氨化、热喷等技术处理，有效改变秸秆的组织结构，使其成为易于家畜消化、口感较好的饲料。

③ 培育食用菌。将秸秆粉碎后，与其他配料科学配比后作为食用菌栽培基料，育菌后的基料经处理后，仍可作为家畜饲料或作肥料还田。

④ 制取沼气。此方法可将种植业、养殖业和沼气池有机结合起来，利用秸秆产生的沼气进行做饭和照明，沼渣喂猪，猪粪和沼液作为肥料还田。

⑤ 用作工业原料。农作物秸秆可用作造纸的原料，还可以用作压制纤维木材。

⑥ 用于生物质发电。秸秆是一种很好的清洁可再生能源，将秸秆直接焚烧和将秸秆同垃圾等混合焚烧发电，还可以汽化发电。

⑦ 用于生物降解材料。将秸秆超细粉碎后在反应釜中与添加剂一起进行化学反应，使得秸秆中的纤维具有热塑性，可以应用于薄膜、片材和注塑级的产品制造，这类产品可替代石油基产品(塑料)，是一种健康环保材料。

但是，要么受科技水平的限制，缺乏处置技术，科技转化力度不够，要么实施成本太高，比如秸秆饲料处理成本高、难度大，要么就是回收价格太低，现实中的秸秆焚烧问题一直难以解决。

一般各地普遍采用的方式是禁令，且在一定时间段内明确专人下村巡逻。可是往往这边检查巡逻的人刚走，那边农民就开始烧起来，禁而不止现象非常严重。为了扭转这一局面，一些省区开始实施补贴办法，如安徽涡阳，秸秆禁烧和综合利用奖补资金按省规定的农作物种植面积和标准对小麦、玉米按照20元/亩计算，主要用于机械购置补贴、作业补贴等方面。上海对实施秸秆机械化还田的本市农机户、农机服务组织及相关农业企业给予45元/亩的资金补贴；对收购本市秸秆并实施秸秆综合利用的单位，按秸秆收购量给予200元/吨的资金补贴；对实施秸秆综合利用的项目，给予固定资产投资额30%的资金补贴。由于农户焚烧秸秆就拿不到补贴，补贴就成为焚烧秸秆的机会成本。因此，如果补贴足够高，就可以对转变农民焚烧秸秆的行为起到激励作用。

小结

工业污染源一般规模较大,固定位于某个地点,在空间分布上呈点状,所以其造成的污染被称为点源污染,第6章介绍了对这类污染的主要削减手段。而流动源污染和面源污染一般规模小、数量多,都属于非点源污染。本章介绍了非点源污染的特点,对非点源污染的管控方法大多不是以污染排放量为中心管理污染源本身,而是采取技术标准、管制上下流产品、集中处置等手段进行。

进一步阅读

1. Segerson, K. Uncertainty and incentives for non-point pollution control[J]. Journal of Environmental Economics and Management, 1988, 15: 87—98.

2. Cabe, R. and J. Herriges. The regulation of non-point source pollution under imperfect and asymmetric information[J]. Journal of Environmental Economics and Management, 1992, 22: 134—146.

思考题

1. 相对于点源污染,流动源污染有什么特点?
2. 相对于点源污染,面源污染有什么特点?
3. 常用的控制流动源污染的政策工具有哪些?
4. 常用的控制面源污染的政策工具有哪些?

第8章　市场、公众和企业的作用

学习目标

- 了解市场力量对改善环境的作用
- 了解公众对改善环境的作用
- 理解企业为何会“自愿”承担环境责任
- 认识到支持环境保护和污染削减的支柱是多方面的

虽然市场失灵的存在为政府干预提供了理由，但政府机制也不是万能的，政府也面临信息不对称、决策失误等问题，而且，政府还面临着道德风险。正如庇古所言：“有益的干预可能受到一些限制，只是将不受限制的私人企业的不完善调整与经济学家在其研究中想象出来的最佳调整作对照比较，是不够的。因为我们不能指望任何当局会达到甚至全身心地追求那一理想。所有政府当局都有可能愚昧无知，都有可能受利益集团的影响，都有可能受私利的驱使而腐败堕落。”①

所以，仅依靠政府干预来纠正环境领域的市场失灵是不够的。各国环境保护的实践经验显示，随着人们收入水平的提高和环境教育的普及，社会公众对良好的环境质量有了更高的要求，使得市场和社区成为政府机制的重要补充，共同促进污染治理和环境改善。

8.1　市场和公众力量对改善环境的作用

8.1.1　市场力量的作用

随着人们环境意识的加强，在产品市场和资本市场都形成了对环境友好产品和企业的需求偏好，以及对破坏环境的产品及污染企业的压力。这种偏好和压力会给环境表现好的企业带来新的市场机会，增强他们的竞争优势，而对环境表现不好的企业则会形成越来越大的压力。

在产品市场上，随着人们对绿色产品的需求增加，绿色产品市场不断扩大，对利润的追求促使企业关注这一新兴市场；在对外贸易中应对出口贸易的绿色壁垒也促使企业关注这一新兴市场。这种市场导向是有利于环境改善的。

为减少信息不对称，促进绿色市场的发展，绿色标志的发展是必要的。绿色标志是对达到一定环境标准的产品授予标识，用来标明产品从生产、使用到回收的整个生命周

① 〔英〕A. C. 庇古. 福利经济学[M]. 北京：商务印书馆，2006：347.

期内符合特定的环保要求,对生态无害或损害很小,产品设计有利于资源的再利用。绿色标志具有引导消费和生产的作用,关心环境问题的消费者倾向于购买有环境标志的产品,甚至为此支付更高的价格。厂商为了提高产品的市场竞争力,也会积极改变产品和生产工艺,成为环境保护和管理活动的主动参与者。

市场促进企业改善环境表现①

世界自然基金会(WWF)负责私营企业事务的弗朗西斯·苏蒂(Francis Grant-Suttie)说:"在全球通信异常发达的今天,几乎所有有关企业经营的事务都会见诸光天化日之下。因此公司逐渐意识到他们必须现在就开始着手环境问题,以获得长远利益。如果你能证明采取环境保护的措施最终能让公司盈利,那么你就开始得到公司经理们的重视了。"

庄臣(S. C. Johnson)公司生产多种著名家用产品。几十年来该公司一直非常重视环境。1975 年,庄臣公司就在全世界范围内淘汰了其汽溶胶产品中的氟利昂,比美国政府禁令中的法律规定早了 3 年。1990 年公司的环保又向前迈进了一大步,在公司内部成立了环境管理部门,以减少其产品和生产过程对生态的破坏。其环境安全与对外事务部经理简·哈特利说:"以我们的经验,负责的环境管理最终会使公司获益。"1992 年以来,庄臣公司从其产品和生产过程中削减了 4.2 亿吨废物,节约成本 1.2 亿美元。20 世纪 90 年代,大大小小的公司都加大力量解决环境问题。如 Ford Motor Co. 用半数以上的科研预算经费进行环境研究。Degussa 公司正在研制用以控制汽车尾气排放的化学催化剂和反污染物质——过氧化氢的应用。自 1987 年以来,IBM 削减了 72.3% 的有害废物,在其全部工厂内淘汰了第一类臭氧消耗物质。从事生命科学研究的 Hoechst 公司注重开发对环境更安全的农用化学品,支持保护生物多样性。Vivendi 公司则把不断改进废物管理、废水处理和电力生产技术作为公司经营的核心之一。在数以千计的公司仍然无视环境保护的今天,这几家大公司正在领导私营企业关心环境的新时代的到来。

在资本市场上,企业生产的产品环境危害大、污染严重,或者不能达到环境标准,这往往反映出企业内部的管理效率低下、资源利用率低,企业面临政府处罚的风险大,面临的市场竞争风险也大。资本的逐利避害特点使得资本市场也支持环境表现好的企业。有研究发现,股票市场上公司的股价与其达到的环境标准间存在正相关关系。中国人民银行、环保部和证监会也多次发文指导金融机构在贷款审核时考查企业的环境表现,并建立了上市公司环境监管的协调与信息通报机制,拓宽公众参与环境监督的途径。环保部定期向证监会通报上市公司环境信息以及未按规定披露环境信息的上市公司名单,相关信息也会向公众公布,以便广大股民对上市公司的环境表现进行有效的甄别和监督。

---

① 私营企业的环境保护.世界自然保护联盟通讯,1999 年,总第 8/9 期,http://monkey.ioz.ac.cn/iucn/bulletin/8-9/30.html

在国际上，社会责任投资（socially responsible investing，SRI）是将投资的经济决策与社会公义、环境保护等目标结合在一起的投资模式，这种投资模式在美欧等国有较大发展，对引导企业的环境表现起着重要的作用。

环境保护部发布《环境保护综合名录（2014 年版）》

《环境保护综合名录（2014 年版）》的推出目的是推动建立环境成本合理负担机制，引导绿色投资、生产和消费。综合名录包含两个部分：一是"高污染、高环境风险"产品名录（简称"双高"产品名录），包括 777 项产品；二是环境保护重点设备名录，包括 40 项设备。其中，"双高"产品包含了 40 余种 SO_2、NO_x、COD、氨氮产污量大的产品，30 余种产生大量挥发性有机污染物（VOCs）的产品，近 200 余种涉重金属污染的产品，近 500 种高环境风险产品。预期通过《综合名录》，有助于起到以下三方面的作用：

一是推动构建环境损害成本合理负担机制。"双高"产品可能造成较高的环境损害和环境风险，这种成本应体现在其生产企业的经营成本中。《综合名录》有助于有关部门制定经济政策和市场监管政策，充分反映"双高"产品的环境损害成本，以有力的市场价格信号，抑制"双高"产品的生产和使用，乃至推动这些产品有序退出市场。

二是引导绿色投资和绿色生产。目前，我国许多环境污染和风险问题，都是在投资和生产这些源头环节形成的。环境保护部制定"双高"产品名录，旨在引导社会和企业将环保要求融入投资和生产环节的市场决策，限制对"双高"产品的投资和生产，推进绿色投资和绿色生产，加快绿色转型。

三是带动公众和全社会进行"绿色消费"。《综合名录》将部分环境危害较大的消费品纳入"双高"产品，提示和引导公众减少这些产品的使用。

8.1.2　公众参与的作用

环境质量的好坏直接影响到普通民众的健康和生活，而普通民众的行为和选择也直接影响到环境质量的好坏。在环境保护领域，公众一直是一支重要的力量。公众既可以个人的形式参与环境保护，也可通过参加环保社团参与环境保护。

1. 环保社团

20 世纪 60 年代西方群体性的环境运动和大量环保组织的涌现及活动是促进西方各国重视环境保护、出台环保法规、建立环境标准、进行大量环境修复投资的重要推动力。现在世界各国普遍存在由公众结成的环境保护组织，这些组织在环境保护领域发挥着重要的作用：

① 在推广环保意识、提倡环境友好的行为方式方面起倡导和引领社会风气的作用。

② 有助于加强对污染源的监督。作为环保社团成员的公众一般与污染源共处于一个地域，容易发现和掌握污染源的生产和排污情况，有利于加强对污染源的监督。

③ 有助于减少信息不对称。有组织的公众的参与可以在一定程度上解决无法确定

边际损害数量的问题。在污染损害的测量中,企业相对公众来说比较集中,因而易于调查和估算由于污染而受到的损害,且这种估算从技术上也相对容易,在损害测定中最难的部分就是测定广大公众遭受的损害。有组织的公众参与使人们有可能估算出较为准确的边际损害曲线,并进而制定出较为合理的污染税率,从而将污染产生的外部效应内在化。

④ 有助于弥补由于政府决策者自身的局限性造成的政策低效,用一句古话来说就是"三个臭皮匠顶一个诸葛亮"。环保社团将分散的公众意见组织起来,能够形成一定的影响力,促进经济发展政策和环境保护政策更加符合客观实际情况。

⑤ 有助于形成社会舆论压力,加强对政府的监督,对克服政府机构低效及寻租活动有重要意义。

20 世纪 90 年代以来,我国的环保社团迅速增多,在环境保护领域发挥着越来越积极的作用。其中具有代表性的有:

"自然之友",成立于 1994 年。自然之友以开展群众性环境教育、倡导绿色文明、建立和传播具有中国特色的绿色文化、促进中国环保事业发展为宗旨。自成立以来,自然之友推动和组织的主要活动有:① 滇西北天然林和滇金丝猴保护;② 藏羚羊保护;③ 首钢搬迁;④ 培养环境教育骨干力量;⑤ 关注西南水电开发;⑥ 圆明园环评听证;⑦ 26 度空调节能行动等。此外,自然之友从 2006 年开始,与中国社会科学文献出版社合作每年出版一本年度环境绿皮书——《中国环境发展报告》。

"公众与环境研究中心",成立于 2006 年。中心建立有"中国污染地图",是全面收集中国水质信息、排污信息、环境违法企业信息的公益数据库,将大量分散的、未成系统的环境信息集中起来,以用户友好的形式展示给公众,引导公众利用这些信息,以公民身份参与环境决策和管理,或者以消费者身份运用购买权力影响企业的环境表现,促使企业担负起应有的环境责任。

邻避运动和环境恐慌

在技术进步推动下环境监测仪器不断向小型化、便携化的方向发展,网络及以网络为依托的新媒体出现,使信息传播日益快速、多样、国际化,极大地催生和提升了社会公众对环境问题的关注热度,社会舆论的作用和影响越来越大。加之随着人们收入水平和对环境问题的认识增加,公众的环境权益观逐渐形成,产生了环境质量改善的更高诉求和对公共设施建设选址的"邻避"(not-in-my-back-yard)心态。这种心态引发了所谓的"邻避运动"。

邻避运动指居民或当地单位因担心建设项目(如 PX 化工项目、核电项目、垃圾焚烧项目等)对身体健康、环境质量和资产价值等带来负面影响,对项目产生嫌恶情绪,采取强烈和坚决的、有时高度情绪化的集体反对甚至抗争行为。在社会现实中,邻避运动有助于纠正行政和技术精英的决策失误或不良偏好,维护公民的合法权利。

但公众邻避的心理与认知因素越强烈,对经济性补偿方案的各方面要求也就会越高。对相关问题的处置不当，除了可能延误建设进程、加大建设成本外，还可能引发社会政治问题，成为社会的不稳定因素。

近年来，我国许多地方出现了环境邻避运动事件，这一方面与项目规划不尽科学有关，另一方面也与公众对环境风险的认知不足、项目透明度不够、缺乏公众参与政府决策的有效机制，从而引发公众的“污染猜想”，并衍生“环境恐慌”有关。

---

2. 个人道义责任

一般地，讨论污染削减手段是以将污染者作为被管控对象为基础的，但将污染者作为减少污染的主体，用道德教化的方法帮助污染者改变行为方式也有助于污染削减。特别是对生活污染源的削减，社会公众就是污染的主体，道德教化可以将减少外部性变为当事人的自觉行动。

垃圾是现代城市生活产生的难以处理的问题。而对公众进行道德教化，提高公众的环境意识，促使公众自觉改变行为是解决城市固体废弃物问题的重要思路。比如，乱丢的垃圾影响环境卫生，具有负外部性。如果每个人的道德水平都有所提高，能将“己所不欲，勿施于人”的原则应用到实际行动中，每个人都自觉不乱丢垃圾，那么大家都能享受一个更清洁的环境。每个人都自觉地进行垃圾分类，也会减少垃圾处置的困难，方便回收可再利用的废弃物。可见，改变人们的消费观和日常行为模式对环境保护的意义十分重大。

垃 圾 分 类

生活垃圾的处理方式主要是填埋和焚烧，这不仅占地，而且会产生污染，经过分类的垃圾方便处理和再利用。为了最大程度地减少对生态环境的破坏，德国用不同颜色的垃圾桶对生活垃圾进行详细的分类和按时回收(表 8-1)。

表 8-1　德国的垃圾分类和收集安排

<table>
<tr><th colspan="2">垃圾分类</th><th>垃圾范围</th><th>法兰克福市的回收时间</th></tr>
<tr><td colspan="2">生物垃圾</td><td>可降解垃圾，如蔬菜瓜果皮核、剩余生熟食品、鸡蛋壳、树叶、树枝、杂草等</td><td>周五(两周一次)，遇公共假日提前或推后</td></tr>
<tr><td rowspan="4">可回收利用垃圾</td><td>纸质垃圾</td><td>报纸、期刊、图书、废纸、纸盒等</td><td>周一(两周一次)，遇公共假日提前或推后</td></tr>
<tr><td>绿色包装</td><td>非纯纸质、塑料以及金属包装盒(袋)，如牛奶盒、饮料盒、罐头盒、塑料皮等</td><td>周五(两周一次)，遇公共假日提前或推后</td></tr>
<tr><td>玻璃</td><td>各种颜色玻璃瓶、玻璃制罐头瓶</td><td></td></tr>
<tr><td>大型家居垃圾</td><td>木制、金属或塑料家具，地毯，床垫，大体积家电等</td><td>周六(四周一次)</td></tr>
<tr><td colspan="2">不可回收利用垃圾</td><td>指存有对人体健康有害的重金属、有毒的物质或者对环境造成现实危害或者潜在危害的废弃物，包括电池、荧光灯管等</td><td>每月 3—4 次，定期定点有回收车；有些超市也可回收旧电池</td></tr>
<tr><td colspan="2">混杂垃圾</td><td>包括除上述几类垃圾之外的生活垃圾，如砖瓦陶瓷、渣土等</td><td>周二(每周一次)，遇公共假日提前或推后</td></tr>
</table>

2000年6月，北京、上海、南京、杭州、桂林、广州、深圳、厦门被确定为全国垃圾分类收集试点城市。自2010年起，北京开始在全市逐步推行垃圾分类。数据显示，北京对垃圾分类处理进行了大量的投入。以2011年为例，北京市财政投入4亿元，在1 200个小区、1 200个村庄开展垃圾分类达标试点。但垃圾分类效果却不尽如人意。到2014年6月，纳入统计的2 927个实行垃圾分类的小区，共产生生活垃圾20万吨，但厨余垃圾分出量不到实际产生量的10%。造成这种结果的原因很多，但其中一个重要的原因是垃圾分类指导缺失、市民分类意识和习惯尚未形成。

从生产角度来看，消费是社会生产的终点，从再生产角度来看，消费又是再生产的先导。在市场经济中，组织工业品生产的企业为了降低成本，追求利润，需要不断提高生产效率，因此会形成过大的生产能力。而要顺利地出售产品，实现产品到商品的“惊险的一跃”，则要依靠消费者不断弃旧迎新的消费模式。因此，在某种意义上，西方经济模式与高消费、过度资源消耗已经融为一体。消费是整个经济活动的核心，正是不断增长的消费欲望和消费能力支持着经济的增长。但是从资源环境保护的角度看，消费的增长也是造成资源消耗和环境破坏的最终原因，倡导“适度消费”对减轻环境压力意义重大。公众的消费意识和消费方式的改变也依赖于环境教育。

消费者社会①

只有人口增长能与高消费相匹敌成为生态恶化的原因，但至少世界上的很多政府和人民已经把人口增长看作是一个问题；与之相反，消费却几乎一直被普遍看作是好事。实际上，消费增长是国家经济政策的首要目的。这20年显示的消费水平正是人类历史上所有文明取得的最高成就，体现了一种盛行的人类社会新形式——消费者社会。

这种新的生活方式产生于美国，一个美国人的话很好地表达出了它的精神实质。在第二次世界大战后开始富裕的美国，销售分析家维克特·勒博宣称：“我们庞大而多产的经济……要求我们使消费成为我们的生活方式，要求我们把购买和使用货物变成宗教仪式，要求我们从中寻找我们的精神满足和自我满足……我们需要消费东西，用前所未有的速度去烧掉、穿坏、更换或扔掉。”大多数西方国家的人民已经对勒博的号召做出了反应，并且世界上的其他人民也表现出了追随的兴趣。

为了满足人们的消费需求，我们从地球的表面开采矿物，从森林获取木料，从农场获取谷物和肉类，从海洋获取鱼类，从河流、湖泊和地下蓄水层获取新鲜的水。工业化国家的居民对水的平均消费量是发展中国家的居民平均消费量的3倍，能源是10倍，铝是19倍。我们消费的生态影响甚至深入到了贫困人口的当地环境中。例如，我们对木材和矿产的偏爱，促使道路修筑者和贫穷的移居者们开发热带雨林，结果导致了使无数物种灭绝的刀耕火种般的森林清理。

---

① 摘自〔美〕艾伦·杜宁. 多少算够：消费社会与地球的未来[M]. 长春：吉林人民出版社，1997.

高消费转化成了巨大的环境影响。在工业化国家,燃料燃烧释放出了大约3/4的导致酸雨的硫化物和NO_x。世界上绝大多数的有害化学废气都是由工业化国家的工厂生产的。他们的军用设备已经制造了世界核弹头的99%以上;他们的原子工厂已经产生世界放射性废料的96%以上,并且他们的空调机、烟雾辐射和工厂释放了几乎90%的破坏臭氧层的氟氯烃,而臭氧层是可以保护地球的。

如果这星球上支持生命的生态系统将继续支持未来后代的生存,消费者社会将不得不大幅度地削减它所使用的资源,一部分转移到高质量、低产出的耐用品上,另一部分通过闲暇、人际关系和其他非物质途径来得到满足。科学的进步、法律的健全、重新组织的工业、新的协议、环境税和群众运动——都有助于达到这一目的。但最终,维持使人类持续的环境将要求我们改变我们的价值观。

3. 环境信息公开

虽然社会公众可能在削减污染上发挥较大作用,但没有政府的支持,这一作用的发挥会受到很大的限制。一般来说,公众获取污染物和环境质量信息的能力有限,这种能力与公众的受教育程度、收入水平、污染物是否是本地性的及是否可见、污染是否对人体健康产生直接而明显的伤害有关。政府具有强制力,在提供这些信息方面具有优势。要充分发挥公众参与对环境保护的积极作用,避免因不了解情况引发的过激的环境冲突,由政府提供或督促相关企业公开环境信息是十分必要和重要的,比如公开新建项目环境影响评价、企业污染物排放、治污设施运行情况等环境信息。对重污染行业,还应实行企业环境信息强制公开制度。

公众呼吁更好的空气质量标准

2011年10月以来,雾霾天气已严重影响了我国一些城市的居民生活环境,引发了公众对健康的担忧。公众开始熟悉PM2.5——微小颗粒形成的有害的空气污染物。然而,在"十二五"规划中,中国的国家标准中还没有反映PM2.5的指标,只有PM10指标。

美国驻华大使馆播报的PM2.5的数据,获得了社会各界的关注。一些环境组织和市民将自测的PM2.5结果公布在微博等社交网络上。公众可以从各种渠道获得PM2.5数据,这些数据可能不同于政府公开的数据,因此市民开始质疑政府的反映。

面对公众的舆论压力,2012年国家环境保护部发布了新修订的《环境空气质量》标准,增加了PM2.5指标和臭氧浓度值。尽管按计划新国标将于2016年实施,但部分城市已经根据新标准发布PM2.5的监测数据。2013年1月,当北京正经历严重的雾霾天气时,时任国务院副总理李克强在一次基层调研中指出:"政府应公开透明、及时并如实向公众公开PM2.5的数据。因为,在一个信息共享的网络化时代,不公开信息公众照样有渠道获取数据,为什么要自欺欺人呢?"

虽然雾霾问题短期内可能无解,但给公众一个时间表,修订并发布空气质量标准,立法保障公民的环境权利大有必要。公开与透明,不仅可以避免恐慌,更有利于政府和公众共同寻求控污的最佳方案。

公开信息能通过影响消费者而使环境表现好的企业增加收益,增强他们的竞争优势。消费者获取了企业及其产品信息,也会对破坏环境的产品及污染企业形成压力。

公开信息能减少无知的个人行为,既避免因不了解实际情况而受到的环境损害,也减少因不了解情况而发生的环境恐慌。

公开信息有利于公众对环境管理部门的监督,促进环境管理政策和环境标准的改革和改良。有研究表明,环境管理者受市民申诉的影响,人均申诉水平与平均受教育程度密切相关,申诉率与有效的污染税税率正相关,与实际的污染强度负相关,申诉作为一种市民反馈的形式对环境改善是一个有力的促进因素。①

美国有毒物质排放目录

美国有毒物质排放目录(U. S. Toxics Release Inventory,TRI)建立于1986年,经过不断补充完善,目前,该目录根据《紧急计划和社区知情权法》(Emergency Planning and Community Right-to-Know Act, EPCRA)和《污染预防法》(Pollution Prevention Act, PPA),每年报告污染企业排放650多种毒性化学物质的情况。报告的信息包括排放毒性化学物的工厂的名称、排放情况、所在地点等。

这些信息公布后,学术研究者及民间团体就可以通过网络之类的媒体将不同化学品的相对危害程度告知大众,并辅导大众认清大规模排污者及评估其所有的污染问题,这对污染企业形成巨大的社会压力。金融界也会对TRI公布的信息作出强烈反映,有研究发现,在TRI计划实施后,参与公开交易的污染企业的市场利润受TRI的影响,当本企业的污染物排放量相对于其他企业的排放量发生变化时,该企业的市场价值会受到影响,这将对企业产生强烈的激励去控制污染。特别是对于那些发行了大量股票的企业,TRI促使这些企业增强其管理原料及处理废物的能力。统计数据显示,实施了TRI后,各类污染物的排放量有了明显下降(表8-2)。

表8-2 TRI实施后化学物质排放量变化(1988—1994年) 单位:千吨

	1988年	1992年	1993年	1994年	1988—1994年的变化(%)
大气排放量	1 024	709	630	610	-40
排放入地表水	80	89	92	21	-73
注入地下水	285	167	134	139	-51
现场地面排放	218	149	125	128	-41
总排放量	1607	1113	981	899	-44

资料来源:世界银行. 绿色工业——社会、市场和政府的新职能[M]. 北京:中国财政经济出版社,2001:68.

---

① Dasgupta S., et al. Surviving success: policy reform and the future of industrial pollution in China[J]. World Bank Working Paper, 1997.

8.2　企业“自愿”承担环境责任

至少有三种原因会促使污染企业“自愿”承担环境责任：污染企业认识到污染的产生是由于自身利用资源的低效率，减少污染排放可以减少企业内部的低效率，降低生产成本；破坏环境是一种坏名声，“自愿”承担环境责任可以带来好的社会影响，有利于树立良好的企业形象；消费者更偏好环境友好的产品和企业，变得更环保有助于增加市场份额和开辟新市场，使企业获得更多利益。

8.2.1　企业社会责任

20世纪80年代，企业社会责任（corporate social responsibility，CSR）运动开始在欧美发达国家逐渐兴起。企业社会责任是指企业在创造利润、对股东承担法律责任的同时，还要承担对员工、消费者、社区和环境的责任。一些涉及绿色和平、环保、社会责任和人权等的非政府组织也不断呼吁，要求将社会责任与贸易挂钩。迫于日益增大的压力和自身发展的需要，很多欧美跨国公司纷纷制定了对社会作出必要承诺的责任守则（包括社会责任），或通过环境、职业健康、社会责任认证应对不同利益团体的需要。如联合国2000年实施的“全球契约”计划，提倡包括人权、劳工、环境和反腐败等四个方面的十项原则，已有2900多家世界知名企业加入全球契约。经济合作与发展组织、国际劳工组织、国际标准化组织、国际雇主组织等，也都积极推行企业社会责任，就如何进一步推动企业社会责任达成共识。

按照企业社会责任要求，企业要承担“三重底线”——人（people）、地球（planet）、利润（profit）。对大型跨国公司来说，则不仅要求跨国公司有良好的环境表现，还要求它们利用自身的影响力，对商业合作方，如原料供应商、代工厂商等的行为进行约束，要求它们都达到一定的社会和环境目标，也就是进行所谓的供应链管理，这是对企业社会责任的延伸。

但是，对于企业社会责任的多重要求，也有经济学家不赞同。如米尔顿·弗里德曼（Milton Friedman）等人就认为企业的目标是在遵守法律的基础上为股东创造最大量的投资回报，额外的社会和环境责任不应是企业的任务。

8.2.2　自愿环境协议

自愿环境协议（voluntary environmental agreements，VEAs）是污染企业或工业企业为改进环境管理主动做出的一种承诺，目前在节能领域发挥着重要的作用，美国、加拿大、英国、德国、法国等都采用了这种政策措施来激励企业自觉节能。自愿环境协议的内容在不同国家甚至同一国家的不同情况下都有不同，主要包含整个工业部门或单个企业承诺在一定时间内达到某一节能目标和政府给予部门或单个企业以某种激励两个方面。

自愿环境协议的主要思路是在政府的引导下更多地利用企业的积极性来促进节能环保。它是政府和工业部门在各自利益的驱动下自愿签订的。也可以看作是在法律规定之外，企业“自愿”承担的节能环保义务。自愿环境协议的出现反映了企业对环境问题

认识的提高,根据自愿环境协议参与者的参与程度和协商内容,可以把各国实施的自愿环境协议分为以下几种:

① 经磋商达成协议型自愿环境协议。经磋商达成的自愿环境协议是指工业界与政府部门就特定的目标达成的协议。这种谈判一般有一个约束条件,即如果协议没有达成,政府将会实施某种带有惩罚性的政策措施。

② 自愿参与型自愿环境协议。在此类型的自愿环境协议中,政府部门规定了一系列需要企业完全满足的条件,企业根据自身条件选择是参加还是不参加。

③ 单方面承诺的协议,指的是仅由工业部门制定的,没有任何政府机构参加的单方契约。此类型并不常见。

与其他手段比较起来,自愿环境协议的好处在于:

① 灵活性好。工业部门参与自愿环境协议的动机通常是规避政府更严厉的政策法规。相对于政策法规的"硬"约束,工业部门更愿意选择"自愿"对政府承诺节能减排义务。也就是说,企业承诺达到一定的节能目标后,政府会给企业提供较宽松的政策环境,企业可以自主、灵活地选择节能项目和技术以实现目标,企业的自主性大大加强。自愿环境协议的灵活性还体现在各国可以根据本国及每个行业的具体情况,灵活选择自愿环境协议的实施形式,包括协议内容、配套的支持政策等都有很大的决策空间。

② 成本低。与法律法规相比,自愿环境协议可以用更低的费用更快地实现国家的节能和环保目标。

③ 有利于发展政府与工业部门的关系。通过自愿环境协议,政府与工业部门实现了双赢,加深了合作关系,增强了相互信任。

自从 1964 年日本第一个实施自愿环境协议以来,美国、欧洲、加拿大和澳大利亚等国家和地区相继采用了 VEAs。目前国际上比较成熟的自愿环境协议主要有:ISO 14001 环境管理体系标准、清洁生产、环境标志、化工行业的"责任关爱行动"、石化行业的"职业健康安全与环境管理体系"(HSE)等。其中 ISO 14001 是近年来发展最快,也是规范最清楚、以 ISO 国际标准方式发布的自愿性环境管理标准。

自愿环境协议虽然发展很快,但是这一手段能否取得预期效果,很大程度上取决于公众的诚信意识,要求整个社会的信用机制健全。由于"自愿"性质,不能强制所有企业参与,一些企业宁愿"搭便车",也不愿参与这种自我约束的体系;同时,对不能达到行业环境标准的企业,行业协会也不具备执法的依据。自愿性环境管理手段只有与其他手段有机结合才能充分发挥作用。此外,一些自愿性管理工具因行业、技术的差异,例如清洁生产和环境标志在各行业标准不同,导致企业边际成本差异很大,为推广增加了难度。比较各国的自愿环境协议,没有设立明确目标和惩罚条款的完全"自愿"的协议往往执行效果不佳。

美国的国家环境表现跟踪计划和自愿节能协议

美国的国家环境表现跟踪计划(National Environmental Performance Track Program,

NEPT计划),是企业自愿参加的鼓励性环境管理项目之一。NEPT计划旨在鼓励那些已经达到法律要求的企业,进一步采取有利于公众、社会和环境的行为,以取得更好的环保业绩。参加了该计划且在环境方面有优异表现的企业和团体,将会得到一定的奖励,如可以使用NEPT计划的标识,获得免费宣传机会,参加特邀会议、研讨会、网络资源分享等。NEPT计划作为一种全新的鼓励型环境管理手段,通过市场调节、公众舆论、政策奖励等措施促使企业在遵守环境法规的基础上,对其环境表现进行持续的改善。这一活动有助于企业与政府在环境保护方面建立互利的伙伴关系,促进政府和企业共同努力,使环境保护工作超越法规,更趋完美。

为了促进节能,美国政府开展了能源之星、气候智星、绿色照明、废物能、电机挑战等许多由公司或公众自愿参加的节能环保项目,仅联邦一级的长期自愿环境协议就有40多个。以1994年实行的"气候智星项目"为例,联邦政府提出并组织这一项目,一方面是为了应对气候变化的环境压力,另一方面是从商业战略的高度出发,促进美国公司在全球范围内占据重要战略位置,共有500多个公司参加了这一项目,其能耗占全部工业能源消费的13%,其中既有通用汽车公司这样的大公司,也有一些员工不足50人的小公司。到1998年年底第一次总结时发现,该项目取得了良好的环保、节能及经济上的效益,初步达到了项目的四个目标:

✓ 鼓励通过系统的、有效的方法,提高能效,直接减少温室气体排放;

✓ 通过清洁生产,带来经济效益和生产力的提高,提升对节能与环保的认识和管理水平;

✓ 允许公司选择自己认为最合理的技术方案,促进技术创新;

✓ 发展有成效的、灵活的政府与工业部门的伙伴关系。

8.2.3 企业环境经营

环境问题越来越受到人们的关注,可以预期未来的环境标准将更加严格,环境友好产品的市场将扩大,公众对企业环境表现的关注会增加,社会监督将加强,环境表现好将成为企业声誉的一个重要方面,环境问题将成为企业经营者必须考虑的问题,与环境有关的政策风险、经营风险也是企业经营过程中需要管控的重要风险。在这种情况下,许多"先行"企业将环境纳入企业经营战略中去,提出了企业环境经营的概念。

环境经营是组织对环境问题所实施的管理运营,是一个全面的、整体的、战略的概念。它以社会和企业的可持续发展为目标,将对环境问题的应对作为企业的重要战略要素,将环境友好理念和技术渗透在组织的生产经营活动和社会活动中的各个方面,谋求全面而彻底地减少环境负荷,通过以环境友好为中心的各种创新活动,促进组织能力增长、强化企业的竞争力、实现企业价值创造,以此贡献于社会生活品质的提高和承担企业社会责任。

在具体的经营活动中,环境经营表现在以下方面:① 环境经营战略是企业战略的重要组成部分;② 企业有明确的环境理念、环境方针、环境行动计划;③ 企业有专门的环境经营运营管理体制;④ 将节能减排等贯穿于企业生产性及非生产性活动的全部过程中;⑤ 企业通过 ISO 14001 认证,环境管理体系不断充实和完善;⑥ 实施员工环境教育和与社区的环境沟通;⑦ 环境经营与企业人事管理和业绩评价相关联;⑧ 实施环境会计,建立企业环境经营数据库和环境评价体系;⑨ 公开环境信息等。[①]

新古典经济学认为,环境保护政策会增加私人生产成本,降低企业竞争力,抵消环境保护给社会带来的积极效应,对经济增长产生负面效果。但波特等学者认为不能简单地将环境保护与经济发展的关系一分为二地对立起来。他们认为,适当的环境管制可以促使企业进行更多的创新活动,而这些创新将提高企业的生产力、减少费用、提高产品质量,这样有可能使国内企业在国际市场上获得竞争优势。同时,环境管制有可能提高产业生产率,从而抵消由环境保护带来的成本并且提升企业在市场上的盈利能力。这一论点被称为波特假说(Porter Hypothesis)。波特假说成立的条件是技术创新带来的收益超过了环境管制带来的成本增加,也就是出现所谓的创新补偿(innovation offset)。由于主动参与环境保护可能带来收益,企业有动力将环境目标融入自身的经营规划中,进行清洁生产、开发环保节能的产品,从被动地应付环境政策的要求向进行环境经营转变。

铝业企业的身份转变

法国普基铝业(Pechiney)是世界铝业巨头,其前身是 1855 年由法国工业家 Henry Merle 在法国 Salindre 市创立的一家化工厂,开始生产煤炭、地中海盐、石灰石、烧碱、硫酸等生产原料,后来发展铝产品。

法国的炼铝业在 19 世纪中期第二次工业革命当中诞生之后便迅速发展,在 20 世纪成为法国最重要的工业部门之一。20 世纪 60 年代之前,虽然人们发现以普基铝业为代表的炼铝企业会造成严重的污染,在地方民众的抗议和地方政府的干涉下,污染企业不得不对受害方进行一定的赔偿,但并没有对污染加以控制。此时生产和就业的逻辑胜过了对环境的关心。

20 世纪 60 年代以来环境运动的开展使得环境问题开始成为全社会关注的公共问题。炼铝企业造成的污染也因此日益遭到社会和媒体的抗议和批评,并面临被政府制裁的危险。这迫使炼铝企业认识到环境污染的严重性,开始采取切实有效的措施解决污染问题。同时,由于法国铝土资源渐渐枯竭、电力价格上涨,普基铝业考虑迁移到铝土资源丰富或电力比较便宜的地区,如希腊、荷兰、美国、加拿大等。但在不同地区,普基公司采用了双重标准。比如在环境政策较严格的荷兰,该公司整体地考虑环境问题,并采用了新技术来减少氟气的排放;在尚未像西欧国家一样展开环境保护运动的希腊,除了注意把厂址选在人口不密集的地区外,仍然采用传统的生产方式。

20 世纪 70 年代,随着环境保护运动的继续推进,在法国炼铝业和其他很多化工业一起面临越来越多的质疑和批评,这些行业被认为是污染的同义词。公共舆论的压力迫使

---

① 金原达夫. 环境经营分析[M]. 北京:中国政法大学出版社,2011:21.

炼铝企业进行环境战略转型。普基铝业成立了环境部，开始和各个科研机构合作研究推广“清洁技术”概念和技术，建立系统的科学方案和科学检测体系以减少污染的产生和排放。70 年代后期，这一套考虑环境问题的工业战略在普基集团位于荷兰、法国、希腊的企业中得到了统一实施。同时，企业认识到公共舆论的支持对企业至关重要，于是积极把普基集团塑造为一个承担社会责任的“公民企业”。同时，集团还出版大量关于环境问题的小册子，对员工进行环境保护、法律、危机管理、公共沟通方面的培训，经常举行新闻发布会，向政府和社会宣传自己已经进行了的环境保护工作及正在进行的研究和创新。

小结

由于污染的外部性特征，在没有外部压力的情况下，污染者不会主动进行污染削减。除政府外，市场和社区也能充当非正式的环境管理者的角色，为企业削减污染提供压力和激励（图 8-1）。

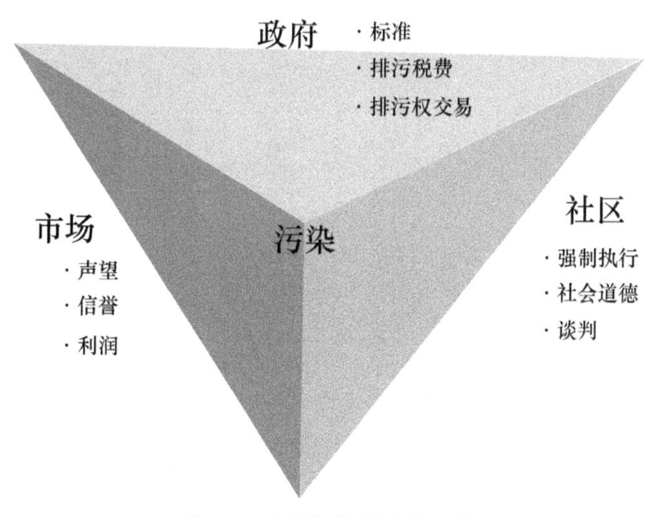

图 8-1　支持污染削减的力量

在各方压力下，许多企业也认识到自觉进行污染防治有助于减少企业经营风险、塑造良好的企业形象、创造新的市场机会。因此许多企业自愿进行环境管理，开展环境经营。

进一步阅读

1. Porter M. E., C. V. D. Linder. Toward a new conception of the environment competitiveness relationship[J]. Journal of Economic Perspective, 1995, 9(4): 97—118.

2. 日本理光. 环境经营报告书. http://www.ricoh.com/environment/report/pdf2011/

all_a4. pdf

3. 世界银行. 绿色工业——社会、市场和政府的新职能[M]. 北京：中国财政经济出版社，2001：68.

思考题

1. 市场在促进企业削减污染方面能起到什么作用？
2. 公众可以通过哪些渠道参与环境保护？
3. 企业为什么会“自愿”进行环境经营？

宏观分析部分

第9章 经济系统的扩张——环境问题产生的原因之二

学习目标

- 掌握人口增长对环境的影响
- 掌握经济增长对环境的影响
- 掌握经济全球化对环境的影响
- 了解“增长的极限”的讨论
- 了解“稳态经济”思想

污染是人类经济活动的结果,它受多种因素的影响。削减污染排放也不能仅从改变污染源的行为方式考虑,它应是一个综合治理的过程。

9.1 人口增长对环境的影响

《人口爆炸》一书的作者艾里奇曾指出:“一系列的(环境)恶化是很容易追溯到它的根源的。小汽车太多、工厂太多、洗涤剂大多、杀虫剂太多,飞机和导弹增多,处理污水设置不足,碳氧化合物太多——所有这些都能够很容易地找到它们的根源:人太多了。”①之所以会有这样的归因,是因为在可供利用的环境资源不变的情况下,更多的人口往往意味着更多的资源需求和更大的环境压力。人类历史上有许多自行消亡的文明,研究显示,其衰落的原因就是过大的人口压力造成了生态系统支持能力的崩溃。

消亡的玛雅文明

玛雅文明诞生于公元前10世纪,是一个曾分布于中美洲的充满活力和高度文明的社会,在天文学、数学、农业、艺术及文字等方面取得过很高的成就,与印加帝国及阿兹特克帝国并列为美洲三大文明。但是玛雅文明并没有存续下来。研究者通过对文明遗址的发掘和研究,认为人口压力是导致玛雅文明衰亡的原因。当地人口增长严重依赖于单一的本地农作物——玉米,到公元6世纪早期,当地人口总量已超过最高产的土地承载力,农民转而开始开发生态脆弱的地区,结果是农业劳动力的收益持续递减,粮食生产跟不上人口数量的增长。到8世纪中叶,当地人口达到历史最高点,越来越多的人口被迫

① 〔美〕巴里·康芒纳.封闭的循环[M].长春:吉林人民出版社,1997:3.

迁往边缘地区。为了获取粮食,玛雅人开始大范围毁林,引起了大面积的水土流失,加剧了农业产量下降。8 世纪和 9 世纪时,当地的婴儿和青少年的死亡率很高,而且还普遍存在营养不良问题。大约在公元 820—822 年间,作为这个社会重要领导的皇朝突然瓦解。到公元 10 世纪,曾经繁荣的玛雅城市被遗弃在丛林之中。

9.1.1 人口增长

据估计,公元元年,世界人口约为 2.5 亿,在漫长的历史时期,人口增长缓慢,年均增长率约为 0.04%,到 1650 年,世界人口约为 5.5 亿人。自工业革命以来,人口开始迅速增长,到了 2011 年,已突破 70 亿人,预计到 2025 年,世界人口将达到 78 亿,到 2050 年,将达到 90 亿(图 9-1)。

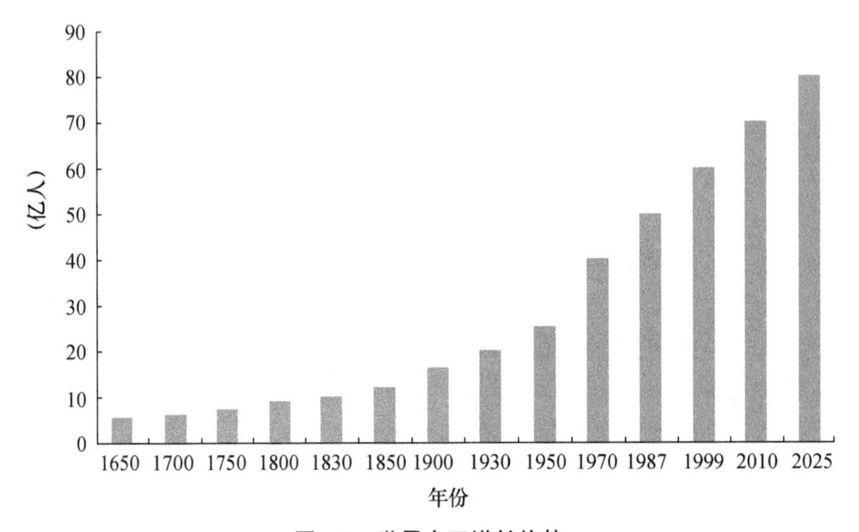

图 9-1 世界人口增长趋势

经过对近代以来的人口增长加快态势的研究,英国古典经济学家马尔萨斯于 1798 年出版《人口原理》一书,提出“两个级数”的思想,认为人口按照“1,2,4,8,16,…”的几何级数增长,而耕地、粮食则按照“1,2,3,4,5,…”的算术级数增长,人口增长超过生活资料增长的后果是爆发战争、瘟疫等灾难并大幅增加死亡率,从而减少人口,使人口与生活资料间重新达到平衡。为了预防这种灾难性后果的出现,马尔萨斯建议通过降低生育率控制人口增长。

第二次世界大战后许多前殖民地国家获得独立,人口增长迅速,使世界人口增长加快,这种发展趋势再一次引起人们的担忧。20 世纪的 60 年代末 70 年代初,一些学者认为世界人口规模已超过世界的承载水平,“人口爆炸”会对经济、环境、社会带来灾难性的压力。联合国等国际组织也开始支持在一些发展中国家实施人口控制政策,努力降低妇女生育水平。

1965—1970 年是世界人口增长最快的时期,从那以后,世界人口增长率开始下降,2010—2015 年世界人口的年均增长率已下降到 1.18%。不同地区的人口增长率变化情况有明显的差异,许多高收入国家的人口增长已经很缓慢甚至出现萎缩,而低收入国家的人口增长仍然很迅猛。中国的收入水平虽然较低,但人口增长率却与高收入国家相似,年均水平约为0.52%(表9-1)。

表9-1　世界人口增长趋势(年增长率)　　单位:%

地区	1950—1955	1955—1960	1960—1965	1965—1970	1970—1975	1975—1980	1980—1985	1985—1990	1990—1995	1995—2000	2000—2005	2005—2010	2010—2015
世界	1.77	1.80	1.92	2.06	1.96	1.78	1.78	1.80	1.54	1.32	1.24	1.22	1.18
高收入国家	1.30	1.32	1.23	0.99	0.93	0.84	0.79	0.75	0.67	0.58	0.59	0.69	0.52
中等收入国家	2.01	2.01	2.21	2.48	2.33	2.09	2.08	2.08	1.70	1.41	1.28	1.21	1.18
低收入国家	1.68	2.11	2.23	2.45	2.46	2.28	2.37	2.64	2.83	2.69	2.73	2.69	2.69
亚洲	1.91	1.90	2.12	2.46	2.29	1.98	1.97	2.00	1.63	1.33	1.20	1.11	1.04
东亚	1.83	1.52	1.80	2.52	2.16	1.48	1.41	1.67	1.14	0.65	0.53	0.50	0.46
中国	1.91	1.48	1.84	2.70	2.27	1.54	1.47	1.85	1.23	0.68	0.55	0.54	0.52

资料来源:United Nations, Department of Economic and Social Affairs, Population Division (2015). World population prospects: the 2015 revision, DVD Edition.

在不考虑人口迁移的情况下,一个地区的人口规模变动取决于出生人口和死亡人口的数量对比。因此,出生率和死亡率的变动决定了人口增长率。学者们研究了世界各国的人口出生率、死亡率和人口增长率的变动历史,发现在经济发展过程中存在所谓的"人口转变"现象,即从人口的高出生率、高死亡率、低增长率阶段,经过高出生率、低死亡率、高增长率阶段,过渡到低出生率、低死亡率、低增长率阶段(图9-2)。

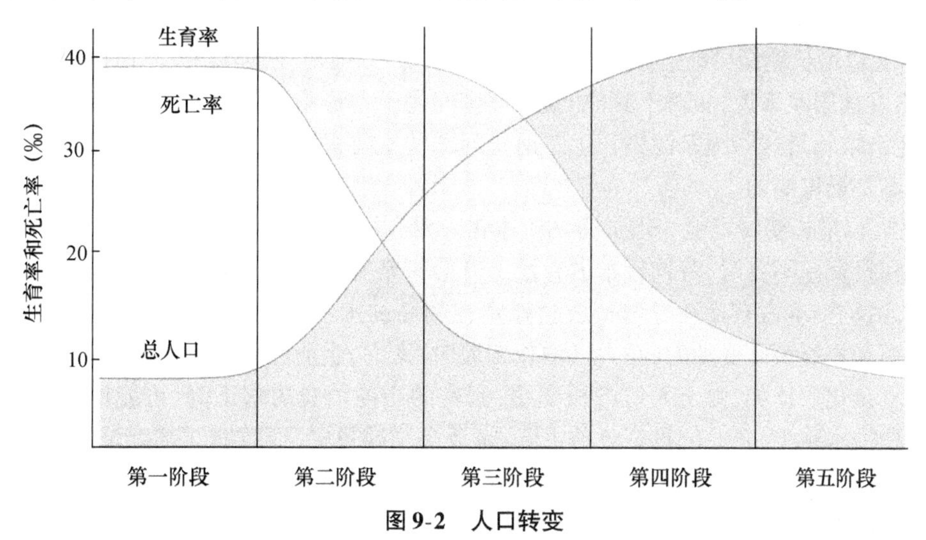

图9-2　人口转变

目前大多数国家已完成或正在经历这种人口转变过程。死亡率下降促成了从第一阶段向第二阶段的过渡。医疗卫生、营养条件的改善是促成死亡率下降的主要原因。出生率的下降则促成了从第二阶段向第三阶段的过渡,一般认为经济增长、妇女受教育水平提高、社会进步等多种因素改变了人们的生育观念和生育行为,共同促进了出生率的下降。

因此,未来世界人口总量虽然仍会增长,但增长速度将进一步放缓,不会出现爆炸式增长。虽然全球的人口增长率有所下降,但由于人口基数很大,所以人口的绝对增长数量仍比较大,再加上人均寿命延长、人口的大量流动、人口消费水平提高等,人口因素仍然可能加大环境压力。

9.1.2 人口增长变缓的后果

人口与经济的关系非常复杂,在多数发展中国家,较慢的人口增长有利于经济的发展,但要对这种影响作出严格的定量评估却十分困难,需要具体问题具体分析。面对20世纪70年代以来发展中国家人口增长速度下降的新趋势,美国政府曾组织了"人口增长与经济发展"课题组进行研究,从多个角度探讨了人口增长变缓的经济和环境后果,研究的结论主要有:

① 人口增长变缓不会因增加人均可耗竭资源占用量而提高人均收入增长率。国际市场上可耗竭资源的价格反映了这些资源的开采成本和稀缺性。人口增长可能使这些资源的稀缺性增加,驱动价格上涨,而这会提高这些资源的利用效率和加快替代品的开发。人口增长放缓使资源消耗和价格上涨放慢。但是人均可耗竭资源占有量与人均收入的增长间并没有明确的相关关系。

② 人口增长变缓会因增加人均可更新资源占用量而提高人均收入增长率。耕地是最重要的可更新资源,各地的历史经验显示农业人口规模与农业劳动生产率成反比,人口增长速度变快时,农业劳动生产率的增速变慢。人口增长会加大可更新资源的稀缺性、提高资源的价值,激励人们更好地保护资源。

③ 人口增长变缓可能会减轻污染和生态退化。一般地,水环境和空气环境是公共资源,对不发达国家来说,相对于其他问题,环境问题不是最重要的。人们急于促进经济增长,而经济增长是这些国家污染和生态退化问题的主要根源,与经济增长相比,人口增长的影响不是最重要的。

④ 人口增长变缓可能会增加劳均资本占有量,并因此提高工资水平和消费水平。在储蓄率和投资率不变时,劳均资本占有量上升会带来更高的收入水平。在储蓄率不变的情况下,劳均资本占有量经过增长后会稳定在较高的水平,工资水平不会一直上升。如果储蓄率和投资率是变动的,在人口增长变缓时,家庭、企业和政府的互动会使工资水平的变动复杂化。比如,由于人口增长变缓,家庭的当前消费需求下降,可能增加储蓄,但由于消费需求减少,企业的投资收益下降,企业会削减投资,而政府对基础设施和学校的投资也会下降。这些变化同时发生,对工资水平和消费水平的综合影响方向并不确定。

⑤ 人口增长变缓使人口密度下降,可能会因此降低了技术创新的激励,并使人均收入下降。但这种影响更多地出现在农业上,由于高密度的人口意味着更大的市场,会带来对基础设施的更大需求,人口增长变缓减少了这些需求,降低了对农业技术创新的激励。对发展中国家的制造业,这种影响则不成立。

⑥ 人口增长变缓改善教育和医疗条件。在家庭水平上，孩子的减少可以使每个孩子得到更多的经济资源，教育和医疗条件会因此改善。在社会水平上，人们也发现了类似的情况，统计数据显示在发展中国家，人口增长过快使教育质量下降，学龄儿童的增长率与学龄儿童入学率成反比。

⑦ 人口增长变缓可能会降低收入分配的不平等。人口增长放缓有助于提高工资形式的劳动收入，改善劳动相对于资本和土地的收益对比。由于穷人一般更依靠工资性收入，所以人口增长变缓会改善收入分配情况。

⑧ 人口增长变缓与二元经济的现代化、城市化、城市失业率等没有明显的联系。城市化过程更多地是受经济增长驱动，与人口增长关系不大。

9.1.3 IPAT模型

从各地的发展历史可以清楚地看到几个关系：要供养更多的人口就需要更多的粮食、土地、水及各种资源，人口增长带来对物质资源和能源的需求增长；人口增长要求更多的物质和能量的流通量，使环境压力超过环境承载力的可能性加大；人口增长加大生态压力，促使农业耕作方式改变，使生物多样性减少；人口增长率提高使实际人均收入水平下降，加大环境压力。因此，人口增长一直被看作是环境退化的重要原因，而这也成为实施人口控制政策的一大理由。

在以农牧业为主导产业的传统经济体里，人口增长对环境的压力可以明显地看出来：要为更多的人口提供粮食和燃料，会使更多的树木被砍伐，更多的草原和湿地被开发，许多边缘土地被开垦为农田，其中大部分容易被侵蚀，造成水土流失、土壤肥力下降、土地荒漠化等问题。

但是，考虑到技术进步和经济结构的变化，人口增长和环境压力间的关系就不能简单地归结为正相关关系。1971年，Ehrlich和Holdren提出IPAT模型，认为人类对生态环境的压力是人口数量和人口消费力的合力，这两个因素的增长都会加大人口对生态环境的压力。①

$$I = P \times A \times T \quad \text{（式 9-1）}$$

其中，I（Impact）为人类对环境的压力，P（Population）为人口，A（Affluence）为消费需求，T（Technology）为科学技术。可见，一个地区环境的影响是人口（P）、人均物品和服务的消费水平（A）、技术（T）三者综合作用的结果。IPAT模型提供了一个有用的研究思路，它表明人口增长对环境的作用并不是线性的：如果人均消费水平提高，相同规模的人口可能造成更大的环境压力；而如果人口增长加剧了资源稀缺性，资源的市场价格会随之变化，人们会调整技术进步方向和相关政策，减缓人口增长带来的环境压力。

---

① Ehrlich, P. R., J. P. Holdren. Impact of population growth[J]. Science, 1971, 171: 1212—1217.

对中国碳排放量增长的影响因素的分解①

在 IPAT 模型的基础上，可以将影响 CO_2 排放量的因素分解为以下形式：

$$C = \left(\frac{C}{\text{FEC}}\right)\cdot\left(\frac{\text{FEC}}{\text{TEC}}\right)\cdot\left(\frac{\text{TEC}}{\text{GDP}}\right)\cdot\left(\frac{\text{GDP}}{\text{POP}}\right)\cdot \text{POP} \qquad (式 9\text{-}2)$$

其中，C 是 CO_2 排放量，FEC 是含碳化石能源的总消费量，TEC 是生产用能源消费总量，GDP 是国内生产总值，POP 是人口数量。中国消费的能源的 CO_2 排放系数见表 9-2。

表 9-2　中国能源的 CO_2 排放系数

能源	排放系数(tC/tce)
煤	0.651
石油	0.543
天然气	0.404
水力、核能、可更新能源	0.000

将式 9-2 变为对数形式，则年度间的变化量可以表示为

$$\begin{aligned}\Delta\log C &= \Delta\log(C/\text{FEC}) + \Delta\log(\text{FEC}/\text{TEC}) + \Delta\log(\text{TEC}/\text{GDP}) \\ &\quad + \Delta\log(\text{GDP}/\text{POP}) + \Delta\log(\text{POP})\end{aligned} \qquad (式 9\text{-}3)$$

这个式子是一个完全分解式，等号左右两边完全相等。将等式左右相减，可以通过以下推导进行验证：

$$\begin{aligned}&\Delta\log C - [\Delta\log(C/\text{FEC}) + \Delta\log(\text{FEC}/\text{TEC}) \\ &\quad + \Delta\log(\text{TEC}/\text{GDP}) + \Delta\log(\text{GDP}/\text{POP}) + \Delta\log(\text{POP})] \\ &= \Delta\log C - (\Delta\log C - \Delta\log\text{FEC} + \Delta\log\text{FEC} - \Delta\log\text{TEC} \\ &\quad + \Delta\log\text{TEC} - \Delta\log\text{GDP} + \Delta\log\text{GDP} - \Delta\log\text{POP} + \Delta\log\text{POP}) \\ &= \Delta\log C - \Delta\log C = 0\end{aligned}$$

在式 9-3 右侧有五个部分，其中第一部分 $\Delta\log(C/\text{FEC})$ 显示含碳化石能源的结构变化引起的 CO_2 排放量的变化；第二部分 $\Delta\log(\text{FEC}/\text{TEC})$ 显示能源消费中化石能源所占的比重变化引起的 CO_2 排放量的变化；第三部分 $\Delta\log(\text{TEC}/\text{GDP})$ 显示 GDP 单位产值能耗变化引起的 CO_2 排放量的变化；第四部分 $\Delta\log(\text{GDP}/\text{POP})$ 显示人均 GDP 变化引起的 CO_2 排放量的变化；第五部分 $\Delta\log(\text{POP})$ 显示人口数量变化引起的 CO_2 排放量的变化。经过计算，得到表 9-3 和图 9-3。②

表 9-3　中国碳排放量增长影响因素的分解(1980—1997 年)　　单位：MtC

含碳化石能源消费结构变化	不含碳的清洁能源的发展	能源强度变化	经济增长	人口增长	碳排放变化总量
+3.93	−10.48	−432.32	+799.13	+128.39	+488.65

① Zhang Z. X. Decoupling China's carbon emissions increase from economic growth: an economic analysis and policy implications[J]. World Development, 2000, 28(4): 739—752.

② 具体计算步骤参见 Ang B. W., et al. Factoring changes in energy and environmental indicators through decomposition[J]. Energy, 1998, 23(6): 489—495.

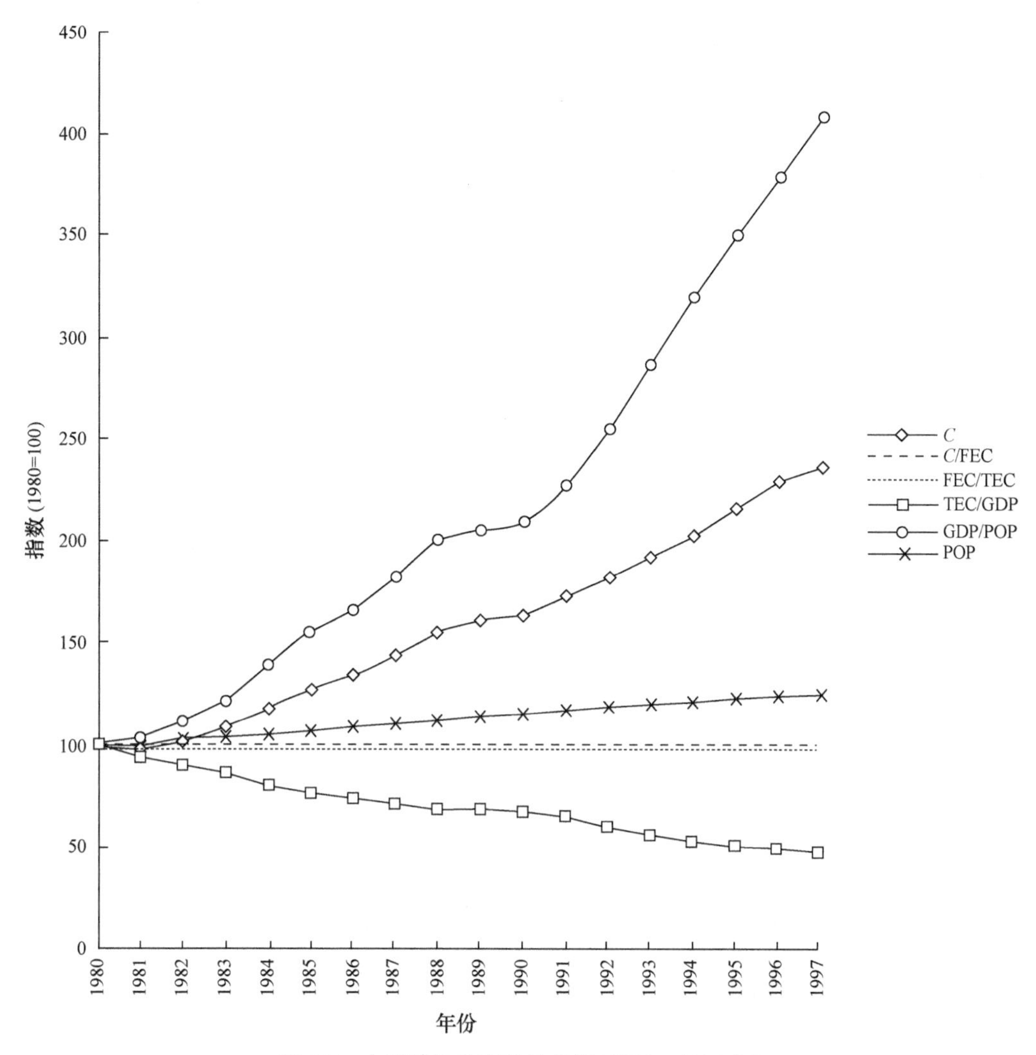

图 9-3　中国碳排放变化的分解(1980—1997 年)

可以看出 1980—1997 年间,对中国碳排放量增长贡献最大的是经济增长,其次是人口增长,而经济结构变化则减轻了中国碳排放压力,向清洁能源转型也对减轻中国碳排放压力起到了一定的积极作用。

IPAT 模型对理解人口和环境的关系提供了有益的思路,但 IPAT 模型也有不足,它简单地将人口视为一个总的集合体,没有考虑到不同人群对环境的压力的差异。同时,模型将环境影响与各个驱动力之间的关系处理为同比例的线性关系,不能反映出驱动力变化时环境影响的变化程度。2002 年,York、Dietz 和 Rosa 等人提出了基于 IPAT 模型改进的 STIRPAT 模型。[①] 该模型的基本形式是

① Yorker R., Rosae E. A, Dietz T. Bridging environmental science with environmental policy: plasticity of population, affluence, and technology[J]. Social Science Quarterly, 2002, 83(1):18—31.

$$I = aP^bA^cT^de \qquad (式 9\text{-}4)$$

式中，I、P、A、T 的含义同 IPAT 公式，a、b、c、d 分别是模型的常数项、P 项的指数、A 项的指数和 T 项的指数，指数越大，表示该因素对环境的影响程度越大，e 是误差项，代表模型中未包含的所有变量。

STIRPAT 模型不是一个完全分解式，与 IPAT 模型相比，STIRPAT 模型不仅能分析人口总量的影响，还可将更多的变量纳入到分析框架中来。比如，与大家庭户相比，小型家庭户的人均资源、能源消耗更大。与农村相比，城市人口的人均资源、能源消耗量更多，STIRPAT 模型可以将家庭结构、城乡结构等人口结构因素纳入分析。

使用 STIRPAT 模型的分析案例①

Poumanyvong 和 Kaneko(2010)应用 STIRPAT 模型，使用 1975—2005 年间 99 个国家的面板数据，分析了人口、技术、收入、城市化等因素对能源消费和 CO_2 排放的影响。研究使用的计量模型是

$$\begin{aligned}\ln\text{Energy}_{it} &= a_0 + a_1\ln(P_{it}) + a_2\ln(A_{it}) + a_3\ln(\text{IND}_{it}) \\ &\quad + a_4\ln(\text{SV})_{it} + a_5(\text{URB}_{it}) + Y_t + C_i + u_{1it} \qquad (式 9\text{-}5)\end{aligned}$$

$$\begin{aligned}\ln\text{CO}_{2it} &= b_0 + b_1\ln(P_{it}) + b_2\ln(A_{it}) + b_3\ln(\text{IND})_{it} \\ &\quad + b_4\ln(\text{SV})_{it} + b_5(\text{URB}_{it}) + b_6\ln(\text{EI}_{it}) + Y_t + C_i + u_{2it} \qquad (式 9\text{-}6)\end{aligned}$$

在式 9-5 和式 9-6 中，P 是人口规模，A 是人均 GDP；在式 9-5 中，技术因素 T 由两个变量表示，一个是工业部门占 GDP 的比重 IND，另一个是服务业占 GDP 的比重 SV；在式 9-6 中，反映技术因素的变量除 IND 和 SV 外，还加上了单位 GDP 的能源消费量，即能源强度 EI。URB 是城市化率，Y 是年度虚拟变量，C 是国别虚拟变量，u 是误差项。对不同收入水平的国家的碳排放量的分解结果见图 9-4。

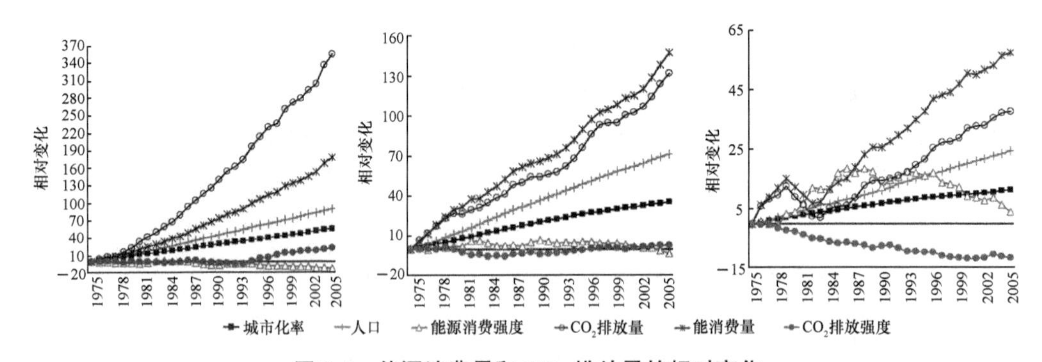

图 9-4 能源消费量和 CO_2 排放量的相对变化

分析的结果见表 9-4 和表 9-5。从中可以看出能源消费和 CO_2 排放量对各影响因素

① Poumanyvong, P., S. Kaneko. Does urbanization lead to less energy use and lower CO_2 emissions: A cross-country analysis[J]. Ecological Economics. 70 (2010) 434—444.

变化的弹性。

表 9-4 能源消费量的影响因素分析结果

变量	OLS(1)	FE(2)	PW(3)	FD(4)
常数项	-12.363***	—	—	—
	(-51.68)			
ln*P*	0.964***	1.735***	1.459***	1.235***
	(148.77)	(52.88)	(20.20)	(9.18)
ln*A*	0.870***	0.644***	0.411***	0.316***
	(63.02)	(35.24)	(13.89)	(5.44)
lnIND	0.121***	-0.015	0.060***	0.069**
	(3.45)	(0.67)	(3.12)	(2.51)
lnSV	-0.542***	0.096***	0.077***	0.049**
	(-10.12)	(3.76)	(3.00)	(2.00)
lnURB	0.070**	-0.198***	-0.130**	0.003
	(2.06)	(-5.46)	(-2.07)	(0.03)
国家虚拟变量 *C*	—	控制	控制	—
年度虚拟变量 *Y*	控制	控制	控制	控制
R^2	0.990	0.801	0.990	0.180
自相关性检验	$F=90.05^{***}$			
异方差检验	$\chi^2(99)=5.3e+04^{***}$			
样本数	3069	3069	3069	2970

注:OLS 是混合最小二乘估计,FE 是固定效应估计,PW 是 Prais-Winsten 估计,FD 是一阶差分模型。** 指 $p<0.05$,*** 指 $p<0.01$

表 9-5 CO_2 排放量的影响因素分析结果

变量	OLS(17)	FE(18)	PW(19)	FD(20)
常数项	-11.770***	—	—	—
	(-37.64)			
ln*P*	1.066***	1.273***	1.235***	1.125***
	(195.74)	(37.27)	(26.84)	(11.12)
ln*A*	1.117***	1.144***	1.116***	1.078***
	(84.61)	(61.20)	(40.01)	(21.10)
lnIND	0.692***	0.371***	0.131***	0.052
	(18.35)	(16.53)	(3.87)	(0.89)

(续表)

变量	OLS(17)	FE(18)	PW(19)	FD(20)
lnSV	0.604***	0.288***	0.092***	0.029
	(10.28)	(11.70)	(2.80)	(0.61)
lnURB	0.506***	0.350***	0.454***	0.447***
	(17.23)	(9.97)	(5.41)	(2.45)
lnEI	0.770***	0.880***	0.897***	0.919***
	(50.70)	(49.60)	(39.12)	(21.58)
国家虚拟变量 *C*	—	控制	控制	—
年度虚拟变量 *Y*	控制	控制	控制	控制
R^2	0.954	0.864	0.990	0.417
自相关性检验	$F=32.81$***			
异方差检验	$\chi^2(99)=1.2e+05$***			
样本数	3069	3069	3069	2970

将样本国家按收入分为高收入、中等收入和低收入三组,可以对不同收入阶段各影响因素的作用方向和作用大小进行比较。分析结果显示,在低收入水平国家,城市化水平上升对能源消费产生负面作用,而在中等收入和高收入国家,城市化水平上升对能源消费产生正面作用。城市化水平上升对各收入水平国家的 CO_2 排放产生正面作用,并且在中等收入国家的正面作用更明显。

9.2 经济增长对环境的影响

大多数环境问题的产生都是源于人类的经济活动。作为经济增长的结果,经济规模不断扩张,其对环境的影响也随之扩大。但同时,经济增长也为修复环境损害和污染治理提供了资金和技术支持。

9.2.1 经济增长

经济增长指一个国家或地区生产的物质产品和服务的持续增加,它意味着经济规模和生产能力的扩大,可以反映一个国家或地区经济实力的增长。经济增长率的高低体现了一个国家或地区在一定时期内经济总量的增长速度,也是衡量一个国家或地区总体经济实力增长速度的标志。经济增长可以增加一个国家的财富并且增加就业机会,是各国和各地区普遍追求的发展目标。从历史上看,自公元0年到1998年,世界经济规模已增长了300多倍,其中西欧地区增长了600倍,增长最快的日本增长则超过2000倍(表9-6)。

表9-6 世界的经济规模增长情况(公元0—1998年)

单位:10亿1990年国际元

地区	0	1000	1500	1600	1700	1820	1870	1913	1950	1973	1998
西欧	11	10	44	66	83	164	370	906	1 402	4 134	6 961
东欧	2	3	6	9	11	23	45	122	185	551	661
苏联地区	2	3	8	11	16	38	84	232	510	1 513	1 132
美国	0	0	1	1	1	13	98	517	1 456	3 537	7 395
拉丁美洲	2	5	7	4	6	14	28	122	424	1 398	2 942
日本	1	3	8	10	15	21	25	72	161	1 243	2 582
中国	27	27	62	96	83	229	190	241	240	740	3 873
亚洲(除日本外)	77	79	154	207	214	391	397	593	825	2 633	9 953
非洲	7	14	18	22	24	31	40	73	195	529	1 039
世界	103	117	247	329	371	694	1101	2 705	5 336	16 059	33 726

资料来源:OECD. 2010. The world economy: a millennial perspective. http://www.theworldeconomy.org/

投资、出口和消费是拉动国民经济增长的三要素,而资源、技术、体制是约束经济增长的三个重要因素。柯布-道格拉斯生产函数是用来分析经济增长的常用经济模型,其基本形式为

$$Y = A(t)L^{\alpha}K^{\beta}\mu \qquad (式9\text{-}7)$$

式中,Y是产值,$A(t)$是综合技术水平,L是劳动投入,K是资本投入,α是劳动力产出的弹性系数,β是资本产出的弹性系数,μ表示随机干扰的影响,$\mu \leqslant 1$。根据α和β的组合情况,生产函数可分为三种类型:① $\alpha+\beta>1$,称为规模报酬递增型,表明扩大生产规模来增加产出是有利的;② $\alpha+\beta<1$,称为规模报酬递减型,表明用扩大生产规模来增加产出是得不偿失的;③ $\alpha+\beta=1$,称为规模报酬不变型,表明生产效率并不会随着生产规模的扩大而提高,只有提高技术水平,才会提高经济效益。根据α和β的计算,可将一个时期的经济增长率分解为由生产要素投入量增加导致的部分和由要素生产率提高导致的部分。如果由要素投入量增加引起的经济增长比重大,则为粗放型增长方式;如果由要素生产率提高引起的经济增长比重大,则为集约型增长方式。

经济增长使经济规模扩张,这往往意味着更多的物质投入,以及对自然资源更大规模的开发,可能产生更多的污染物排放。但同时,经济增长也意味着技术进步,更大的投资能力,这些能力可能用于环境修复和改善。总之,经济增长使人类对环境的影响能力增加了。

9.2.2 EKC假说

从各国的发展实践可以看出,以工业化和城市化为特征的现代经济增长往往伴随着污染的增加和对生态环境破坏的加大,而富裕经济体普遍走的是"先污染后治理"的道路,通过严格的环境管制和大量环境修复投资后,国内环境都有明显好转,因此有人提出环境质量在经济增长过程中的变化规律是"先恶化后改善"。

1. EKC假说的基本模型

20世纪80、90年代以来,由于环境监测手段的进步,人们能够获得大量的实证数据,

学者们开始利用这些数据分析经济增长对环境质量的影响,发现经济增长与一些环境质量指标之间的关系不是单纯的负相关或正相关,而是呈现倒 U 形曲线的关系,即环境质量随经济增长先恶化后改善:当经济发展处于低水平时,环境退化的程度也处于较低水平;当经济增长加速时,产生的废弃物的数量和有毒物质迅速增长,环境出现不断恶化的趋势;但当经济发展到更高水平时,环境再度出现改善趋势。类比于库兹涅茨曲线假说,这种关系被称为环境库兹涅茨曲线(environmental Kuznets curve,EKC)假说(图 9-5)。

> 当经济发展处于低水平时,环境退化的数量和程度受生存活动的基础资源及有限制的生物降解废弃物数量的影响。当经济发展加速,伴随着农业和其他资源开发的加强和工业化的崛起,资源消耗速率开始超过资源的再生速率,产生的废弃物的数量和毒性增长。当经济发展到更高的水平,产业结构向信息密集的产业和服务转变,加上人们环境意识的增强、环境法规的执行、更好的技术和更多的环境投入,使得环境退化现象逐步消失和逐渐减缓。(Panayotou, 1993)

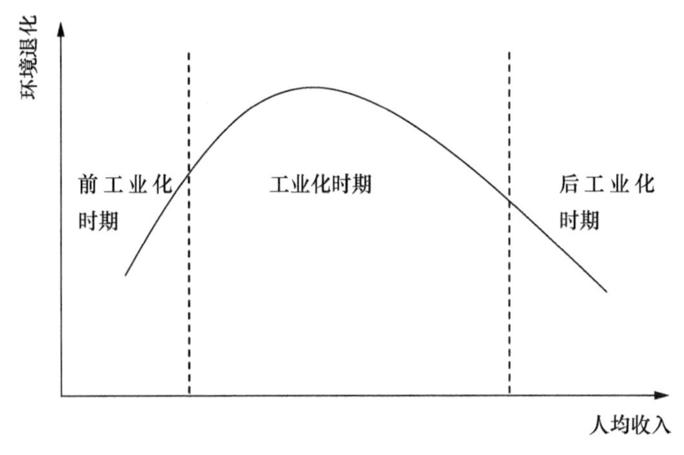

图 9-5 EKC 示意图

经济增长过程中环境质量变化的不同路径的政策意义是不同的:如果在经济增长过程中环境质量单调下降,则说明经济增长对环境质量是有害的,为了保持环境质量应将经济增长限制在某一水平之下;如果在经济增长过程中环境质量单调上升,说明经济增长对环境质量有利,可以通过经济增长改善环境质量;如果在经济增长中环境质量呈现先下降后上升的趋势,说明经济增长过程中环境质量在一定阶段出现下降是必要的代价。

在一定程度上,被破坏的环境具有自我净化和自我恢复的能力,但是污染和退化超过一定限度,自然生态系统将崩溃,受破坏的环境再不能恢复到原来的状态,这一限度被称为生态门槛。生态门槛对 EKC 曲线假说的意义在于:如果在经济增长过程中环境严重退化,超过了生态门槛,则环境质量在更高的收入水平上也无法好转。市场失灵和公共政策失误是引起环境退化的主要原因,清晰界定自然资源产权、取消对环境有害的补贴、通过环境管制措施将环境外部性内部化等有助于纠正市场失灵和政策失灵,降低经济增长的环境成本,使 EKC 曲线的峰值降低到生态门槛以下的水平(图 9-6)。

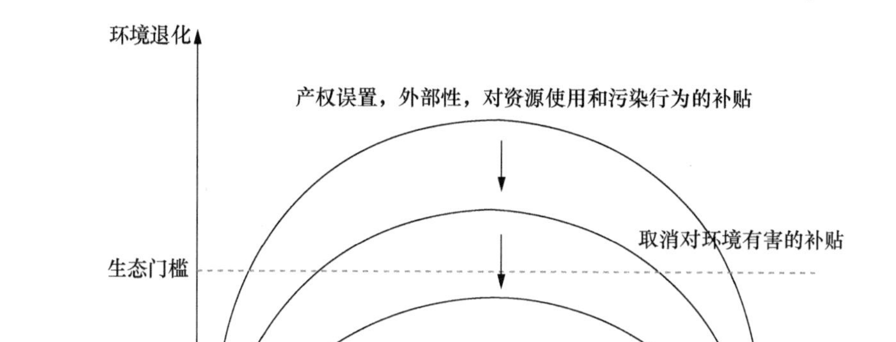

图 9-6　生态门槛

太湖水质的先恶化后改善

太湖在历史上以水美著称,但该湖流域所处的长三角地区是我国经济最为发达的地区之一。在长期的工业发展压力下,太湖水质逐渐恶化,湖水富营养化严重,特别是 2007 年 5 月太湖畔无锡市城区的大批市民家中自来水水质恶化,无法饮用,引起国人关注。

面对严峻的水污染形势,当年 9 月,江苏省出台了《江苏省太湖水污染防治条例》,规定太湖流域各级地方人民政府对本行政区域内的水环境质量负责。对太湖流域实行分级保护。在太湖流域实行排污总量控制,试行水污染物排放总量指标初始有偿分配和交易制度。加快淘汰落后产能,调整产业结构,促进企业技术改造,推行清洁生产,发展循环经济,建设和改造城镇污水集中处理等环境基础设施,并逐步覆盖城镇周边村庄;对城镇生活污水、粪便、垃圾进行无害化、资源化处置,开展除磷脱氮深度处理,控制磷、氮等污染物的排放。加强农业环境保护和农村环境综合整治,减轻农业面源污染。

大笔的投入为水质改善提供了保障。从 2007 年起,江苏省每年安排资金 20 亿元用于太湖治理。江苏省规划到 2020 年完成总投资 1 083.1 亿元、1 602 个项目,截至 2013 年年底,已完成投资 1 060 亿元、1 450 个项目。

除江苏省外,同处太湖流域的浙江省也进行了同步治理,如为了实现“不向太湖排一滴污水”的目标,浙江湖州实施了水环境综合治理工程,总投资近 100 亿元,对 245 公里的垃圾河、259 公里的黑臭河进行集中整治。

通过高强度的治理,太湖湖体平均水质已从 2007 年的劣Ⅴ类提升为 2013 年的Ⅳ类;蓝藻集聚次数和湖体藻密度呈波动下降态势;湖体综合营养水平从当初的中重度富营养改为轻度富营养;占输送到湖内污染总量七成到八成的 15 条主要入湖河道,2007 年时有

9 条处于劣Ⅴ类,2013 年年底已全部摘掉劣Ⅴ类的“黑帽子”。

那么经济增长过程中环境质量的变化趋势究竟是怎样的呢?这不是一个有唯一答案的问题。实际上,环境质量是多方面因素的集合,包含不同质的大量指标:如饮用水质量、城市空气质量、生物多样性、温室气体排放量等,这些不同质的环境指标在收入增长时的变动方向可能不一致。世界银行曾对这种情况进行了总结,认为在收入增长时,环境质量至少有三种变化形式:随收入增长而改善;随收入增长先恶化后改善;随收入增长持续恶化(图 9-7)。①

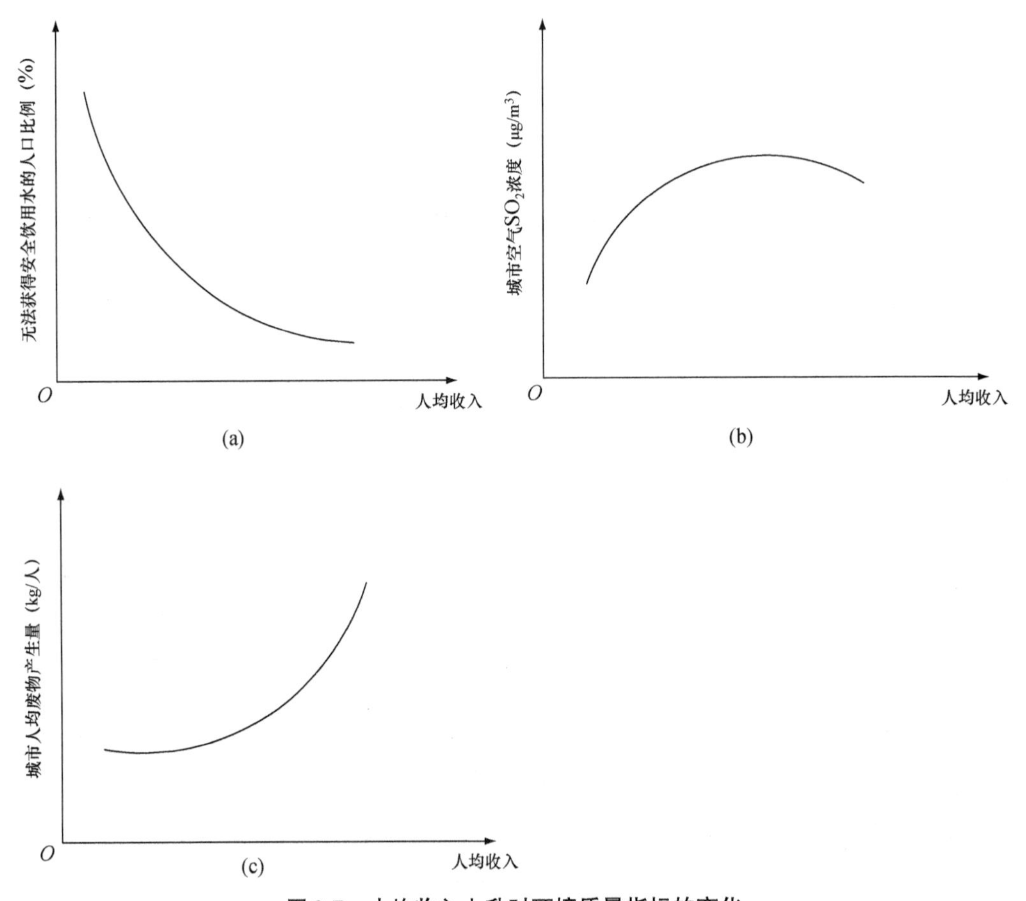

图 9-7　人均收入上升时环境质量指标的变化

可以用图 9-8 对这些曲线的形成做简单的解释。环境质量是一种正常物品(normal goods),人们对它的需求会随着收入的增长而增加,表现为需求曲线向上移动。AB 是环境质量的初始需求,$A'B'$、$A''B''$ 是收入提高后的环境需求,CD 是环境质量的供给曲线,也是环境质量的边际成本曲线。引起收入增长的因素也很可能改变环境质量的供给条件,使其边际成本上升,表现为供给曲线 CD 向上移动到 $C'D'$(更富有的经济体会有更大更

① World Bank. World development report development and the environment[R]. 1992.

多的工业园区，会使获得一定水平的环境质量的机会成本加大、边际成本上升）。环境质量的初始有效水平点是 E，随着收入的上升和环境质量需求曲线的上升，有效水平点变化到较低的点 F，或较高的点 H 或 G。这里如果随着收入的进一步上升，环境质量沿 $E \to H$ 的路径演变或 $E \to G$ 的路径演变，则出现图 9-7(a) 中演示的情景；沿 $E \to F \to G$ 的路径演变，则出现图 9-7(b) 中演示的情景；沿 $E \to F$ 的路径演变，则出现图 9-7(c) 中演示的情景。

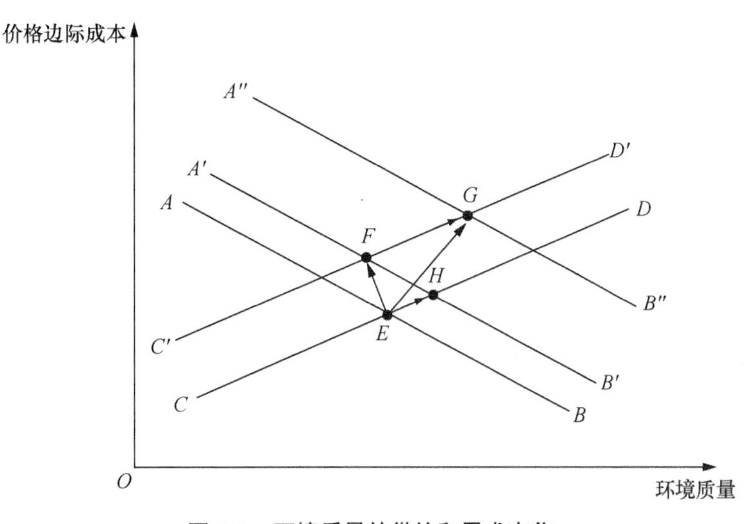

图 9-8　环境质量的供给和需求变化

可见，从实际和理论上看，环境质量随经济增长呈现先恶化后改善的变化只是可能的变化路径之一。由于环境质量包含大量的不同质的具体指标，有复杂的变化路径。

2. 对 EKC 假说的检验

检验 EKC 假说的基本模型是

$$E = \beta_1 Y + \beta_2 Y^2 + (\beta_3 Y^3 + \beta_4 X) + \beta_0 \quad \text{（式 9-8）}$$

这里 E 是环境质量变量，较常被选用的环境质量因素有大气中的 SO_2、悬浮颗粒物、烟尘、NO_x、CO、CO_2，水体中的 COD、致病菌、重金属等。使用的指标可以选用污染排放量或污染物浓度。Y 是经济发展水平变量，一般选用人均收入水平。X 是其他可能影响到环境质量的因素。在回归方程的具体形式选取上，一般选用二项式，但如果散点图显示变量间有更复杂的变化，也可选用三次方程，以考察是否存在二次拐点使曲线形式成 N 形。有的研究对各变量取对数形式。

20 世纪 90 年代以来，基于监测数据，有学者对经济增长过程中环境质量的变化进行了实证分析，他们选用一些环境质量指标，用回归分析法研究这些指标随人均收入增长的变动情况。研究模型多使用减量形式，将环境质量的影响因素抽象成收入，忽略了其他影响因素。环境质量指标有用排放量、集中度、环境退化指数的。收入水平有人用购买力平价指标衡量，有人用市场汇价衡量。由于使用的数据不同，EKC 假说的实证研究得出的结论差异很大，一些实证研究的结果见表 9-7。

表 9-7　有关人均收入和环境质量关系的研究

环境指标	研究者	曲线形式	第一峰值点（美元）	第二峰值点（美元）
SO_2	Grossman & Krueger(1991)	N 形	4 100	14 000
	Shafik(1994)	倒 U 形	3 700	
	Grossman(1993)	三次方程	4 100	
	Grossman & Krueger(1995)	N 形	13 400	14 000
	Selden & Song(1994)	倒 U 形	8 900	
	Panayotou(1993)	倒 U 形	10 700	
悬浮颗粒物	Grossman & Krueger(1991)	线性方程，向下倾斜	—	
	Sharfik(1994)	倒 U 形	3 300	
	Grossman(1993)	倒 U 形	16 000	
	Grossman & Krueger(1995)	线性方程，向下倾斜	—	
	Selden & Song(1994)	倒 U 形	9 800	
	Panayotou(1993)	倒 U 形	9 600	
烟尘	Grossman & Krueger(1991)	N 形	5 000	10 000
	Grossman(1993)	N 形	4 700	10 000
	Grossman & Krueger(1995)	N 形	6 200	10 000
NO_x	Grossman(1993)	倒 U 形	18 500	
	Selden & Song(1994)	倒 U 形	12 000	
	Panayotou(1993)	倒 U 形	5 500	
CO	Grossman(1993)	倒 U 形	22 800	
	Selden & Song(1994)	倒 U 形	6 200	
CO_2	Shafik(1994)	线性方程，向上倾斜	—	
	Holtz-Eakin & Selden(1992)			
	（人均排放水平）	倒 U 形	35 400	
	（每单位资本排放量）	倒 U 形	800 万	
水体中的溶解氧	Shafik(1994)	线性方程，向上倾斜	—	
	Grossman(1993)	倒 U 形	8 500	
	Grossman & Krueger(1995)	倒 U 形	2 703	
水体中的致病菌含量	Shafik(1994)	N 形	1 400	11 400
	Grossman(1993)	倒 U 形	8 500	
	Grossman & Krueger(1995)	倒 U 形	8 000	
水体中的菌类总含量	Grossman(1993)	三次方程		
	Grossman & Krueger(1995)	N 形	3 034	8 000

资料来源：Panayotou T. Economic growth and the environment. CID Working Paper, 2001.

中国的 CO_2 排放是否存在拐点？①

林伯强和蒋竺均(2009)用 CO_2 的环境库兹涅茨模型分析中国的 CO_2 排放是否存在拐点，研究选择 Shafik 和 Bandyopadhyay(1992)使用的人均收入作为解释变量，方程采用

① 林伯强，蒋竺均. 中国 CO_2 的环境库兹涅茨曲线预测及影响因素分析[J]. 管理世界，2009，4：27—36.

二次函数,并采用对数形式。样本区间是 1960—2007 年。中国人均 CO_2 排放的数据来自世界银行的世界发展指标(World Development Indicators, WDI),GDP 和人口的数据来自历年《中国统计年鉴》,实际人均 GDP 以 2000 年不变价表示。模型的表达式为:

$$LPCO_2 = \alpha + \beta_1 LPY + \beta_2 LPY^2 \quad (式 9\text{-}9)$$

其中,PCO_2 表示人均 CO_2 的排放量;PY 表示人均 GDP。分别对各变量取对数,记为 $LPCO_2$,LPY。模型模拟的结果为:

$$\underset{}{LPCO_2} = \underset{(-2.21)}{-26.3826} + \underset{(4.74)}{5.4704LPY} - \underset{(-3.56)}{0.2599LPY^2} \quad (式 9\text{-}10)$$

从式 9-10 的结果可以看出,人均收入的一次项系数为正,二次项系数为负。这说明中国的 CO_2 库兹涅茨曲线存在拐点,具有倒 U 形曲线特征,符合环境库兹涅茨曲线假说。计算中国的 CO_2 库兹涅茨曲线拐点 ξ,

$$\xi = \exp(-\beta_1/2 \times \beta_2) = \exp[-5.4704/2 \times (-0.2599)] = 37\,170$$

可见,当中国的人均收入小于 37 170 元时,人均 CO_2 的排放随着人均收入的增加而增加;当人均收入大于 37 170 元时,人均 CO_2 的排放随着人均收入的增加而降低;在 37 170 元处达到人均 CO_2 排放的最大值,这是中国 CO_2 排放的理论拐点(图 9-9)。

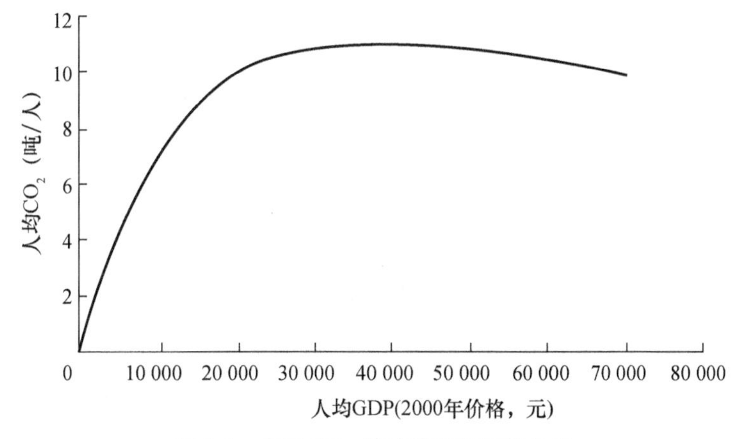

图 9-9　中国 CO_2 排放的库兹涅茨曲线

3. 对 EKC 曲线的分解

EKC 假说提出之后受到广泛关注,许多学者对这一假说提出异议。其中一个主要的批评是 EKC 模型是一个减量模型,减量模型分析使影响环境变化的因素成为一个“黑箱”,许多可能影响环境变化的因素被抽象掉了,不能反映经济增长是通过什么机制来影响环境质量的。

通过对 EKC 曲线进行分解可以部分地回应这个异议。下式反映出经济增长是通过这三个渠道对环境产生影响的:

环境 = 经济(规模,结构,减排/技术)

因此,可以将 EKC 曲线分解为规模效应、结构效应、减排/技术效应(图 9-10)。

① 规模效应。如果其他两个因素不变,经济增长带来的经济规模扩张会使污染排放量增加,对环境的影响增大。

② 结构效应。在经济增长过程中,产业结构会发生变化。一般地,以三次产业结构的变动为例,会出现"一二三"向"二一三"或"二三一"转变,最后转变为"三二一"的结构。在这种变化过程中,第二产业占国民经济的比重出现先上升后下降的规律。而第二产业是许多污染物的主要排放来源。这样,如果其他两个因素不变,由于产业结构的变动,会使环境压力呈现先增加后减少的变化。

③ 减排/技术效应。伴随经济增长的技术进步和环境管制会提高自然资源的利用效率、降低污染物排放强度,如果其他两个因素不变,由于技术进步和环境管制加强,会使环境压力减轻,出现减排(技术)效应。

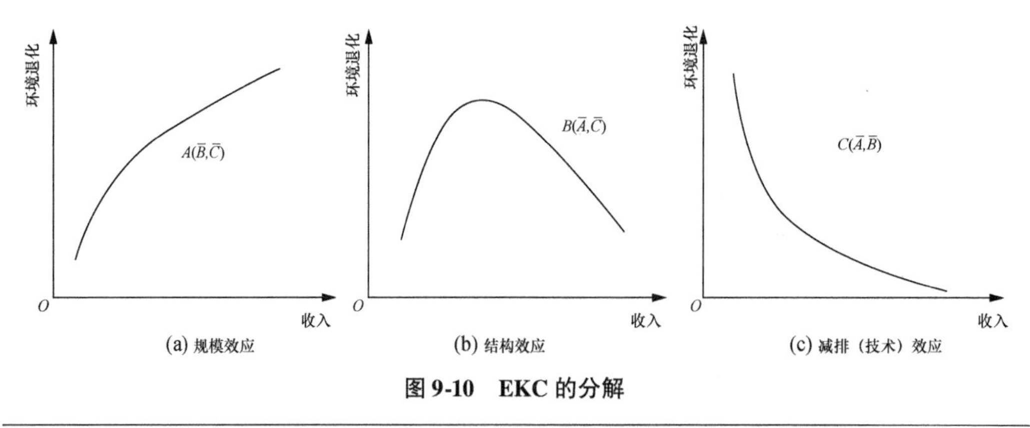

图 9-10　EKC 的分解

对污染排放变化的分解①

考虑了规模效应、结构效应、技术效应,可将污染排放表示为

$$E_t = \sum_{j=1}^{n} Y_t I_{j,t} S_{j,t} \qquad (式 9\text{-}11)$$

这里 t 是年份,$j=1,2,\cdots,n$,表示经济中各生产部门,Y_t 是 t 年的 GDP,等于各部门产出的加总,即 $Y_t = \sum Y_{j,t}$,$I_{j,t}$ 是 t 年 j 部门的排放强度,$S_{j,t}$ 是 t 年 j 部门产出占 GDP 的比重。在式中,

$$I_{j,t} = E_{j,t}/Y_{j,t}, \quad S_{j,t} = Y_{j,t}/Y_t$$

对式 9-11 求导,有

$$\hat{E} = \hat{Y} + \sum_j e_j \hat{S}_j + \sum_j e_j \hat{I}_j \qquad (式 9\text{-}12)$$

式中,e_j 是 j 部门的排放占总排放的比重,即 $e_j = E_j/E$,求导是指

$$\hat{x} = \frac{\mathrm{d}x/\mathrm{d}t}{X_t}, \quad x \in \{E, I, S, Y\}$$

---

① de Bruyn S. M. Explaining the Environmental Kuznets Curve: structural change and international agreements in reducing sulphur emissions[J]. Environment and Development Economics, 1997, 2(4):485—503.

式9-12右侧的三个部分分别代表规模效应、结构效应、技术效应。为了求出这三种效应的大小，需要使用分解技术。将式9-12两边同除以Y_i，可以得到排放强度

$$U_i' = \sum_j S_{j,t} I_{j,t}' + \sum_j I_{j,t} S_{j,t}'$$

使用Ang的Divisia指数[①]的方法，可以将某国0年和T年间由技术效应和结构效应引起的排放强度变化用下式计算：

$$U_T - U_0 = \sum_j 0.5(S_{j,0} + S_{j,T})(I_{j,T} - I_{j,0}) + \sum_j 0.5(I_{j,0} + I_{j,T})(S_{j,T} - S_{j,0}) \quad \text{（式 9-13）}$$

式9-13右侧的第一项是各部门排放强度变化引起的污染排放变化量，反映的是技术效应；第二项是各部门产值占总产值的比重变化引起的污染排放变化量，反映的是结构效应。

尽管经济规模在扩张，但自20世纪70年代以来，荷兰和联邦德国的SO_2排放量不断下降，特别是80年代下降速度加快。从式9-12来看，这表明这两个国家的结构效应超过规模效应。使用式9-13对这两个国家的1980—1990年的SO_2排放强度变化进行分解，可以得到表9-8。

表9-8 1980—1990年联邦德国和荷兰SO_2排放强度变化的分解

	联邦德国(1)	荷兰	联邦德国(2)
排放量	-73.60%	-58.70%	-73.60%
GDP	26.10%	28.20%	26.10%
排放强度	-79.00%	-67.70%	-79.00%
技术变化	-74.50%	-73.50%	-74.90%
结构变化	-4.50%	5.70%	-4.10%
部门数量	59	19	19

注：联邦德国(1)按德国统计局的部门分类计算，联邦德国(2)按荷兰统计局的部门分类计算。从计算结果可以看出，技术变化在减少联邦德国和荷兰的SO_2排放上起了最重要的作用，结构变化的作用较小而且在两国间存在差异，联邦德国的结构变化减少了污染排放，而荷兰的结构变化则加重了污染负担。

4. 对EKC假说的理论解释

一般认为EKC的形成原因主要有以下几种：

① 在高收入经济体中，随着人们收入的上升，人们对与食物有关的物品的收入需求弹性低且不断下降，而对环境质量、休闲的收入需求弹性高且不断上升；欠发达国家的情况则相反。也就是说环境质量是奢侈型商品，只有当人们的收入增长到一定程度之后，才会对环境质量形成有效需求。

① Ang, B. W. Decomposition of industrial energy consumption: the energy intensity approach. Energy Economics[J]. 1994,16: 163—174.

② 在经济增长的初期,社会的投资能力有限,企业不得不选择投资门槛低、落后的、污染高的技术和设备进行生产,只有积累了一定的经济实力,才有可能采用投资门槛高的清洁生产技术和设备。而且经济增长使得社会有更大的投资能力可以投资于环境修复。

③ 经济结构向污染减轻的方向发展是经济增长的自然后果。

④ 由于政府政策是对组织化的利益集团的压力的反应。发展中国家的产业部门比环境利益集团的组织程度高,因此在发展的初期,政府对环境需求的反应少,只有当经济增长到一定水平,环境利益集团被较好地组织起来之后,政府才会对环境需求做出积极的反应,例如出台一系列环境政策、加大对环境保护的投入等。

许多研究就是从这些可能促成 EKC 曲线形成的角度设计经济模型来解释 EKC 曲线的形成。例如,世界银行(1992)建立了一个模型说明倒 U 形曲线的形成。设某种污染物的排放量为 e,人均收入为 y,有

$$e = ay + e_0 \qquad (式 9\text{-}14)$$

这里 e_0 是误差项,a 是在增长和污染排放间起干涉作用的因素,如环境政策、环境保护投资、技术发展水平等。这些因素也是内生性的,受到经济发展水平的影响,因此可以将 a 视为 y 的函数,如果 a 与 y 间是线性函数,则有

$$a = b_0 - b_1 y \qquad (式 9\text{-}15)$$

将式 9-15 代入式 9-14,有

$$e = b_0 y - b_1 y^2 + e_0 \qquad (式 9\text{-}16)$$

这时 e 和 y 的关系就是倒 U 形曲线,在这种关系下,在第一阶段经济增长意味着更多的污染物排放,直到人均收入达到某一点后,污染物排放量才开始下降。

5. 对 EKC 假说的评论

EKC 假说提出后在学术界引起了热烈的反响,一些学者将其作为经济增长与环境质量二者之间的通用关系,认为经济增长引起的环境污染是暂时现象,经济增长自身就是治疗环境污染的药方。同时,也有许多学者对这一假说提出异议。实际上,从表 9-7 列举的对 EKC 的实证研究来看,各种研究的结果是非常不一致的,其科学性还有待进一步证实。EKC 假说的问题主要集中在以下几个方面:

① 呈现倒 U 形曲线的污染物多为地方性污染物,这些污染与当地人口的健康福利有直接的关系,因而也较容易得到重视和治理,如地方性空气污染和水污染。对于全球性的环境问题或者污染方和受害方在时空上相距较远的环境问题,经济增长起到的改善作用不大,如温室气体排放、流域上游水土流失增加下游的洪水威胁、当代人破坏自然资源危害后代的可持续发展等。

② 减量模型分析使影响环境变化的因素成为一个“黑箱”,许多可能影响环境变化的因素被抽象掉了,而且,单纯从 EKC 模型也无法得知经济增长是通过什么途径影响环境质量的,使该模型对政策缺乏指导意义。

③ 环境的承载能力是有限的,随着环境中积累的污染物增加,环境对污染物的吸收能力下降,最终有可能使生态系统崩溃,再也没有机会改善。因此,在经济增长过程中必

须实施一定的环境政策,使环境质量保持在生态门槛以内,而 EKC 假说中没有显示环境政策的作用。

④ 检验 EKC 假说的实证研究多是针对单一的污染物指标,对环境质量的整体状况则没有考察。由于在经济发展过程中,经济活动的物质基础会发生变化,导致环境问题从一种具体形式转向其他形式,这样虽然有的污染指标下降了,但总体环境质量可能并没有改善。

总之,虽然一些地方性的污染问题在经济增长过程中会出现先恶化后改善的趋势,但不能将这一趋势扩大作为经济增长过程中环境质量变化的一般规律。在经济增长过程中,污染问题不会自动消失,环境退化也不会自动改善,积极的环境政策、技术进步、经济结构转变在减轻环境压力上起着非常重要的作用。

在其他条件相同时,经济增长和环境质量间关系的变化方向是图 9-10 中三个图像的叠加,决定于规模效应与结构效应、减排/技术效应间强度的对比。经济增长与环境质量之间的关系具有很大的不确定性。对发展中国家而言,经济增长是发展的基础,是人们摆脱贫困和增进福利的根本手段,简单地通过限制经济增长来保护环境是不可行的,也是难以让人接受的。问题不是是否增长,而是怎样增长。正确的经济政策和环境政策、有利于提高资源利用效率和减少污染物排放的技术进步都有助于减轻经济增长的环境压力。从图 9-11 中可以看出,重视环境的国家可以沿着 *AD* 在快速增长和环境质量之间实现平衡。如果一个国家走"先增长、后治理"的道路,那么它就会从 *A* 发展到 *C*,在经济增长的同时,环境受到很大程度的破坏。当然,还有一个更糟糕的选择,即缓慢经济增长和环境退化的模式,也就是从 *A* 到 *B* 的路径。

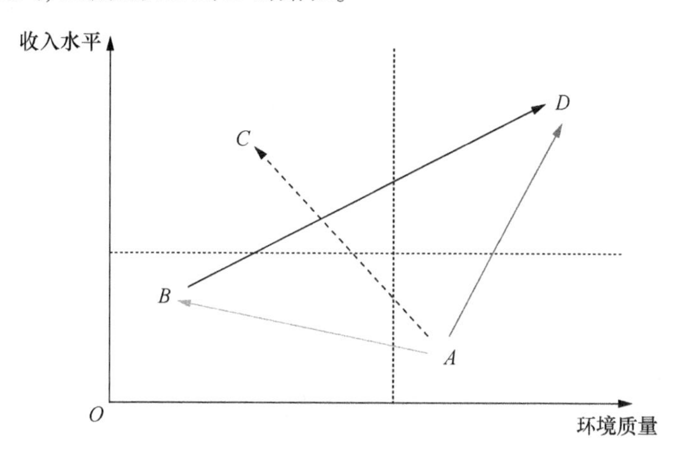

图 9-11　经济增长与环境质量的可选路径

9.3　经济全球化对环境的影响

经济全球化(economic globalization)是指世界经济活动超越国界,通过对外贸易、资本流动、技术转移、提供服务、相互联系而形成的全球范围的有机经济整体,是商品、技术、信息、服务、货币、人员等生产要素跨国跨地区的流动(简单地说,也就是世界经济日

益成为紧密联系的整体)。经济全球化是当代世界经济的重要特征之一,也是世界经济发展的重要趋势。经济全球化能刺激经济增长、增加财富,但也会使自然资源的开发加速,可能导致发展中国家自然环境退化。经济全球化主要通过国际贸易和跨国投资对环境产生影响。

9.3.1 经济全球化趋势

斯密认为经济增长的源泉是分工,分工促进技术进步和生产率的提高。他举了下面的例子来说明这个论点:

> 一个劳动者,如果对于这职业(分工的结果,使扣针的制造成为一种专门职业)没有受过相当训练,又不知怎样使用这职业上的机械(使这种机械有发明的可能的,恐怕也是分工的结果),那么纵使竭力工作,也许一天也制造不出一枚扣针,要做二十枚,当然是绝不可能了。但按照现在经营的方法,不但这种作业全部已经成为专门职业,而且这种职业分成若干部门,其中有大多数也同样成为专门职业。一个人抽铁线,一个人拉直,一个人切截,一个人削尖线的一端,一个人磨另一端,以便装上圆头。要做圆头,就需要有两三种不同的操作。装圆头,涂白色,乃至包装,都是专门的职业。这样,扣针的制造分为十八种操作。有些工厂,这十八种操作,分由十八个专门工人担任。固然,有时一人也兼任两三门。我见过一个这种小工厂,只雇用十个工人,因此在这一个工厂中,有几个工人担任两三种操作。像这样一个小工厂的工人,虽很穷困,他们的必要机械设备,虽很简陋,但他们如果勤勉努力,一日也能成针十二磅。从每磅中等针有四千枚计,这十个工人每日就可成针四万八千枚,即一人一日可成针四千八百枚。如果他们各自独立工作,不专习一种特殊业务,那么,他们不论是谁,绝对不能一日制造二十枚针,说不定一天连一枚针也制造不出来。他们不但不能制出今日由适当分工合作而制成的数量的二百四十分之一,就连这数量的四千八百分之一,恐怕也制造不出来。

通过分工,制针业的劳动生产率提高了,而且生产了更多的产出。但是分工是否能真正实现,取决于这些产出是否能售出。很明显,如果制出的针卖不出去,那么组织这么多人进行分工多做出许多针是没有必要的。因此,分工的实现依赖于市场规模的扩大。只有扩大的市场规模吸收扩张了的产能,分工才是必要的。因此,自从18世纪60年代英国开始工业革命以来,经济增长就依靠市场规模的不断扩张来实现,世界各地区逐渐被纳入到统一的世界市场中去,这就是经济全球化的过程。

在市场机制下,各地区、各国是按照自身掌握的生产要素的比较优势(comparative advantage)参与世界经济分工的。比较优势理论最早由李嘉图(David Ricardo)提出,他认为如果一个国家在本国生产一种产品的机会成本(用其他产品来衡量)低于在其他国家生产该产品的机会成本的话,则这个国家在生产该种产品上就拥有比较优势。处于比较优势的国家应集中力量生产优势较大的商品,处于劣势的国家应集中力量生产劣势较小的商品,然后通过国际贸易互相交换。这种专业分工的结果是,生产变得更加有效率,整个社会可创造的物质财富总量与其整体经济福利都会增加。专业分工带来的总产量增量，就是贸易的好处。那么，贸易的进行也就由此变得顺理成章。同时，更多可分享的总产量本身同样促进着专业分工的发展。

因此，资本主义市场经济的扩张伴随市场规模的扩张和各经济体加入国际分工体系，是经济全球化程度不断加深的过程。特别是20世纪90年代以来，经济全球化得到更加迅速的发展，并出现了一些新的特点，成为人们讨论和分析的热点之一。在经济全球化过程中，生产要素在全球范围内流动，国际分工高度发展，各国间经济联系的加强和相互依赖程度日益提高，经济、市场、技术与通信形式都越来越具有全球特征。

一般地，人们认为推动经济全球化的动力包括：国际贸易和投资自由化是经济全球化的直接动因；新科技革命，特别是信息技术发展，为经济全球化奠定了物质技术基础；越来越多的国家发展市场经济是经济全球化的体制保障；国际金融的迅速发展和跨国公司在全球范围的迅速扩张为经济全球化提供了重要推动力。

当前的经济全球化主要表现在以下几个方面：

① 生产组织从过去以垂直分工为主发展到以水平分工为主。这主要是指国际生产领域中的分工合作及专业化生产的发展。现代生产分工已经不是在国家层次上的综合分工，而是深化到部门层次和企业层次的专业化分工。这种分工在国际进行，形成了国际生产网络体系。

② 产品和服务的国际流动增加。生产总额中出口生产所占的比重大大提高，直接表现为现代国际贸易的迅速增加。世界上几乎所有的国家和地区以及众多的企业都以这种或那种方式卷入了国际商品交换。

③ 资本的国际流动增加。生产和产品的国际化使得国际资金流动频繁，大大促进了投资金融的国际化。目前，世界金融交易量已远远超过了世界贸易量。金融投资的国际化反过来又会促进生产和产品的国际化。

④ 技术贸易量增长，联合技术研发成为发展趋势。由于技术对生产和经济的重要作用，生产国际化自然带动国际技术贸易的不断增长。许多企业形成了全球范围内的研究与开发网络，形成了越来越多的国际联合开发。

⑤ 国家间的经济协作组织和经济联盟增加。在经济全球化过程中，生产、投资、贸易发展的国际化使各国间的经济关系越来越密切，特别表现在区域间的经济关系上，为了适应新形势的发展，各国以区域为基础，形成了国家间的经济联盟和经济合作组织，这些区域组织对世界经济的协调和约束作用越来越强。

经济全球化的过程是生产社会化程度不断提高的过程。在经济全球化进程中，社会分工得以在更大的范围内进行，资金、技术等生产要素可以在国际社会流动和优化配置，由此带来巨大的分工利益，推动世界生产力的发展。经济全球化的积极作用主要有：

① 有利于各国生产要素的优化配置和合理利用。一国经济运行的效率无论多高，总要受本国资源和市场的限制，经济全球化使各国可能最大限度地摆脱本国国内资源和市场的束缚，以最有利的条件组织生产，提高经济效率。

② 促进国际分工的发展和生产力的提高。经济全球化促进了世界市场的不断扩大和区域统一，使国际分工更加深化，各国可以充分发挥自身优势，从事能获得最大限度的比较优势的产品的生产，扩大生产规模，实现规模效益。经济全球化促进产业的转移和

资本、技术等生产要素的加速流动,帮助各国加快产业演进和制度创新,改进管理,开发新产品,提高劳动生产率。

③ 促进国际合作机制形成。经济全球化使参与经济全球化进程的国家出让或放弃部分主权,建立和遵守国际规则,促进了国际协调和合作机制的发展。

但是,经济全球化也会带来一些负面影响:

① 全球化使世界各国的经济紧密联系在一起,这在促进各国经济合作的同时,也使得一个国家的经济波动可能殃及他国,甚至影响全世界,加剧全球经济的不稳定性,尤其会对发展中国家的经济安全构成威胁。

② 经济全球化使各国的经济主权,特别是财政和货币政策的独立性面临挑战。这种挑战有的是为了达成国际经济合作的"主动"让步,有的则是跨国经济力量对各国经济主权的干扰。同时,在经济全球化的背景下,各国资本账户逐渐开放,资本管制的有效性不断下降,各国货币政策独立性削弱。

③ 经济全球化加剧现已存在的贫富差距。全球范围的竞争创造了效率,同时也使一些国家、地区、人群在这一过程中被边缘化,收入增长缓慢甚至停滞。

在劳动、资本、技术等都参与到国际市场和国际分工体系中的同时,各地的自然资源也依其比较优势进入了国际分工体系,自然资源开发利用的强度和方式也受到国际市场的影响。相应地,各地的环境质量也在全球化过程中受到深远的影响,与从整体上看世界经济增长从经济全球化中获益但各地得到的经济收益有差异类似,从整体上看,世界环境因经济全球化承受了更大的压力,但不同地区受到的环境影响也是有差异的。

9.3.2 国际贸易的环境影响

自由贸易是引致全球化的主要渠道。20 世纪 50 年代以来,世界贸易量比产出量增长得更快,世界经济的贸易依存度不断提高。1950—1994 年,世界总产出年均增长 4%,而同期国际贸易量年均增长 6%。在这段时期里,产出增长了 5.5 倍,而贸易增长了 14 倍。进入 21 世纪以来,世界经济的贸易强度进一步提高。按照贸易理论,贸易有利于资源的有效利用,如果自然资源的定价合理,即包括所有的相关成本,则自由贸易会促使环境成本的最小化,从而促进社会福利的最大化。但由于市场失灵和政府失灵的存在,自然资源往往被错误配置,自由贸易也不能实现社会福利的最大化。此时贸易对环境既产生正面影响,也产生负面影响,其对社会福利的最终影响情况取决于正负两种影响的比较。

对于贸易产生的正面影响和负面影响哪个居于主导地位,人们的看法很不相同,一些研究尝试将正面影响论和负面影响论的论点统一在一个分析框架中。如 OECD (1994)将贸易对环境的影响总结为 6 个方面:

① 规模效应。贸易的规模效应具有两面性:其负面影响是在没有相应的产品、技术或政策进步时,贸易量增加会导致污染增加。由于贸易刺激经济增长,包括经济活动和收入的增长,经济规模的扩大会促使资源开发度和污染的增加。在经济结构和资源使用效率一定的情况下,规模效应是负面的。如果存在市场失灵和政策失灵,规模效应的这种负面影响会更明显。规模效应的正面影响是贸易带来经济增长,同时会鼓励生产结构

转型，刺激降低污染强度的技术进步，促进环境保护水平的提高。

② 结构效应。贸易会引起微观经济生产、消费、投资、生产布局等方面的变化，这些变化的环境影响可能是正面的，也可能是负面的。贸易使工业结构向有利于发挥各国相对竞争力的方向转变，在没有市场失灵和政策失灵的情况下，贸易形成的产出结构符合一国的资源环境禀赋。在存在规模经济的情况下，贸易有助于降低经济的污染强度。但是贸易有利于环境保护是有条件的，它要求自然资源和环境资产被正确地估价，否则，贸易会加剧环境的退化。

③ 收入效应。贸易带来国民收入的增加，收入增加从几个方面影响环境：首先，收入增加促进消费增加，并相应地增加环境外部性；其次，收入增加提高人们对环境改善的支付意愿，促进公共环境投资的增加，在相对和绝对水平上提高环境保护投资占整个预算开支的比重。也就是说收入增长能提供更多的资源用于环境保护，并提高环境保护在政府决策中的优先度。如在中国、韩国、墨西哥、巴西等新兴工业化地区环境投资水平都随着经济增长趋于上升。

贸易引致经济增长，如果社会各阶层能普遍享有增长的利益，贫困对环境的压力会降低；但如果在增长过程中穷人被边缘化，穷人在生存的压力下以不可持续的方法使用自然资源，环境退化将加剧。在自然资源属于公共产权物品时，环境退化会更严重。在封闭状态下，穷人开发自然资源是为了生存；在贸易影响下，人们开始为了出口开发自然资源，自然资源的开发强度会大大增加，公地悲剧将难以避免。

④ 产品效应。贸易自由化的产品效应取决于被贸易产品的性质，如果参与贸易的产品是有害于环境的，如有毒化学品、危险废物、濒危物种等，则产品效应为负；如果参与贸易的产品是有利于环境的，如各种“绿色产品”、有利于提高资源使用效率的机器设备等，则产品效应为正。

电子垃圾贸易

电子垃圾(e-waste)指被废弃不再使用的电器或电子设备，从其中可以回收金、铜等多种金属和有用材料，但电子垃圾也含有铅、镉、铬、多氯联苯(PCBs)等多种污染物，处理不当会造成严重的环境污染。

快速的技术更新换代产生了越来越多的电子垃圾，由于环境标准较高，处理电子垃圾的成本高，许多发达国家把电子垃圾出口到中国、印度和一些非洲的发展中国家。较低的环境和劳工标准、低工资、再生材料的高价格刺激了发展中国家进口电子垃圾。

有 100 多个国家加入的《控制危险废料越境转移及其处置巴塞尔公约》及其修正案禁止富国向穷国出口包括电子垃圾在内的各种有害垃圾，以及在那里进行回收和再利用。我国于 1990 年加入该公约。美国没有参加该公约，据 Basel Action Network 估计，美国约 80% 的电子垃圾被运出国。[①]

---

① UNEP. Waste crime-waste risks gaps in meeting the global waste challenge, 2015. http://www.unep.org/environmentalgovernance/Portals/8/documents/rra-wastecrime.pdf

我国于2000年出台规定,禁止包括废旧电脑在内的电子垃圾的进口。但是非法进口电子垃圾的贸易仍然存在。2008年,绿色和平组织在香港拦截了一艘装载电子垃圾的货船,该船来自美国奥克兰港,目的地是广东佛山。[①] 在我国,广东、广西、浙江、天津、湖南、福建、山东等省区都有拆解回收进口电子垃圾的产业链存在。其中,广东的贵屿镇是我国民间电子垃圾回收分解最为集中的地区。手工拆解回收电子垃圾的多是外来务工人员,当地人由此获得丰厚收益的同时也面临着极为严重的污染威胁。绿色和平组织在该地区及周边共收集了44份环境样本,检测结果表明电子垃圾拆解过程中排出大量有毒重金属和有机化合物,导致空气、水体和土壤的重金属含量严重超标。土壤中钡的含量超标10倍以上、锡超标152倍、铅超标212倍、铬超标达1 338倍,水中的污染物含量超过饮用水标准达数千倍。

⑤ 技术效应。贸易自由化有助于促进技术的扩散。先进技术的扩散有助于资源利用效率的提高,因而是有利于环境保护的。

⑥ 规则效应。政府可能由于经济增长而加强环境管制,或由于签订国际环境协议使本国的环境标准提高,也可能由于贸易压力和某些贸易协议中的环境条款放松已有的环境标准。这使得贸易的规则效应可能为正或为负。

图9-12显示了这几种效应。虽然国际贸易会对环境产生种种影响,但国际贸易却不是影响环境质量变化的主要因素,只是在有些情况下会加剧市场失灵和政府失灵对环境的影响。

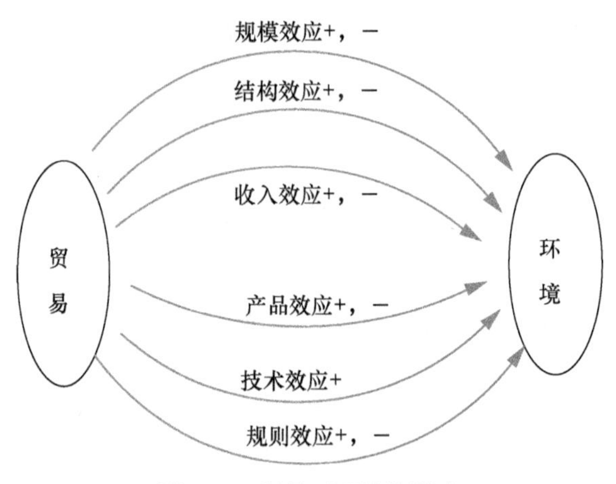

图9-12 贸易对环境的影响

国际贸易对中国环境的影响

改革开放以来,我国的国际贸易额不断扩大。据WTO统计,中国出口额1980年为

① Illegal e-waste exposed. http://www.greenpeace.org/international/en/news/features/illegal-e-waste-exposed140708/

199.41亿美元,到1990年增长到533.45亿美元,2000年增长到2 250.94亿美元,2013年增长到19 499.92亿美元(图9-13)。

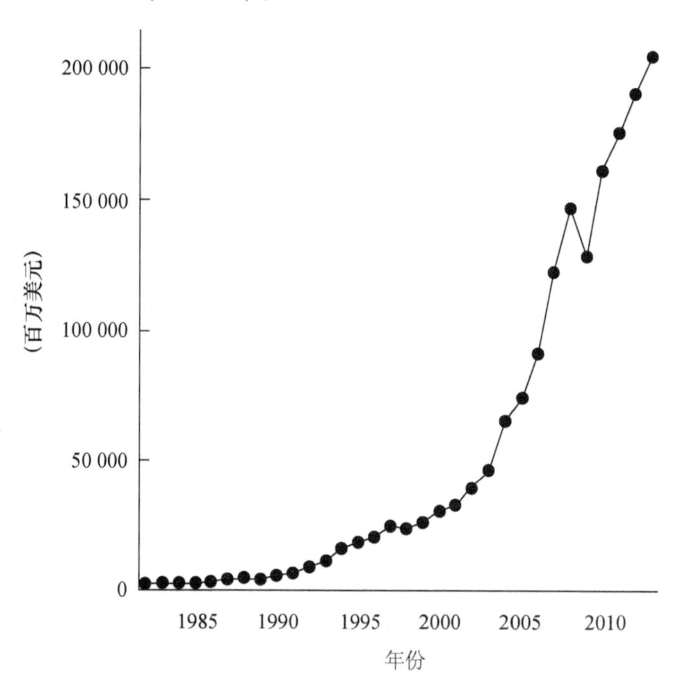

图9-13 中国出口额变化情况

资料来源:www.wto.org。

国际贸易对中国环境的影响既有积极的一面,也有消极的一面。从积极的方面看:

① 国际贸易促进了中国经济增长,从而促进了人们收入水平的提高,改善了环境投资的基础,提高了社会对环境问题的关注程度。

② 国际贸易为中国打开了广大的国际市场,使中国利用自身的劳动力数量和价格优势进行劳动密集型生产,这种参与国际分工的方式对资源和环境的压力较小。

③ 国际贸易扩大了资源的配置范围,使生产和消费活动能够超出中国自然资源和供给范围以及环境的承载容量,缓解了资源短缺对中国经济发展的制约。近年来由于对资源和能源需求的日益扩大,中国进口原材料和能源的数量迅速增加,已成为全球原材料和能源主要进口国。国外废旧物资的进口也是中国进口资源的一种形式,如进口废钢铁、废纸、旧木材、淘汰下来的机电产品等。相对于开采矿产品和其他自然资源来说,废旧物资的重新利用可以提高冶炼和加工效率,既减少了对资源的大量消耗,也减少了直接进口的资源数量。

④ 国际贸易使中国能够引进国外先进技术和设备,提高国内资源利用效率,提高环境治理水平。目前发达国家的资源利用效率和环境治理水平明显高于中国,通过开展技术贸易和货物贸易,直接引进发达国家的先进技术和设备,既可以使中国国内资源的利用效率得到明显提高,也可以迅速提升环境治理水平。

⑤ 国际贸易促使中国向更高的环境标准看齐。近年来,随着关税减让的扩大,国际贸易中出现了许多非关税的绿色壁垒,对产品的生产工艺、原材料、技术规范的排污标准

有了更严格的限制。绿色产品、绿色消费倾向的兴起也使企业要打开国际市场必须遵守更严格的环境标准。在对外开放过程中，中国的企业逐渐与国际市场接轨，为了增强产品的市场竞争力，企业主动或被动地实施清洁生产，生产开发绿色产品。为了提供公平的国内竞争环境，中国的环境管理也在不断向较高的国际标准靠近。从这个角度看，对外开放是有利于环境保护的。

从消极的一面看：

① 贸易是货物或服务的价值交换过程，既承载着一定的经济价值，又承载着一定的资源消耗与环境污染。货物贸易的大量出口，特别是一些高耗能、高污染、资源密集型产品的出口，加速了一些地区不可再生资源的消耗和生态环境退化，加大了环境压力。由于国内资源税和资源补偿费过低，以及环境污染没有真正计入企业成本，我国的资源性产品供给过度，刺激了下游重化工业的过度投资，导致高能耗、高污染、资源密集型产品过多出口。这相当于把污染留在国内，用中国的资源和原材料去补贴国外的消费者，造成中国国民福利的净损失。

② 在中国的废旧物资进口中，含有一些非法有害废弃物，对这些废弃物的处理过程会造成严重污染等环境问题。而且虽然许多进口废物在中国处理后，人们可以提炼一些可回收金属，但这些回收金属常常通过中间商又运回到发达国家，没有起到补充国内资源供给不足的目的，反而在回收提炼过程中污染了国内环境。

研究国际贸易对环境的影响，可以计算为了生产出口产品而产生的污染排放量，计算公式如下：

$$Q = \sum_{i=1}^{n} M_i \times \theta_i \qquad (式 9\text{-}17)$$

其中，Q 是出口贸易带来的污染排放，M_i 是海关统计的第 i 种商品的价值量，θ_i 是生产第 i 种商品的污染排放强度（即每单位产值排放的污染物的数量）。

用式 9-17 计算的污染物含量只是生产出口商品过程中的排放量，但是要生产这些商品还需要其他行业的产品作为中间投入，这些产品的生产也会排放污染物。要完全测算贸易产品引起的污染物排放量，需要借助于投入—产出表。投入—产出表以矩阵形式显示某部门的产出需要其他部门投入的数量，基本形式是

$$X = (I - A)^{-1} Y \qquad (式 9\text{-}18)$$

其中，X 是各部门总产出的列向量，Y 是各部门最终使用的列向量，I 是单位矩阵，A 是直接消耗系数矩阵。按中间投入是否是国内产品，可将 A 分为两个部分 A_D 和 A_M：

$$A = A_D + A_M \qquad (式 9\text{-}19)$$

其中，A_D 是国内投入的直接消耗系数矩阵，A_M 是使用国外投入的直接消耗系数矩阵。各部门的污染排放强度 θ_i 是一个行向量，记作 E。包括各部门产品上游加工、制造、运输等全过程所排放的污染物的完全排放系数 F 也是一个行向量，计算方法是

$$F = E(I - A)^{-1} \qquad (式 9\text{-}20)$$

要计算出口的污染排放，需要剔除生产中使用的国外产品，因此将式 9-20 中的 A 替换为

A_D,即有

$$F' = E(I - A_D)^{-1} \quad (式9-21)$$

则出口中隐含的污染排放量为

$$C = F'M = E(I - A_D)^{-1}M \quad (式9-22)$$

这里 M 是各部门出口商品价值量的列向量 $\begin{bmatrix} M_1 \\ M_2 \\ \vdots \\ M_n \end{bmatrix}$。

9.3.3　外国直接投资的环境影响

从全球来看,资本流动的规模大于贸易流动的规模,而外国直接投资(foreign direct investment,FDI)在跨国资本流动中占主导地位,是全球化影响环境的重要渠道。对于发展中国家来说,引进 FDI 是促进经济增长的主要动力之一,引进 FDI 至少有以下几个方面的好处:

① 弥补投资缺口。根据钱纳里的分析,发展中国家在储蓄、外汇吸收能力等方面的国内有效供给与实现经济发展目标的需求量之间存在缺口。利用外资既能解决国内资源不足的问题,促进经济增长,又能减轻因加紧动员国内资源以满足投资需求和冲销进口出现的压力。

② 学习先进技术。伴随外资的引入,发展中国家可以学习先进的技术、管理、市场经济中的经营理念等。

③ 扩大出口。引进外资对打破国际市场的进入壁垒、促进出口也起到很大的作用。

④ 增加就业和财政收入。FDI 不仅直接雇用劳动力,还通过前后向的产业联系间接地创造就业机会,有助于缓解就业压力。以我国为例,2014 年,在外资和港澳台资企业就业的劳动力有 2 955 万人,占城镇就业人口的 7.52%。

⑤ 增加财政收入。FDI 扩大了社会资本规模,也促进了财政收入的增加。例如,我国涉外税收总额由 2002 年的 3 487 亿元增长到 2012 年的 21 768.8 亿元,占全国税收总额的比重保持在 20% 左右。①

FDI 进入的许多行业,如制造、采矿、供水、卫生等都与自然环境和资源开发有关。因此,FDI 与资金流入国的可持续发展及环境变化联系密切。与国际贸易产生的影响类似,FDI 也会通过规模效应、结构效应、收入效应、产品效应、技术效应、规则效应等影响资金流入国的环境。在各类效应中,人们比较关注结构效应。

对于外国直接投资产生的结构效应,有一个重要的假说——"污染避难所"(pollution haven)假说。该假说认为,由于各国环境管制力度不同,环境管理较宽松的国家易成为发达国家污染行业和企业的落脚点,使得这些国家引进的 FDI 更多投资于污染密集行业。与发达国家相比,发展中国家的环境管制力度较小,易成为"污染避难所"。

---

① 中华人民共和国商务部. 中国外商投资报告[R]. 2013: 17. http://images.mofcom.gov.cn/wzs/201312/20131211162942372.pdf

如果“污染避难所”假说成立，它应该在国际贸易的格局中体现出来：发展中国家的重污染产业产品的出口量增长应快于进口量的增长，导致这些产品的进口/出口比例下降，而发达国家同类产品的进口/出口比例上升。Mani 和 Weeler(1998)考察了国际贸易数据，发现在钢铁、非金属、工业化学产品、纸浆及纸张、非金属矿物产品等五个严重污染部门，污染避难所曾经出现过。20 世纪 70 年代初期以后，日本这些行业的进口/出口比例迅速上升，而新兴工业经济体的这些工业部门的进口/出口比例却有极大的下降。10 年后，同样的情形又出现在中国及其他东亚发展中国家。但在每个地区，这种现象并不长久。目前亚洲新兴工业经济体和东亚发展中国家的污染部门的进口/出口比例都大于 1，都是对发达国家高污染产品的净进口国(图 9-14)。

为了检验污染避难所假说，许多学者还进行了调查，但没有发现能证明这一假说的证据。调查结果显示：在选择向哪里投资时，企业会考虑包括环境管理在内的许多因素，如当地市场规模、劳动效率、基础设施可得性、利润汇回国内的方便性、政治稳定性、财产被收缴的风险等。环境管理的宽严不是影响企业选址的决定性因素(表 9-9)。

表 9-9　环境规则与企业选址的相关研究

研究	样本	结果
Epping(1986)	1958—1977 年对制造业的调查	在 54 个影响布局的因素排序中，污染规则排在第 43—47 位
Fortune(1977)	1977 年对 1 000 个美国最大的企业的调查	有 11% 的企业将环境规则排在前五位
Schmenner(1982)	Dun 和 Backstreet 对 500 个 1972—1978 年设立的分厂的抽样调查	环境规则不在前 6 名
Wintner(1982)	Conference Board 对 68 个城市制造厂商的调查	在选址因素中，43% 的厂商提到环境规则
Stafford (1985)	对 70 年代末和 80 年代初设立的 162 家分厂的问卷调查	环境规则不是重要因素，自我定位“不清洁”的工厂将环境规则作为中等重要因素
Alexander Grant	对工业联合会的调查	环境成本的比重不足 4%，但随时间略有上升
Lyne(1990)	*Site Selection* 杂志 1990 年对企业选址的调查	在被要求选择 3—12 个影响选址的因素时，有 42% 的被调查者选择了“清洁空气立法的州”

资料来源：Panayotou, T. Globalization and environment. CID Working Paper No. 53, 2000.

“环境倾销”(environment dumping)与“环境关税”(environment tariffs)是基于“污染避难所”假说的两个概念。环境倾销的含义是为了吸引外资、增强出口产品竞争力，各国可能竞相降低自己的环境标准，使自己成为“污染避难所”，此时可能会出现“环境倾销”。为防止“环境倾销”，进口国需要对有嫌疑的进口品征收“环境关税”。

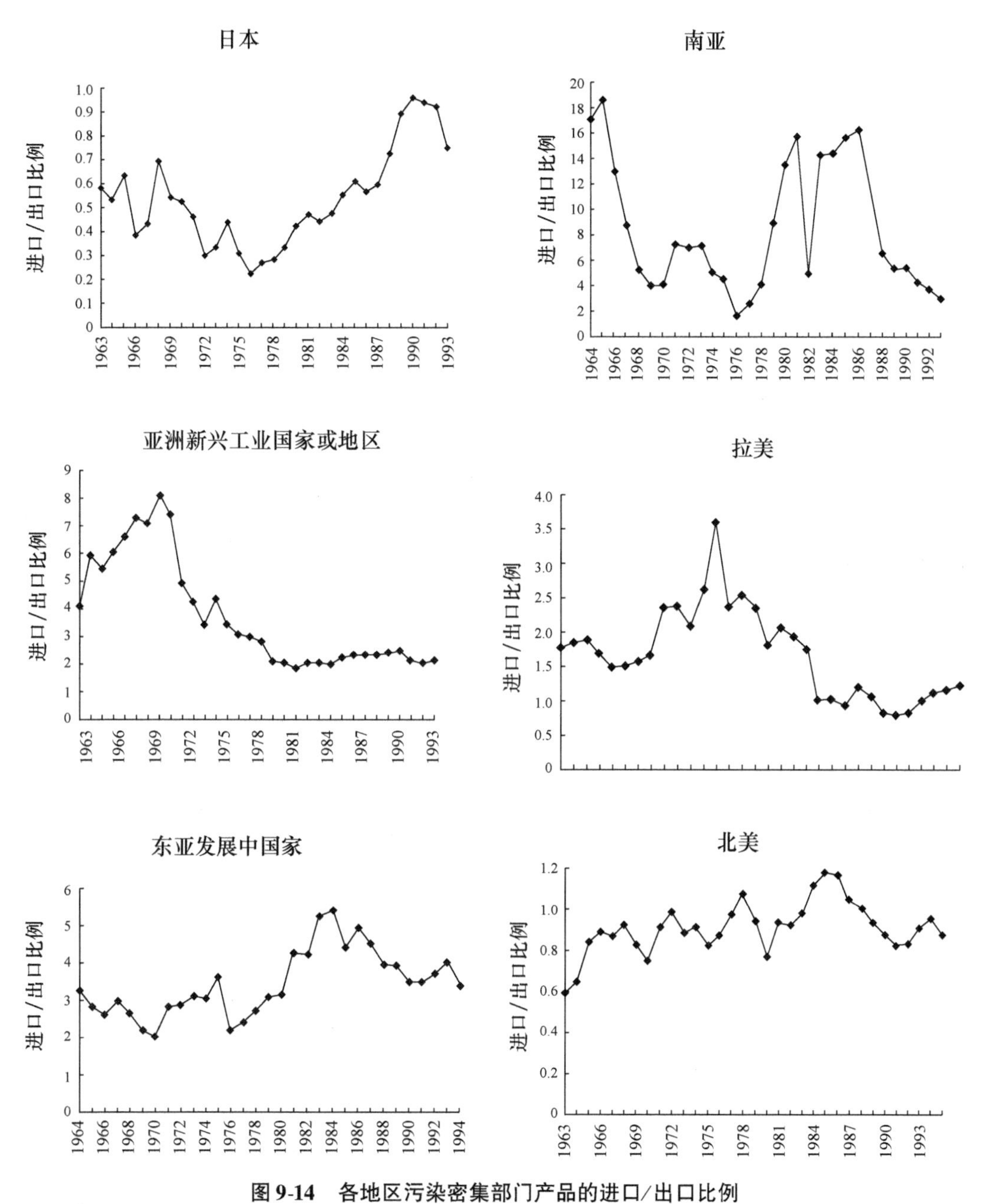

图9-14　各地区污染密集部门产品的进口/出口比例

资料来源：Mani & Weeler. In search of pollution havens? dirty industry in the world economy, 1960—1995[J]. The Journal of Environmental & Development, 1998, 7(3): 215—247.

碳　关　税

碳关税是一种边境调节税，它是对在国内没有征收碳税或能源税、存在实质性能源补贴国家的出口商品征收特别的 CO_2 排放关税。征收碳关税的思想最早由法国前总统希拉克提出,他认为为了削减温室气体排放,欧盟国家生产的商品的成本将加大,在国际贸易中处于不利的竞争地位,特别是境内的钢铁业及其他高耗能产业,所以欧盟国家应针对未遵守《京都议定书》的国家课征商品进口税,比如对退出《京都议定书》的美国的进口产品征收"碳关税"。2009 年 6 月,美国众议院通过的一项征收进口产品边界调节税的法案,计划从 2020 年起开始实施"碳关税"——对进口的排放密集型产品,如铝、钢铁、水泥和一些化工产品,征收特别的 CO_2 排放关税。

目前世界上还没有征收碳关税的范例。我国认为征收"碳关税"是以环境保护为名,行贸易保护之实。这种做法违反了 WTO 基本规则,也违背了发达国家和发展中国家在气候变化领域承担"共同而有区别的责任"的原则,会扰乱国际贸易秩序,损害发展中国家利益。

跨国公司是外国直接投资的主要载体。它们有两个核心特征:一是巨大的规模,二是由母公司集中控制的世界范围内的运作和活动。跨国公司是世界贸易迅速全球化的主力军,它控制了超过 70% 的国际贸易量,并主宰着来自发展中国家的许多商品的生产、分配和销售。几乎 1/4 的国际交换是跨国公司的内部销售,许多跨国公司的年销售额超过它们进入的发展中国家的 GDP。对跨国公司的环境影响的讨论集中在其环境表现上:跨国公司是否是发达国家向发展中国家进行污染转移的实施者?与本地企业相比,跨国公司的环境表现是更好还是更差?

① 污染转移的实施者?在"污染避难所"假说的基础上,人们怀疑跨国公司是发达国家向发展中国家进行污染转移的实施者。前面的分析已经表明,环境成本对企业选址的影响并不大。但在现实中,的确有许多跨国公司在发展中国家进行污染密集型行业的投资。应如何看待这一现象呢?

按照工业化发展的规律,在发展早期,污染强度大的行业比重上升是正常现象。一国的工业化发展过程中,产业结构的演进有一些规律。从三次产业分类上看,在发展的初期,第二产业尤其是工业迅速发展,第一产业比重下降,产业结构由"一二三"型转变为"二一三"或"二三一"型;到发展的后期,第三产业得到快速发展,其在经济中所占的比重迅速上升,产业结构变为"三二一"型。工业内部结构的变化也有阶段性的特点。在发展的初期,由于受技术、资本等条件约束,发展中国家一般选择从劳动密集型产业或自然资源密集型产业起步,然后是重化工业等资本技术密集型产业的迅速发展,最后才是电子、生物技术等高技术含量产业的迅速发展。第二产业的污染强度比第一、三产业大,而在工业内部自然资源密集型产业和重化工业的发展也会产生较多的污染。因此在发展中国家的增长过程中产业结构向污染密集型转变是不足为奇的,而跨国公司投资于发展中国家的污染密集型产业也有其合理性。跨国公司在发展中国家进行投资更多地是为了利用这些国家投入品价格的相对优势和占领市场,环境管理对跨国公司的产业结构不构成明显的影响。

从规模效应的角度看,跨国公司增大了经济规模,有可能加剧环境破坏。从结构效应的角度看,跨国公司投资于污染密集型产业也可能增加污染排放量。似乎跨国公司投资是对环境不利的,但我们不是在引进跨国公司的投资、破坏环境和不引进投资、不破坏环境间进行选择,而是在引进投资、破坏环境和完全靠内资发展、经济增长缓慢造成更大的环境破坏间进行选择。从这个角度看,跨国公司的投资还是有利于所在国的环境保护的。

② 比国内企业更脏?有几个因素使得与本地企业相比,跨国公司的环境表现有可能相对较好[①]:由于是客人,跨国公司在投资国的行为更谨慎,更关注环境表现;跨国公司更易于接触国外的先进技术,是先进生产技术和环境友好技术的"通道",在环境保护方面可起到示范和领导作用;跨国公司的规模较大,能够更好地分摊环境管理成本;跨国公司在金融、管理技术资源上占有优势,能更好地解决由于管理漏洞造成的资源浪费和污染现象;由于工资相对较高,跨国公司所使用的管理者更专业,工人的技术水平更高,有助于提高资源的利用效率,减少废物排放。

实际上,跨国公司的环境表现与所在国的环境管制严格程度直接相关,与本地企业相比,跨国公司的环境表现不一定更优。这是因为在许多发展中国家环境监管力量不足,而且急于发展地方经济,可能为了吸引投资降低自己的环境标准,而跨国公司由于实力强大,谈判能力强,可能争取到更优惠的投资政策,造成更严重的环境退化。博帕尔事件是发达国家将高污染高危害企业向发展中国家转移的一个典型恶果。[②]

FDI与中国环境

引进外资是我国对外开放的一个重要方面,图9-15显示了我国净流入的FDI的增长情况。可以看出,自20世纪90年代以来,我国吸引的外资持续增长,2014年,实际利用外资额1 200亿美元。外资在促进我国经济增长和提供就业机会方面发挥着重要的作用。

FDI对中国环境质量产生积极和消极的双面影响:

在积极影响方面,随着中国利用FDI规模的扩大和结构的不断改善,FDI成为促进市场机制形成和改革深化的一支重要力量。FDI进入加剧了产业内部的竞争,工业部门尤其是制造业FDI作为非国有经济的重要组成部分,有助于形成竞争性市场,这些工业部门由于进入了大量的外资企业,从20世纪80年代中期以来大多数产业内部的竞争越来越激烈,竞争机制对产业的技术进步和生产率提高起着有力的促进作用。竞争还迫使国有企业和集体企业进行体制改革,提高企业运行效率,促进了中国的技术进步和产业结构升级,在提高资源利用效率的同时,也提高了治理环境污染的能力。

与国内企业相比,大型跨国公司掌握更先进的清洁生产工艺技术和管理经验,出于

---

① 转自:Rolf-Ulrich Sprenger, Michael Rauscher. Economic globalization, FDI, environment and employment. in Paul J. J. Welfens. Internationalization of the economy and environmental policy option[M]. New York, Springer Co., 2001:79—124.

② 1984年12月3日凌晨,印度中部博帕尔市北郊的美国联合碳化物公司属下的印度公司的农药厂发生的严重毒气泄漏事故。事故造成2万多人死亡,20万人受到波及,附近的3 000头牲畜也未能幸免于难。在侥幸逃生的受害者中,孕妇大多流产或产下死婴,有5万人可能永久失明或终身残疾。

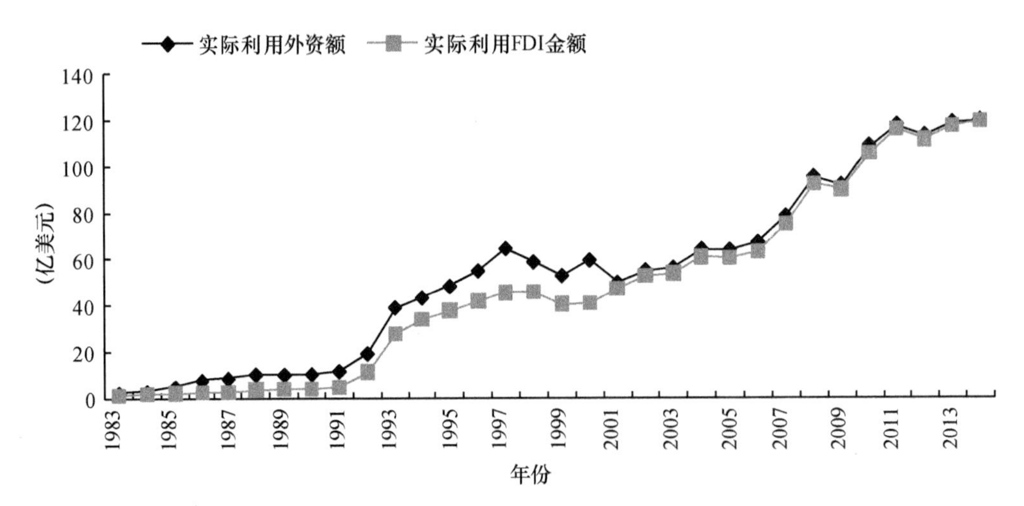

图 9-15　中国利用外资和 FDI 的情况

资料来源:《中国统计年鉴》。

自身利益的考虑,也能更好地遵守环境规则。许多大型跨国公司注重环境保护等方面的社会责任,投资的同时也带来了先进的污染防治技术、环境管理思想和方法,积极开展清洁生产,在中国环境保护领域起到了一定的示范作用,这些企业的技术转移和示范作用有力地促进了清洁生产技术的扩散。

FDI 对环境的负面影响主要表现在加剧了中国的贸易摩擦和地区经济发展不平衡问题,特别地,FDI 所选用的技术虽然高于国内一般水平,但远非国际先进水平,资源效率和环境绩效低于发达国家本土的先进技术。由于这些技术投入的锁定效应,不可能立即采用更先进的技术,因此推迟了产业的技术升级和创新,使中国的资源环境压力难以有效缓解。而 FDI 投资于一些高污染产业也加剧了中国资源、环境的压力。

综合考虑 FDI 对中国发展与环境的影响,既应认识到其提高资源配置效率的积极作用,也要对其负面的环境影响予以关注。特别是中国目前自然资源价格低、环境标准低、环境法规不健全、环境执法不严,许多地方的引资政策还片面地将引资数量当成政绩指标,会加大 FDI 的负面环境影响。

就 FDI 对中国环境的影响,国内外学者也进行了大量的实证研究,这些研究关注的焦点集中在两个方面:

① FDI 的投资结构是否更多集中于污染密集型行业,中国是否成为污染避难所?对这一问题进行研究的方法是测算外资投资行业中污染密集型行业所占的比重,并将其与中国或外资来源国的行业结构进行比较。

从统计数字可以看出,FDI 在我国的大部分投资分布在制造业,采掘业和电、气、供水部门的投资比重较低。据 2004 年工业普查资料,FDI 在污染密集型行业的投资比重较大,投资于污染密集型行业的企业有 8 786 家,工业总产值 11 983 亿元,从业人数 181 万人,占“三资”企业相应指标的 15%、18% 和 10%。在这些污染密集型行业中,化学、冶金业的投资居领先地位。FDI 虽然在污染密集型行业有大量的投资,但与国内工业比较起来,外商投资企业行业结构的污染密集程度并不显得更大(表 9-10)。

表 9-10　乡及乡以上独立核算工业企业的行业结构　单位:%

	全部工业				“三资”企业			
	1980	1985	1995	2004	1980	1985	1995	2004
采掘业	7.99	7.35	6.35	5.59	0	0.31	0.7	0.77
化学工业	13.04	12.46	13.36	6.31	0.38	6.23	12.46	5.14
非金属矿物制品	4.22	4.95	5.49	4.48	1.21	0.36	3.29	2.20
冶金工业	9.35	8.76	9.16	10.59	0	2.79	3.77	4.79
造纸及纸制品	1.87	1.82	1.85	1.79	0	0.37	1.61	1.73
电力、煤气及水的生产供应	4.30	3.67	4.58	7.17	0	0	3.16	2.76
合计	40.57	38.82	40.79	35.93	1.59	10.06	34.99	17.39

资料来源:根据《我国工业发展报告(1998)》第 93 页表中有关数据及《中国经济普查年鉴 2004》整理。

② 各省区的环境管制力度不同,会不会影响到其对外资的吸引力?各省区吸引的外资的行业结构会不会因此有所不同,使得环境管制力度小的省区吸引的外资更多地集中在污染密集型行业上,成为污染避难所?对这一问题进行的实证研究多使用以下模型进行估计,

$$FDI_{i,t} = f(ER_{i,t}, A_{i,t}) \quad (式 9\text{-}23)$$

这里 $FDI_{i,t}$ 是 i 地区在 t 年吸引的外资量,$ER_{i,t}$ 是 i 地区在 t 年的环境管制强度,A 是其他影响吸引外资的因素,如工资水平、基础设施的完善程度等。由于选取的指标、样本不同,已进行的研究的结论并不一致。

中国环境威胁论

中国经济的快速增长和融入世界经济体系的不断深化,使一些学者对中国可能带来的环境影响产生了疑虑和恐慌。

“中国环境威胁论”是“中国威胁论”的一种表现形式。后者出现于 20 世纪 90 年代,苏联的解体使美国等西方国家失去了一个重要的“敌人”。由于中国自改革开放以来一直保持良好发展势头,综合国力不断提高,引起美国等西方国家和一些周边国家的警惕,他们认为中国的崛起将改变世界地缘经济和政治格局,中国将成为潜在的对手挑战美国的“霸主”地位,威胁其固有的政治利益和经济利益。这种担心具体到环境领域就形成了“中国环境威胁论”。

1994 年,美国世界观察研究所所长莱斯特·布朗发表了《谁来养活中国——来自一个小行星的醒世报告》的报告。该报告认为,中国水资源日益严重短缺,工业化进程大量侵蚀破坏农田,同时每年新增加大量人口,中国为了养活十多亿的人口,可能从国外进口大量粮食,引起世界粮价的上涨,对世界的粮食供应产生巨大的影响。在报告中,布朗警告世界:“食品的短缺伴随着经济的不稳定,其对安全的威胁远比军事入侵大得多。”布朗报告引起西方舆论界高度关注,《纽约时报》、《华盛顿邮报》、《洛杉矶时报》、《华尔街日

报》等纷纷报道,部分报刊还发表了评论。继布朗发表报告不久,美国世界政策研究所研究员马丁·沃克提出了美国和西方对中国的遏制对策,包括“污染遏制”、“能源遏制”、“生活方式遏制”、“饮食遏制”、“贸易遏制”等。

2001年,莱斯特·布朗的另一本书——《生态经济》对中国的经济发展模式提出质疑,又一次将中国水资源短缺、农田减少、环境恶化等问题摆在世人面前:在粮食、肉类、钢铁、石油和煤炭等五种基本商品中,除了石油以外,中国的消费量都已经超过美国。如果中国的经济继续以每年8%的速度增长,到2030年,中国人均收入会和美国现在的水平持平,如果我们假设那时候中国的消费者像现在美国消费者那样消费的话,地球将不堪重负。如果中国对纸张的人均消费赶上美国,中国纸张的消费量将是世界现有产量的2倍。如果中国也像美国一样,达到每4人有3部车的水平,那么中国将有11亿辆汽车,比目前全球拥有的8.6亿辆汽车多很多。中国那时将每天消费9 000万桶原油,而目前全球每天的原油产量是8 400万桶……

2006年英国《金融时报》发表《美国指责中国“出口”空气污染物》的报道,报道称美国环境保护署署长史蒂芬·约翰逊透露:“中国在向远至美国等地排放大量的空气污染物,其中包括燃煤电站所排放的汞物质”,“这是(中国污染)对美国最为直接的影响”。

一些环保组织指责中国“出口本身的森林砍伐问题到国外”,认为现在中国已经成为世界的“资源猎手”,能源资源、食物资源、水资源样样都不放过。为了满足中国的需求,亚马逊原始森林遭到破坏。为获得更高的产量,转基因大豆开始广泛种植。用于生产生物乙醇的农作物的栽植面积也在扩大,有可能给亚马逊生态系统造成不可逆转的破坏(英国环保组织“全球见证”)。

但是也有一些研究不同意这种看法,认为主要消费国通过国际贸易把污染和环境问题转嫁给中国。

英国“新经济基金会”认为当中国的污染排放量上升时,每个人都在指责中国,但真正的责任却在于欧洲、北美和世界其他地方的最终消费者。西方发达国家依赖中国产品,从而变相地把废气排放量转嫁到中国。因此,应将气候变化的讨论焦点从商品生产国转移到商品消费国。

一项美国的研究认为,中国碳排放中的14%应归因于向美国出口。美国的碳排放有所下降,是由于其利用国际贸易体系进口碳密集型产品、将碳排放的压力转移到国外。2004年,美国就通过进口产品进口了18亿吨的碳,相当于其当年排放的30%,其中许多商品来自中国。

奥斯陆国际气候与环境研究中心则认为约三分之一的中国的碳排放是出口的结果。因此,西方发达国家应对中国的碳排放负直接责任。

总之,经济全球化带来的环境影响是复杂的、长远的,由于这些影响的累积还伴随着巨大的不确定性,要认识经济全球化的环境影响,还需要进行深入的研究。

9.4　增长的极限

人口和经济增长扩大了人类利用自然资源的规模,加大了人类对环境的影响力,而经济全球化则促进了全球经济增长,并使各地经济活动的环境影响扩展到遥远的地方。由于地球是一个有限系统,从整体上看,其资源供给能力和环境承载能力都是有限的,那么如果人口和经济持续增长,是否会突破自然生态系统的承载能力,带来灾难性的后果呢?

1972 年出版的《增长的极限》一书引发了对这一问题的讨论,该书是罗马俱乐部出版的一份研究报告。研究者们建立了一个大型计算机模型,用系统动力学方法进行分析并预测了未来的世界状况。模型考察了五个可能限制经济增长的基本因素[①]:人口、农业生产、自然资源、工业生产和污染。在该模型中,他们假定各种主要资源的供给数量不变,如可利用的土地和可耗竭的资源存量,而对这些资源的需求则呈现指数型增长。各种相关要素通过正负反馈环相互作用,经过计算机模拟,世界未来发展前景如图 9-16 所示:

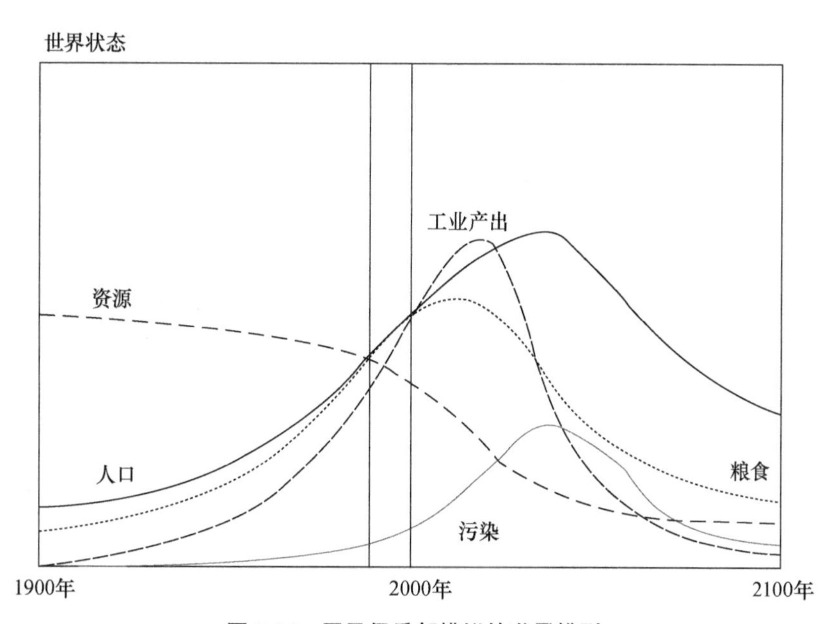

图 9-16　罗马俱乐部模拟的世界模型

① 过度消耗和突然崩溃。由于人口增长和经济增长,在一段时间内,人类社会将用完工业赖以生存的不可再生资源,使人口和工业生产力有突然的不可控制的衰退。

② 单个解决方案的无效性。在标准模型的基础上,研究者在不同的假设条件下对未

① 系统动力学用反馈环来解释行为。反馈环是一种封闭路径,这种路径将一个行为与它对环境的影响联系起来,由此而影响它以后的行为。反馈环分为两种:对初始行为有加强作用的反馈是正反馈,对初始行为有限制和减弱作用的反馈是负反馈。

来进行了模拟:资源储量加倍、技术进步、实行控制污染的政策等。但模拟的结果显示这些新的假设并不能改变模型的基本结论。单个方案只能解决一个限制性因素的问题,但少了这个限制又会形成新的限制,世界模型最终都逃不脱崩溃的结果。

③ 以零增长避免崩溃。研究者认为世界发展的结果只有两个:一是通过政策限制人口膨胀、减少污染、停止经济增长来避免社会崩溃;二是通过争夺有限自然资源的冲突引起社会崩溃,在这两种结果中经济增长最终都会停止。为避免社会崩溃的结局,人口和经济规模都应实现零增长(图 9-17)。

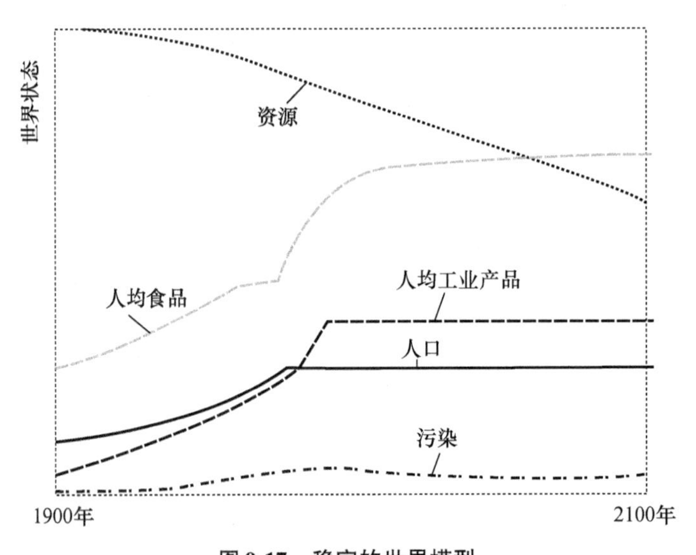

图 9-17 稳定的世界模型

《增长的极限》的出版引起了学者们的热烈讨论,一部分学者同意《增长的极限》中提出的观点,认为经济增长和环境质量之间的取舍是一个两难问题。经济增长意味着更多的产出,而要得到更多的产出要求更多的投入,这势必要加大对环境资源的开发力度,同时产生更多的环境污染。经济增长和环境质量改善这两个目标是难以同时达到的。人类社会要实现可持续的发展,唯一的办法是降低经济增长速度甚至停止增长。持这种观点的代表学者有博尔丁(Kenneth Ewart Boulding)、乔治库斯-罗根(Nicholas Georgescu-Roegen)、戴利(Herman Daly)等人。

① 博尔丁的观点:博尔丁曾于 20 世纪 60 年代提出宇宙飞船理论,他认为地球就像一只孤立的宇宙飞船,它的生产能力和净化污染的能力是有限的,量度经济成功与否的标准不是产品和消费,而是资本存量的性质和自然资本的维持。

② 乔治库斯-罗根的观点:乔治库斯-罗根将热力学的两个定律用来分析经济系统,他认为经济系统扎根于物质基础之中并受到其制约,这些约束使经济活动的演化成为单方向的、不可逆的过程(类似沙漏)。经济活动的核心是消耗环境中的低熵,而低熵值是一种稀缺的资源,最终会被消耗完。

③ 戴利的观点:戴利认为目前人类以日益增长的速度消耗资源和损坏自然资本,这

种增长是缺乏效率的,也是不可持续的。人类应当走向稳态经济。

但是,也有不少学者对《增长的极限》持反对态度。对《增长的极限》的批评主要认为世界模型低估了市场价格机制和技术进步的作用,夸大了人口和经济增长带来的资源环境压力。持这种观点的代表学者有西蒙(Julian L. Simon)、贝克曼(Wilfred Beckerman)、隆伯格(Bjorn Lomborg)等人。

① 西蒙的观点:从历史上看,人们生活标准的提高都伴随着世界人口的增长。随着收入的增加,人类很少遇到严重的短缺,可用资源的数量也在增长,更多的人享用到更清洁的环境和更好的自然娱乐区域。没有很让人信服的理由说明为什么这种生活变好的趋势,以及原材料(包括食物和能源)价格降低的趋势不会持续到永远。价格机制将解决资源的稀缺问题。资源接近稀缺就会促使价格上涨,而价格上涨会刺激供给商寻找更多资源,同时刺激用户尽量少用这种资源、积极寻找替代品。对于污染问题,收入增长使得人们对于环境的质量要求更高,同时也有能力负担得起治理环境的费用,因此收入的增加会伴随着污染的减少。人类最终依靠的资源是人力资本,是人类的想象力和创造力,而这一资源是不会枯竭的。《增长的极限》的最大缺陷是"短视",没有充分估计到人类想象力的作用,才将有限的资源限制视为导致过度消耗和社会崩溃的主要原因。

② 贝克曼的观点:技术进步会扩大自然边界,经济增长会导致经济结构的变化,使经济由依赖自然资源开发利用的传统工农业向依赖人力资源开发利用的信息业、虚拟经济转变,出现"去物质化"(dematerialization)的倾向,这将减轻增长对环境的压力。经济增长还会使清洁生产技术得到发展,而清洁技术在传统产业中的应用有助于减轻经济活动对环境资源的压力。良好的环境质量是一种奢侈性产品,随着经济增长带来的人均收入水平的不断上升,环境产品的有效需求将扩大,人们会消费更多的环境产品,从而会拉动环境产品的供给,促进环境的保护和改善。经济增长带来社会财富的增加,也使将更多的资本投入环境治理保护成为可能。尽管在经济发展的初始阶段经济增长常常导致环境退化,但最后在大多数国家,保护环境最好的甚至唯一的办法就是变得富裕起来。

③ 隆伯格的观点:在过去400年里人类文明带来了了不起的持续的发展,总体上看没有理由去认为这一发展将不会继续下去。在全球变暖、人口增长、物种灭绝、资源枯竭等问题上,人类普遍夸大了环境危机。在环境问题上,人类不能漠不关心和无所作为,但夸大其词和悲观论调只会给人类带来不必要的恐慌,并浪费有限的资源和精力,而忽略真正亟待解决的问题,例如非洲的饥荒。

可见,对于增长与环境的关系,增长是否有极限,人们的认识存在很大的差异。皮尔斯(D. W. Pearce)按照对经济增长的态度不同,将这些主张分为四种:彻底支持、有条件支持、温和反对和激烈反对,并将其定义为极弱可持续性、弱可持续性、强可持续性和极强可持续性(表9-11)。

表 9-11 关于经济增长对环境质量影响的 4 种观点

对经济增长的态度	可持续性的类别	经济增长对环境质量影响的观点	政策建议
彻底支持	极弱可持续性	经济增长和环境质量间存在直接正相关关系。经济增长刺激有利于环境的技术进步;环境质量是一种奢侈品,经济增长使人们对环境质量的有效需求增加,它对环境质量是有利的。	促进经济增长,保证自由市场机制的正常运转。
有条件支持	弱可持续性	尽管产出增长会对环境质量造成潜在的威胁,但经济增长可为环境保护提供资金,经济增长还是环境政策实施的前提,经济增长和环境质量间是正相关关系。	在促进经济增长的同时,鼓励环境政策的实施。
温和反对	强可持续性	经济增长带来物质产出的增加,它对环境质量是有害的,环境政策虽有助于减缓环境退化,但在增长的经济体中,环境政策的作用是有限的。	采用降低污染密集型产业增长速度的环境政策。
激烈反对	极强可持续性	经济增长带来物质产出的增加,从长期看,经济增长对环境是有害的,环境政策的实施对环境质量有暂时的正面作用,但如果不停止增长,环境质量不会有根本性的好转。	降低经济增长速度甚至停止经济增长。

从《增长的极限》出版到现在,四十多年过去了,许多国家已相继完成了人口转变,世界人口虽然还在增长,但增长速度已放缓,世界经济规模虽然扩大了,但许多国家的环境指标有所好转,各种自然资源并没有变得更稀缺。

赌局:不可再生资源是否会消耗完

正方:美国斯坦福大学的保罗·艾里奇,认为由于人口爆炸、食物短缺、不可再生资源的消耗、环境污染等问题,人类前途不妙。随着不可再生资源的消耗,其价格将大幅度上升。

反方:美国马里兰州立大学的朱利安·西蒙,认为人类社会的技术进步和价格机制会解决人类发展中出现的各种问题,人类前途光明。不可再生资源决不会枯竭,所以价格不但不会大幅度上升,反而还会下降。

赌局:两人选定了 5 种金属:铬、铜、镍、锡、钨,各自以假想的方式买入 1 000 美元的等量金属,每种金属各 200 美元。以 1980 年 9 月 29 日的各种金属价格为准,假如到 1990 年 9 月 29 日,这 5 种金属的价格在剔除通货膨胀的因素后上升了,西蒙就要付给艾里奇这些金属的总差价;反之,假如这 5 种金属的价格下降了,艾里奇将把总差价支付给西蒙。

结果:这场赌局耗时 10 年。到 1990 年,这 5 种金属无一例外地跌了价。艾里奇输了,他很守信用,把自己输的 576.07 美元交给了西蒙。

在这期间,《增长的极限》的作者对原书做了两次修订,出版了《超越极限》(*Beyond*

the Limits, Meadows, et al. 1992)和《增长的极限:30年修订》(*Limits to Growth*: *The 30-Year Update*,*Meadows*, *et al.* 2004),其基本研究结论与1972年版本大致相同,都认为物质消费和人口数量的无限增长是不可行的,人类需要大幅提高资源和能源使用效率,强调生活的充裕、公平和质量,而不是产出量,但对人类采取应对政策的作用给出了更积极的评价。

环境容量和环境承载力

对《增长的极限》的讨论离不开对环境容量(*environment capacity*)和环境承载力(*environmental bear capacity*)的认识和衡量。环境容量指某一环境区域内对人类活动造成影响的最大容纳量。大气、水、土地、动植物等都有承受污染物的最高限值。就环境污染而言,污染物存在的数量超过最大容纳量,这一环境的生态平衡和正常功能就会遭到破坏。一个特定环境的容量大小,取决于环境本身的状况。比如流量大的河流比流量小的河流环境容量大一些。污染物不同,环境对它的净化能力也不同。比如同样数量的重金属和有机污染物排入河道,重金属容易在河底积累,有机污染物可很快被分解。

环境承载力是在环境容量的基础上发展起来的概念,指在一定时期内,在维持相对稳定的前提下,一定区域的环境资源所能容纳的人口规模和经济规模的大小。它反映了环境与人类的相互作用关系,被应用在环境科学的许多分支学科中。环境既为人类活动提供空间和载体,又为人类活动提供资源并容纳废弃物,为人类社会生存发展的需要提供支持。但环境系统本身是有限的,环境容量也有是限的,这使得在一定技术水平和社会经济发展阶段中,一定地域内的环境承载力也是有限的。如今存在的种种环境问题,大多是人类活动与环境承载力之间出现冲突的表现。环境承载力研究的起源可以追溯到马尔萨斯。马尔萨斯认为人口有按几何级数增长的趋势,而土地、粮食等生活资源按算术级数增长,后者的有限最终会阻止人口的增长。达尔文在进化论观点中采用了人口几何增长和资源有限约束的观点。人口统计学采纳马尔萨斯的观点,将马尔萨斯的理论用逻辑斯蒂曲线的形式表示出来,用容纳能力指标反映环境约束对人口增长的限制作用(图9-16)。

人们经常用环境能承载的最大人口数量作为环境承载力的指标。但这一指标有很大的可变性。首先,环境承载力本身是动态的,承载力的大小会随时间、空间和生产力水平的变化而变化;其次,人口的生活消费水平和社会福利不同,其造成的环境压力会有很大的差异。所以,不同学者就同一地域进行研究所得出的环境承载力往往有很大的差异。比如对中国的环境能承载多少人口的问题,我国学者就有过以下研究:

孙本文(1957):8亿;

田雪原,陈玉光(1981):6.5亿—7亿;

宋健等(1981):6.5亿;

胡保生(1981):7亿;

中科院自然资源综合考察委员会(1986):上限16.6亿,15.1亿;

中科院国情分析研究小组(1989):9.5 亿,16 亿;
胡鞍钢(1989):上限是 8.09 亿—20 亿,系列数据;
朱国宏(1996):上限是 16 亿;
袁建华(1998):上限 16 亿,14 亿,适度 11.45 亿;
毛志锋(1998):15 亿;
郑晓瑛(1998):最大 16 亿;
程恩富(2006):5 亿。

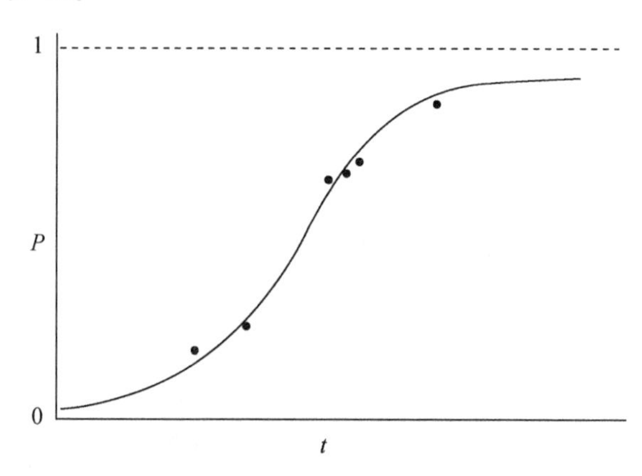

图 9-18 逻辑斯蒂增长曲线

注:逻辑斯蒂模型的基本形式为 $f(t)=\ln\frac{t}{1-t}$,表示在环境阻力的约束下,生物种群的数量有最大值。将环境最大容纳量 k 定为 1(100%),生物种群的变化是一条 S 形曲线。

2014 年年末,中国的实际人口数是 13.68 亿,经济规模增长为世界第二大经济体,人们的生活水平比以往也有了大幅提高,生态环境修复和污染防治工作也在稳步推进中。类似地,《人口爆炸》的作者艾里奇曾预言,20 世纪 70 年代世界上会出现死亡上千万人口的大饥荒,而且他还说"我无法想象 1980 年印度能支撑 2 亿人口",可是 2010 年,印度有近 10 亿人口。可见,环境承载力是一个动态的概念,技术进步、制度变革等多个因素会改变环境对人口和经济的支撑能力,各种估算的结果只能作为政策决策的参考。这也使得"增长的极限"成为一个很有弹性的概念。

9.5 稳态经济

美国学者戴利认为如果当前的经济增长模式和福利水平不具有可持续性,为了避免突然崩溃的后果,人类需要主动地转变到一种新的经济模式下。他将这种新的经济模式定义为"稳态经济",并就如何实现经济模式的转变提出了较为系统的建议。稳态经济的特征是人口和物质财富的存量不变,维持在适宜的水平。由资源和能源流量形成的生产量提供了直接的消费收益和投资,能有效弥补资本存量的贬值。在稳态经济中,伴随经济结构转变和技术进步,即使能量和物质的流量不增加,来自于这些流量的价值也将增加。因此,稳态经济能够发展,却不能增长。稳态经济强调对资源和能源流量的高效充分利用,及自然资本的维持,并不等同于《增长的极限》中提倡的零增长。

按照戴利的理解,除了在微观层面的研究以外,在主流的宏观经济学中,经济系统只是一个交换价值的封闭循环体系,并未指出环境、自然资源、污染和耗费之间有任何联系。在这个只有抽象的交换价值流动的孤立流通系统中,没有任何东西是依赖于周围环境的,当然也就不会有自然资源耗费、环境污染等问题,也就不会有依靠自然服务体系的宏观经济学,或者说根本不会依靠除经济系统本身之外的任何东西。因此,主流经济学对于环境问题的解释有一种只见树木、不见森林的意味,缺乏从社会整体角度来观察问题的视角。

经济学家们已经意识到高效配置和公平分配是两个独立的目标,同时他们也大体上认同最好用价格来反映效率,而用收入分配政策来反映公平。但是经济系统还存在第三个目标——最优规模。这里,"规模"是人口乘以人均资源使用量而得出的生态系统中人类生存的物理规模或尺寸。经济系统作为生态系统的子系统,必然受到环境再生和吸收能力的约束。经济系统不是越大越好,它相对于生态系统必然存在一个最佳规模:既不超越生态系统的承载能力,同时又能够为人类生存带来持久的、最大化的福利。

当人类的经济规模相对于既定的、非增长的、封闭的生态系统来说很小的时候(如农业社会),人类处于"空"的世界中,此时资源流量增长是主要的,而资源效率改进居于次要地位。当人类的经济规模相对于生态系统来说很大的时候,人类的经济规模已经超越了由环境再生能力和吸收能力决定的生态系统承载能力,继续维持资源流量增长就不再是合理的选择,此时,人类必须停止物质资源流量的继续增长,用质量性改进(发展)的经济范式来代替数量性扩张(增长)。

"空"的世界和"满"的世界

经济系统是有限环境系统的子系统,在工业经济社会的初期,经济系统的规模小,经济增长是在"空"的世界中进行的,人造资本是稀缺的限制性因素,而自然资源是丰裕的,因此,追求经济子系统的数量型增长是合理的。但是随着经济子系统的不断增长,生态系统从一个"空"的世界转变为一个"满"的世界,这时候自然资本代替人造资本成为稀缺要素(图9-19)。

目前,世界已经从一个相对充满自然资本而人造资本(及人)短缺的世界来到一个相对充满人造资本(及人)而自然资本短缺的世界:捕鱼生产是受剩余鱼量的限制而不是受渔船数量的限制,木材生产是受剩余森林面积的限制而不是受锯木厂多少的限制,原油的生产是受石油储量的限制而不是受采油能力的限制,农产品的生产经常是受供水量或土地的限制而不是受拖拉机、收割者的限制。

这样,随着经济子系统的不断扩张,稀缺性和限制性要素发生了改变,尽管经济学的逻辑仍然保持不变,过去的经济行为今天就可能变成了非经济行为。随着世界从一个经

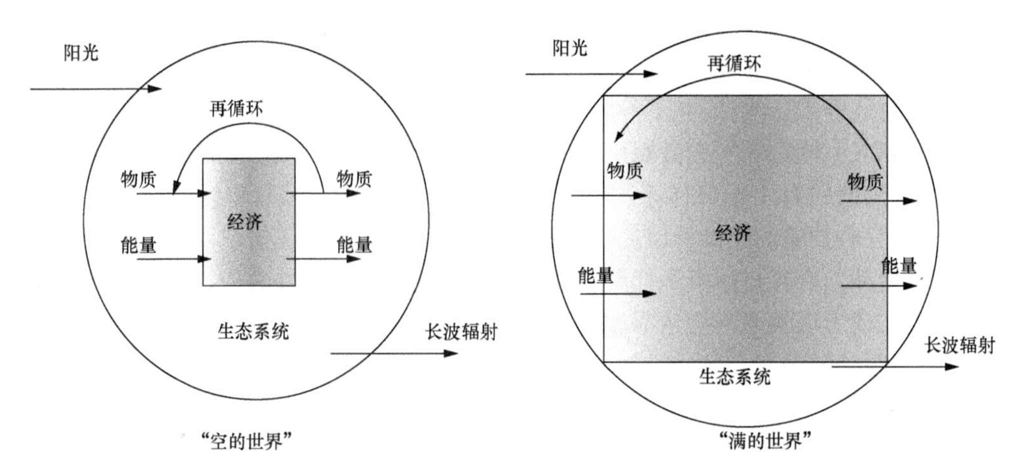

图 9-19 "空的世界"与"满的世界"

济系统的输入输出没有限制的世界,逐渐转变为输入输出日益受到限制的世界,经济学的理论范式也将进行转换,即从"空的世界"的经济学走向了一个"满的世界"的经济学。在新的理论范式下,人类的经济行为也必须改变。例如,当鱼类总数成为限制性因素时,更多的渔船有什么用呢?这里自然资本和人造资本是互补而不是替代关系。在一个"满的世界",自然资本极度稀缺,更多的人造资本并不能增加产出,相反,倒会使自然资本更加稀缺,结果使产出下降。符合经济逻辑的做法是投资于自然资本,增加海洋里鱼类的数量。

为了实现稳态经济,戴利提出了三个操作性原则:

① 所有可再生性资源的开采利用水平应当小于等于种群生长率,即利用水平不应超过再生能力。

② 污染物的排放水平应当低于自然界的净化能力。

③ 将开发利用不可再生性资源获得的收益区分为收入部分和资本保留部分,作为资本保留的部分用来投资于可再生的替代性资源,以便在不可再生性资源耗尽时有足够的资源替代使用,从而维持人类的持久生存。

戴利认为,要向稳态经济过渡,需要在这三个原则的指导下建立相应的制度保障。这些制度能够保证稳定人口数量、稳定物质财富存量并将流量保持在生态系统的限制之内,限制资本存量在人口中分配的不公平程度。实现经济效率目标需要依靠市场价格机制,而要实现分配公平和最优规模目标则要依靠政府实施累进税和配额管理。

批评家们认为实施戴利的这些建议会大大增加政府的权力、扰乱现行经济体制,也可能带来新的不公平。

小结

在经济增长和人口增长的影响下,环境问题不会消失,但会转变,旧的问题解决了,新的问题又会出现。从宏观角度看,人口增长和经济增长是带来环境压力的重要原因,但不应过分地强调这些压力,积极的应对政策、技术进步和结构转变都有助于缓解这些压力。

在经济全球化的形势下,各国的环境质量不仅受本国人口增长和经济增长的影响,还通过参与国际经济体系,影响他国并受他国影响。

以《增长的极限》为代表,许多学者从宏观角度探讨了经济增长和人口增长带来的环境后果,对人类发展的前景进行过预测。其中一些学者拥护《增长的极限》的基本思路和结论,认为应将人类发展放在有限的生态环境系统的基础上考虑,为了避免灾难性的后果,应将经济和人口控制在一定规模之下。

进一步阅读

1. 世界银行. 1992年世界发展报告: 发展与环境[M]. 北京: 中国财政经济出版社, 1992.

2. 〔美〕"人口增长与经济发展"课题组人口委员会. 人口增长与经济发展——对若干政策问题的思考[M]. 北京: 商务印书馆, 1995.

3. 世界环境与发展委员会. 我们共同的未来[M]. 长春:吉林人民出版社,1997.

4. 丹尼斯·米都斯等. 增长的极限[M]. 长春:吉林人民出版社,1997.

5. Arrow K. Economic growth, carrying capacity and the environment[J]. Science, 1995, 268: 520—521.

6. Grossman, G. and A. Kreuger. Economic growth and the environment[J]. Quarterly Journal of Economics, 1995, 110: 352—377.

7. Daly H. Economics in a full world[J]. Scientific American. 2005, 293(3): 100—107.

8. Antweiler W., B. R. Copeland, M. S. Taylor. Is free trade good for the environment?[J]. American Economic Review. 2001,91: 877—908.

9. Panayotou T. Economic growth and the environment[J]. CID Working Paper. 2001.

10. Panayotou T. Globalization and environment[J]. CID Working Paper. 2000.

11. Copeland, B. and M. Taylor. Trade and transboundary pollution[J]. American Economic Review, 1995, 85: 716—737.

12. Lopez, R. The Environment as a factor of production——the effects of growth and trade liberalization[J]. Journal of Environmental Economics and Management, 1994, 27: 163—184.

13. Selden, T. and D. Song. Environmental quality and development: is there a Kuznets Curve for air pollution emissions? [J]. Journal of Environmental Economics and Management, 1994, 27: 147—162.

思考题

1. 人口增长对环境质量退化有什么影响？
2. 在经济增长中环境质量先恶化后改善是普遍规律吗？为什么？
3. 国际贸易从哪些方面对环境产生影响？
4. 经济全球化是否加剧了生态环境的退化？为什么？
5. 什么是“污染避难所”假说？
6. 跨国公司是污染转移的实施者吗？为什么？
7. 增长是否有极限？是否应该是有极限的？为什么？
8. 戴利提出的稳态经济的含义是什么？与《增长的极限》中的“零增长”有何异同？

第10章　环境管制对经济的影响

学习目标

- 掌握环境管制对经济增长的影响路径及分析方法
- 掌握环境管制对贸易和投资的影响路径及分析方法
- 掌握环境管制对企业竞争力的影响路径及分析方法
- 了解将环境因素纳入投入—产出表进行分析的方法

政策的环境管制既意味着大量的环境投资,也意味着对市场机制和企业经济的干扰和扭曲,这些都会对经济增长造成影响,对这种影响进行分析是评估和选择环境管制政策的基础。

10.1　环境投资

为了达到预期的环境目标,各国都要投入大量的资金。美国、欧盟等将这些资金计为环保支出,既包括经济部门在环保领域的开支,又包括公共部门在环保领域的开支,如表10-1所列,欧盟的环保支出占GDP的比重在2%以上。

表10-1　2002—2009年欧盟环保支出情况

年份	环保支出(亿欧元)				环保支出占GDP的比重(%)
	工业部门	环保服务业专业生产商	公共部门	环保总支出	
2002	461.24	898.15	694.11	2053.50	2.06
2003	431.86	943.31	691.88	2067.05	2.04
2004	458.00	1012.31	725.95	2196.26	2.07
2005	466.58	1061.33	796.26	2324.17	2.10
2006	504.97	1181.23	812.68	2498.88	2.14
2007	527.07	1230.41	856.09	2613.57	2.11
2008	557.11	1308.66	877.52	2743.29	2.20
2009	514.72	1273.00	869.59	2657.31	2.26

资料来源:朱建华,逯元堂,吴舜泽. 中国与欧盟环境保护投资统计的比较研究[J]. 环境污染与防治, 2013, 3: 105—110.

我国则将这些资金计为环境投资,包括工业污染源治理投资、建设项目环保"三同时"投资和城市环境基础设施建设投资。从表10-2可以看出,中国的环境投资占GDP的比重相对较低,而且其中用于工业污染源治理的投资比重很小。2013年,环境投资占GDP的比重是1.62%,而其中工业污染源治理投资所占比例不足10%。

表 10-2 2001—2013 年中国环境投资情况

年份	环境投资(亿元)				环境投资占 GDP 的比重(%)	占环境投资的比重(%)		
	工业污染源治理投资	建设项目环保“三同时”投资	城市环境基础设施建设投资	环境投资总量		工业污染源治理投资	建设项目环保“三同时”投资	城市环境基础设施建设投资
2001	174.50	336.40	595.70	1 106.60	1.01	15.80	30.40	53.80
2002	188.40	389.70	789.10	1 367.20	1.14	13.80	28.50	57.70
2003	221.80	333.50	1 072.40	1 627.70	1.20	13.60	20.50	65.90
2004	308.10	460.50	1 141.20	1 909.80	1.19	16.10	24.10	59.80
2005	458.20	640.10	1 289.70	2 388.00	1.30	19.20	26.80	54.00
2006	483.90	767.20	1 314.90	2 566.00	1.22	18.90	29.90	51.20
2007	549.10	1 367.40	1 467.80	3 384.30	1.36	16.20	40.40	43.40
2008	542.60	2 146.70	1 801.00	4 490.30	1.49	12.10	47.80	40.10
2009	442.50	1 570.70	2 512.00	4 525.20	1.35	9.80	34.70	55.50
2010	397.00	2 033.00	4 224.20	6 654.20	1.66	6.00	30.60	63.50
2011	444.36	2 112.40	4 557.23	7 114.03	1.47	6.25	29.69	64.06
2012	500.46	2 690.35	5 062.65	8 253.46	1.55	6.06	32.60	61.34
2013	867.66	3 425.84	5 222.99	9 516.50	1.62	9.12	36.00	54.88

10.2 环境管制对经济增长的影响

自 20 世纪 60 年代末以来,随着环境运动的兴起,各国政府面临着公众要求加强环境管制的压力。西方发达国家也开始建立日益严格的环境管制体系,加强对生态退化与环境污染的管控。

管制(regulations)是指政府为控制企业的价格、销售和生产决策而采取的各种行为和措施,包括政府为改变或控制企业的经营活动而颁布的规章与法律,政府进行这种干预的目的是制止不充分重视社会利益的私人决策。

环境管制(environmental regulations)是管制的一种,其管制的对象是破坏生态和环境的行为。一般而言,环境管制可以分为广义的环境管制和狭义的环境管制两种。狭义的环境管制是指政府对企业产生污染的行为进行的各种管理,而广义的环境管制不仅包含狭义的环境管制,还包括政府对自然资源的价格形成机制进行管理、对自然环境产权进行界定和进行城市环境基础设施建设等行为和措施。

从微观角度看,环境管制会扭曲生产者的行为,从宏观经济层面看,环境管制可能影响到就业率和经济增长。世界上绝大多数国家都把保持一定的经济增长速度作为主要经济目标,那么,如果环境管制要以减少 GDP 为代价,就需要考虑这种代价是否值得,严格的环境管制是否会抑制经济增长,提高失业率? 如果会,影响的幅度又有多大呢?

10.2.1　环境管制对经济的负面影响

按照污染者付费原则,环境管制的对象是污染源,政府通过各种命令—控制型手段将外部成本内部化,但这并不意味着受管制企业真正承担所有成本。由于经济是相互联系的,成本可能以提高价格的形式传递给消费者,或以减少就业、降低工资的形式传递给员工,或以降低资本投资回报率的形式传递给投资方,或是这三种方式的组合。

可以借助图 10-1 说明污染控制成本的影响。图 10-1 模拟了一个完全竞争性行业受到环境管制的情景。在没有实施污染控制政策时,均衡价格为 p^0,企业产量是 q^0,行业总产量是 Q^0。价格 p^0 等于产量为 q^0 时的平均成本 AC^0,利润为 0,企业没有激励进入或退出这个行业,市场处于均衡状态。

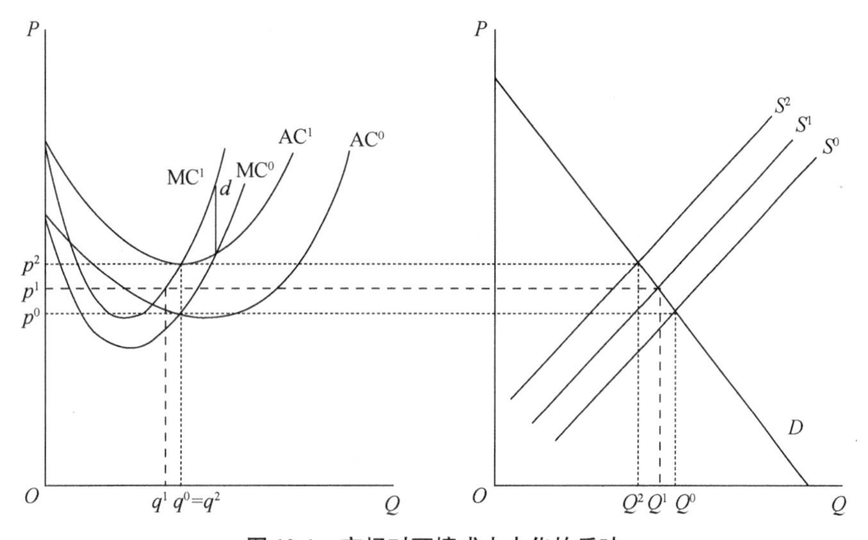

图 10-1　市场对环境成本内化的反映

环境管制将环境成本内化,会加大企业成本,使企业的边际和平均成本曲线都向上移动 d。由于市场供给曲线是所有企业的边际成本曲线之和,所以供给曲线也向上移动 d。相应地,市场价格从 p^0 升到 p^1。在短期均衡下,价格增加的幅度小于 d。

如果以一家企业为分析对象,可以看出,在成本提高后企业会减少产量到 q^1,行业总产量减少到 Q^1。而在这个产量水平下,价格 p^1 低于平均成本 AC^1,企业的利润为负。因此企业会选择退出市场。

由于有企业退出市场,供给曲线向左移动,移动的幅度取决于退出的企业的数量。企业退出促使价格与平均成本重新达到平衡,在价格变为 p^2 时,市场重新恢复均衡。此时 p^2 与 p^0 的差为 d,市场总产量减小到 Q^2。市场产量的减少是通过部分企业退出实现的,留下的企业的产量和管制之前一样。

可见,实行环境管制的短期后果和长期后果是不同的:在短期里,由于每家企业的边际成本都增加了 d,价格提高幅度小于 d,所有企业都将减少产量,行业利润为负。在长期,部分企业会退出行业,使留下的企业的利润恢复到 0。留下的每个企业的产量和管制前一样,但总产量下降了。产品价格增加的幅度等于内化的环境成本。这样,环境管制对经济的效应体现在三个方面:产品的产出水平下降;消费者为产品支付更高的价格;劳动力需求减少,就业降低。

所以,政府加强环境管制会迫使企业减少污染排放,以达到新的环境标准。这固然可以让外部成本内部化,提高社会福利,但环保不是“免费的午餐”,它会对经济增长造成一定的负面影响。加强环境管制会增加企业成本,或迫使企业把资金从生产性活动转移到非生产性的活动,使生产率降低、失业率增加,最终会影响一个国家或地区的经济增长。

此外,环境监管部门的运行也需要成本,这笔开支不能带来利润和产出。环境基础设施建设、环境公共物品的提供都需要投资,在资本有限的情况下,可能会挤出其他更具潜在效率的投资或创新,影响地区经济增长。而政府不断提高环境标准、变动环境政策也会产生不确定性,妨碍生产性投资,也可能影响产出增长和就业。

按照这种逻辑推理:在各国环境管制标准不一致的情况下,如果某个国家或地区的政府加强环境管制,实施了比其贸易伙伴更严格的环境标准,这个国家或地区的相关产业会相应地增加生产成本,假若没有相应的保护措施和机制,这个国家或地区的相关产业可能在国际市场上因产品的价格相对较高而失去原有的竞争优势。

在生产要素流动日益自由化的今天,由于每个国家都担心其他国家或地区采取比本国更低的环境管制标准而使本国的工业处于不利的竞争地位,为了避免本国产业的竞争力受到损害,国家或地区间会竞相采取比他国更低的环境管制标准,形成向环境管制标准“竞次”(race to the bottom)的现象,出现类似于“囚徒困境”的集体非理性行为(Copeland & Taylor, 1994;Chichilnisky, 1994)。也正是受这种理论观点的影响,产业界人士对政府加强环境管制也有抵触,许多国家在加强环境管制、提高环境标准时常犹豫不决。

碳　　税

“碳税”是近年来为人们广泛讨论的一种减排温室气体的手段,它是对碳排放征收的一种税。有效的碳税应反映碳排放所造成的环境损失。1989 年荷兰和芬兰已经单方面征收碳税,其中荷兰的碳税率约为 2.15 美元/吨,芬兰的碳税率为 5 美元/吨。

碳税或者对更普遍的环境破坏征收环境税,会对一国的税收结构产生较大影响,在不同阶层和部门间引起收入的再分配。一些学者提倡在征收碳税的同时相应地降低所得税,他们认为将税收结构向环境税转移有助于降低所得税税率,刺激经济发展,同时可以获得环境改善的收益,这是一种可以产生“双赢”(win-win)效果的改革。

但在现实中,这种理想的“双赢”效果却不容易获得,特别是涉及国际税收负担比较时,许多国家担心征收碳税或环境税会影响到本国经济增长和就业,在实施碳税时犹豫不决。澳大利亚是发达经济体中人均排放温室气体最多的国家之一。为了促进温室气体减排,2011 年 11 月 8 日,澳大利亚通过碳税立法;2012 年 7 月 1 日,澳大利亚开始正式征收碳税。全国 294 家碳排放最严重的发电厂、运输公司等企业,以每吨 23 澳元的价格交纳碳税。碳税收入将用于发展清洁能源,补助因碳税引发物价上涨而受到冲击的家庭。由碳税引起的涨价压力虽可为政府补助所抵消,但人们对碳税可能对经济和就业等产生的影响普遍感到焦虑,担心碳税会引起价格上升,使国家的支柱产业——采矿业、农业和能源产业的国际竞争力下降、就业机会减少。在碳税开征的当天,悉尼和墨尔本等城市就举行了反对碳税的抗议示威活动。在抗议和反对的压力下,澳政府决定,从2014年7月1日起,每吨24.15澳元的固定碳税退出历史舞台,转而按每吨6—10澳元的浮动价格实施碳交易计划,以缓解民众家庭生活费高涨的压力,并协助提振矿业以外的产业经济。澳大利亚工商会经济学和产业政策主任、首席经济学家克雷格·埃文斯发表声明说:“澳大利亚工商会一贯反对我们的主要竞争对手不愿达成全球性的碳税或碳交易计划协议。”他指出:“实施碳交易计划仍然是一个耗资数十亿澳元的单边行动,我们的大多数竞争对手并没有付出这么大的代价,澳大利亚这么做不利于经济发展和就业。”

10.2.2 环境管制对经济的正面影响

环境管制至少可能在如下领域对经济产生正面影响:

① 环境污染造成的经济损失和健康损失是巨大的,环境管制的主要收益在于改善了环境质量,减少了损失。

② 环境管制有利于提高资源的利用效率,促进技术进步。技术进步是经济增长的内生变量,环境管制可以起到类似于市场竞争压力的作用,有助于刺激环境革新和清洁技术的产生。这些技术进步通过提高投入品的使用效率产生经济效益,因此可能促进经济增长。①

③ 环境管制促进环保产业的发展。环保产业的发展是可以计入GDP的,从而减轻环境管制对经济增长的负面影响。例如欧盟的研究认为,其成员国在1995—2005年间将其新增经济能力的2%—3%投资于环境保护,其对GDP增长率的负面影响不会超过0.1%,也就是说这种影响很小,可以忽略不计。②

④ 在经济低迷时期,环境投资有拉动需求、促进经济增长的作用。日本环境厅认为高强度投资会给日本带来经济高速增长期,20世纪70年代中期恰逢石油危机后的经济低迷时期,高强度的污染防治投资在一定程度上刺激了社会需求,支持了投资和就业。③

中国环保相关产业的发展

长期以来,我国环保相关产业一直保持着高于同期国民经济增长速度的高速发展(表10-3)。1993—2011年间,我国环保相关产业的总体规模增长较快,从业人数增长了69.8%,从业单位数量增长了1.75倍,营业收入总额增长了97.7倍,出口合同额增长了1075.8倍。特别是2000年以来,我国环保相关产业进入了快速增长期,2000—2011年

① Carraro, C., M. Galeotti. Economic growth, international competitiveness and environmental protection: R&D and innovation strategies with the WARM model[J]. Energy Economics, 1997; 19(1): 2—28.

② Per Kageson. Growth versus the environment: is there a trade off? [M]. Kluwer Academic Publishes, 1998; 248.

③ 任勇. 日本环境管理及产业污染防治[M]. 北京:中国环境科学出版社, 2000: 315.

间，营业收入总额年平均增长速度高达30.2%，营业收入总额占同期GDP的比重由2000年的2.1%上升至2011年的6.5%。

表10-3 1993—2011年中国环保相关产业的发展比较

项目	1993年	2000年	2004年	2011年
从业单位数(个)	8 651	18 144	11 623	28 820
从业人数(万人)	188.2	317.6	159.5	319.5
年收入总额(亿元)	311.5	1 689.9	4 572.1	30 752.5
其中:环保产品生产	104.0	236.9	841.9	1 997.3
环境服务	11.1	643.4	264.1	1 706.8
资源循环(综合)利用	169.8	243.1	2 787.4	7 001.6
环境友好(洁净产品)生产	—	281.1	1 178.7	20 046.8
自然生态保护	27.1	285.4	—	—
出口总额(亿美元)	0.31	16.0	60	333.8
人均收入(万元/人)	1.7	5.3	28.7	96.3
收入总额占GDP的比例(%)	0.9	2.1	3.4	6.5

资料来源:各年度的环保相关产业状况公报。

10.2.3 环境管制对经济影响的综合分析

在短期内,环境管制对经济的影响是通过改变产量、商品价格、就业表现出来的。环境管制不仅影响到受管制的商品,而且其替代品和互补品的价格和产量都会受到影响。在这些影响中,有些对GDP增长有正面作用,而有些对GDP增长有负面作用。

比如,1999年,美国环保局要求汽车降低NO_x的排放量,这导致小汽车的生产成本增加了100美元,轻型卡车的生产成本增加了200美元,消费者可能因为价格提高而减少汽车的购买量,但汽车产业的产值如何变化还要取决于人们买了多少汽车。经测算,当时汽车的价格需求弹性为-1,也就是汽车的价格提高10%时,汽车的销量会下降10%。如果销量下降10%,而价格上升10%,那么汽车行业的产值会保持不变。① 因此,环境管制带来的生产者成本增加对被管制行业产值造成的影响取决于价格增加的影响是否超过了产量下降的影响,这主要取决于产业面临的竞争程度。

受管制产业产品价格的升高也可能促使消费者购买其他的替代品,如汽车价格升高后,消费者可能将本计划用于购买汽车的钱用在自行车、徒步鞋、公共交通等方面,促进这些替代品所在产业的增长,从而增加GDP。根据替代品的价格和数量的不同,与管制前相比,GDP可能增加、减少或相同。

可见,在产出影响方面,一部分经济资源会用于控制污染,使受管制行业的产出降低。由于产业是相互关联的,一个产业按照法规要求防治污染,会使环保相关产业的需求量增加,环保相关产业会增加产量,又会引发其他行业需求量的增加。在就业影响方

① 案例转引自[美]彼得·伯克. 环境经济学[M]. 北京:中国人民大学出版社,2013:397.

面,一方面将资源转移到非生产性的污染防治上会降低生产部门的劳动力需求;但另一方面,这将会提高环保相关产业的就业需求。因此,要对环境管制的经济影响进行预测,需要使用复杂的宏观经济模型。

对单个企业或产业受到环境管制的影响进行分析,可以通过对污染控制措施引起的单个变量(如成本、价格等)的变化进行估计,但这不能反映环境管制产生的乘数效应和反馈效应。例如,企业采取污染控制措施会使其成本和售价上升,同时也影响到购买其产品的其他企业,某些部门安装污染控制设施会提高污染控制设备的产量和就业水平。这种增长的经济活动,又会对其他相关部门产生连锁效应(如增加了建筑业的工作量)。所以,一些研究突破对各部门所受影响进行简单加和的做法,建立宏观经济模型分析环境管制对有关经济变量产生的相互作用及其宏观经济后果。

宏观经济模型可以在一个系统的分析框架下分析不同的环境政策,如大气污染控制、水污染控制政策等,可以将这些政策的影响放在共同的、可比较的基础上进行分析。宏观经济模型一般以凯恩斯经济理论为基础,起始于对变量总值如"国内生产总值"或"总就业率"的核算,也可以将变量分解为不同的组成部分,如将"国内生产总值"分解为消费、投资、进口、出口、政府开支等。消费和投资支出可以与收入、利率、利润变量相联系。各产业部门的关系通常采用"投入—产出"矩阵来表述。就业水平取决于生产部门对劳动力的需求和各类劳动的供给总量。模型还可以包括一个财政部门和若干计算式,以表示生产成本和可利用能力的变化对价格的影响 。

这些是宏观经济模型的基本结构,为了模拟环境管制的影响还需要对这个模型进行调整:

首先是设定受到环境管制影响的外生因素。这些因素是在模型之外决定的,如税收和货币政策、公共和私人消费水平及国际贸易水平等。模型中的环境投入可以由私人企业花在治理设施上的投资或政府花在污染控制上的投资来代表。对几年的投资水平进行估算后,就把它作为外生因素输入到模型中去。

其次是对模型内部结构进行一些调整,如果所分析的政策将要改变模型中的某些基本关系,就必须对模型进行调整。例如,如果购买消除污染装置之后不能增加收益,那么投入—产出的基本关系已经发生变化,可以通过改变模型结构反映这种变化。

区别了外生变量并做了必要的调整后,模型就可以表达一种经济活动在有环境政策和没有环境政策时,分别是如何运行的。①

长期来看,经济增长主要取决于资本(包括人力资本和物质资本)的积累和技术进步。这样要讨论环境管制的长期经济影响,还需要研究环境管制对资本积累和技术进步的影响。而这二者的方向可能是相反的:将部分生产性资源转用于非生产性领域会减缓资本积累的速度,因此减缓生产率的提高,降低经济增长速度;但环境管制也可能会对技术创新产生积极作用,促进经济增长。这些因素增加了预测环境管制的经济影响的难度。

---

① OECD. Macro-economic impact of environmental expenditure, Paris, OECD. 中译本:经济合作与发展组织. 环境费用对宏观经济的影响[M]. 北京: 地震出版社, 1992.

环境管制对宏观经济的影响①

20 世纪 70 年代，OECD 国家的经济状况恶化，引起了普遍关注。这种恶化现象可以从生产率增长、产量增长、失业趋势和价格变化等方面观察到。生产率是经济生产过程中产出对投入的比率。在 1973 年以前的 10 年间，OECD 国家经历了令人瞩目的生产率增长。其中，日本的生产率增长最高，1960—1973 年间，年均增长率达 8.5%。但在随后的 10 年间，OECD 国家的年增长率只有前 10 年的一半。其中美国的生产率增长率最低，1973—1980 年间，年均增长率只有 0.2%。这种情况引起了关于经济状况恶化原因的讨论。一般认为的原因包括：能源等有关价格的明显上升、劳动力成本增加、投资水平低、对公共社会事业的开支增长、政府管理范围的扩展等，但每种原因对这种不景气的经济状况的贡献难以确定。由于这一时期政府环境管理的功能明显加强，政府采取了对有害废物排放进行管制、要求企业装备污染控制设施、对生产过程要求强制技术改造等许多环境保护措施，因此人们推论，在环境政策和国家经济活动间可能存在某种因果关系。

在环境管制下企业可能受到以下影响：

✓ 在污染控制设施上的投资与其他领域的投资相竞争，导致后者降低，劳动力缺少配套的资本，因而人均产出下降。

✓ 由于污染控制措施要按照工程标准来进行，因此资本投资水平和强度可能过高。

✓ 环境管制措施一般对新污染源更严格，企业为了规避环境管制，可能更愿意保持老工厂和老旧生产线，而不愿采用新装备和新技术。

✓ 环境管制对高速发展的产业和相对低速增长的产业是不平等的，对后者往往放松严格的管理，以避免失业和工厂倒闭，因此限制了有巨大增长潜力的经济领域的发展。

✓ 污染控制装备的运转和维护需要人力，但他们并不能对产量有所贡献，与污染控制有关的文书工作和法律工作也是如此。

✓ 企图防止无污染地区的环境恶化，意味着在一定地区内禁止新的工厂建设或是将新工厂布局在有较少工厂的地方。

要综合反映环境管制对成本、价格、就业、贸易的影响，需要使用宏观经济模型。20 世纪 70 年代早期以来，OECD 的一些成员国发展了宏观经济模型，并利用这种模型来评估控制污染的环境管制对国家宏观经济变量的直接和间接影响，这些研究的结果见表 10-4。

表 10-4　环境管制对经济变量的影响

	GDP（%）		消费价格（%）		失业水平（千人）	
	第一年	第十年	第一年	第十年	第一年	第十年
奥地利	—	-0.6/0.5	—	0.4/1.7	—	—
芬兰	0.3	0.6	0.2	0.2	-3.5	-7.5
法国	—	0.1/0.4	—	0.1	-0.2/-1.1	-13.2/-43.5

① 经济合作与发展组织. 环境费用对宏观经济的影响[M]. 北京：地震出版社，1992.

（续表）

	GDP（%）		消费价格（%）		失业水平（千人）	
	第一年	第十年	第一年	第十年	第一年	第十年
荷兰	0.1	-0.3/-0.6	0.2/0.4	0.8/4.3	-1.4/-2.3	-3.8/6.9
挪威	—	1.5	—	0.1/0.9	—	-25.0
美国	0.2	-0.6/-1.1	0.2	5.0/6.7	-80	-150/-300
意大利	—	-0.2/0.4	—	0.3/0.5	—	—
日本	1.2/1.6	0.1/0.2	—	2.2/3.8	较低	较低

资料来源：经济合作与发展组织. 环境费用对宏观经济的影响[M]. 北京：地震出版社，1992：5

从表10-4中可以看出环境管制可能产生以下经济后果：

① 增加的控制污染的费用对产量增长的影响是不确定的。与没有污染控制时相比，GDP水平可能提高（如挪威10年间共提高1.5%），也可能降低（如美国10年间共降低1%）。

② 对通货膨胀有轻微的不利影响。从根本上说，所有国家的环境管制都倾向于提高消费价格。在有的情况下，一段时间内提高的幅度可能达5—7个百分点，相当于每年增长约0.3—0.5个百分点。

③ 就业受到了刺激。除个别例外的情形外，失业水平由于污染控制费用的增加而降低，尤其是美国、法国、挪威。

④ 使生产率增长变慢。这是因为当劳动力投入由于环境措施而增长时，GDP增长率比通常应有的水平低，或至多略高一点。

⑤ 环境费用的初始影响往往比长期效应更显著。在短期内，增加污染控制装置将促进生产和经济活动，但在长期内，低收益和（或）高昂的价格将抵消若干或大部分短期收益。

从模型结果可以看出，环境管制先是促进GDP增长，一段时间后，会抑制GDP增长。这是因为环境政策实施后，企业要削减污染，会产生额外的物品和服务需求，具有乘数效应和加速效应，形成GDP增长。经过一段时间后，由于经济膨胀对生产能力及成本和价格带来压力，上升的成本和价格抵消了环境政策的正面影响，使产出水平下降。环境管制对宏观经济的影响最终表现为国民收入的变化。环境政策的宏观经济影响相对来说是微小的。由于某些产业产出的缩减可能被其他产业产出的增加所弥补，环境管制对国民收入的影响比对单一产业的影响要小。总体上看，污染控制措施不是70年代生产率增长放慢的主要原因。同样地，环境措施对80年代的经济发展而言也不可能是一个主要的制约因素。

除了OECD的这项研究外，在环境管制的经济影响方面进行过的研究主要还有：

美国环境经济学家Christainsen和Tietenberg（1985）对美国20世纪70年代经济增长放缓的研究，他们认为美国当时经济增长放缓中有8%—12%可归因于实行了严格而系统的环境管理,这使劳动生产力的增长率降低了0.2—0.3个百分点。①

Jorgenson和Wilcoxen(1990)用投入—产出法建立一般均衡模型,对比了美国有、无环境管制下的经济增长情况,发现污染控制支出占美国政府购买开支的10%,在1974—1985年间使美国经济增长率下降了0.191%。②

Denison(1985)基于生产函数进行计算,发现污染控制使美国经济增长率下降,其中1967—1969、1969—1975、1975—1978、1978—1982年间,分别使经济增长率下降了0.06、0.14、0.06、0.12个百分点。③

Leontief和Ford(1972)考察了1967年美国《清洁空气法》中控制四种空气污染物排放对物品和服务价格的影响,发现各部门的价格水平会出现不同程度的轻微上升。④

Carraro和Galeotti(1997)使用WARM模型分析环境政策对欧洲六国的影响。结果发现环境政策对环境、经济目标都有促进作用,对就业的影响不明显。⑤

10.3 环境管制对贸易和投资的影响

环境与贸易政策是相辅相成的。一方面,开放的多边贸易制度能够更有效地分配和使用资源,从而帮助增加生产和收入,因此它为经济增长和发展以及改善环境提供更多所需的资源,减轻环境的负荷。另一方面,健康的环境为持续增长和支持不断扩张的贸易提供了必要的生态资源和其他资源。总之,开放的多边贸易制度在健全的环境政策支持下可以对环境产生积极的影响,并促进可持续的发展。

10.3.1 环境比较优势

解释国际分工的基本模型之一是赫克歇尔-俄林模型(Heckscher-Ohlin Model),又叫做要素比例模型(factor proportion model)。该模型认为资本充实的国家在资本密集型商品上具有比较优势,劳动力充实的国家在劳动力密集型商品上具有比较优势,一个国家在进行国际贸易时应出口密集使用其相对充实和便宜的生产要素生产的商品,而进口密集使用其相对缺乏和昂贵的生产要素生产的商品。

将这个结果延伸到环境上,一个对污染有较强消纳能力的国家应当专业化生产污染密集型产品。由于高收入国民对环境质量有更多更高的需求,所以除了污染消纳能力

---

① Christain G., T. Tietenberg. Distributional and macroeconomic aspects of environment policy. in A. Kneese, J Sweeney. Handbook of natural resource and energy economics[M]. Elsevier. 1985.

② Jorgenson, D. W., P. J. Wilcoxen. Environmental regulation and U. S. economic growth[J]. Rand Journal of Economics. 1990, 21(2):314—340.

③ Denison, E. F. Trends in American economic growth, 1929—1982[M]. Washington, D. C.:The Brookings Institution, 1985.

④ Leontief, Wassily, Ford, Daniel. Air pollution and the economic structure: empirical results of Input-Output computations. in Leontief, Wassily. Input-Output economics(Second Edition)[M]. Oxford: Oxford University Press, 1986.

⑤ Carraro, C., M. Galeotti. Economic growth, international competitiveness and environmental protection: R&D and innovation strategies with the WARM model[J]. Energy Economics, 1997. 19(1):2—28.

外，收入也影响一个国家对污染企业的接受能力，环境管制的严格程度往往取决于污染消纳能力和收入水平这两个因素。Chichilnisky(1993)的两国模型从理论上对这一问题进行了分析，认为如果某个国家具有相对丰富的环境资源，并且其环境成本相对比较低廉，那么它就具有“环境比较优势”，在国际分工中，它将更多地生产“环境密集型产品”(生产过程中使用较多资源或排放较多污染物的产品)用于出口。[①]

可以通过以下几种方法检验“环境比较优势”是否存在：

① 借用赫克歇尔–俄林模型研究环境管制宽松是否会吸引高污染的产业，形成环境比较优势。模型的基本形式如下：

$$X_{ij} = a_i + \beta_{i1}E_{j1} + \beta_{j2}E_{j2} + \cdots + \beta_{ik}E_{jk} + \delta_i \mathrm{ER}_j + u_{ij} \qquad (式\ 10\text{-}1)$$

这里 X_{ij} 是 j 国 i 产业的净出口，E_{jk} 是 j 国要素 k 的禀赋，ER_j 是 j 国的环境管制的严格程度，u_{ij} 是残差项。通过检验模型在统计上的显著性和 ER_j 的系数 δ_i 的正负，就可以得出研究需要的结论。[②]

② 考察某一国的污染行业产品的进出口变化情况。如果发现环境管制较宽松的国家更多地出口这些行业的产品，而环境管制较严格的国家更多地进口这些行业的产品，就可以验证环境比较优势的存在。

③ 考察资本输入国环境管制的严格程度与流入资本所投资的行业结构间的关系，或资本输出国流出的用于污染密集行业的资本是否更多地流向环境管制比较宽松的国家或地区。

大多数的实证研究结果并不支持环境比较优势的存在。这是因为影响国际贸易中各国分工的因素是各种比较优势的综合，劳动、资本等投入品的相对价格是影响国际分工的主要因素。环境管制带来的成本增加只在企业成本中占一个较小的份额，而且随着清洁技术的进步，这一成本还可进一步下降，同时有些企业加强自身的环境管理可以带来净收益，环境标准较高不一定意味着比较劣势。

10.3.2　绿色贸易壁垒

由于国际贸易可能会对环境产生巨大的影响，为了管控这些影响，在许多多边环境协定中有关于贸易的规定，禁止对一些有害环境的物品进行贸易。在一些多边贸易协定中也有关于保护环境的条款，赋予签约国权利，允许其在某些特定情况下，在认为有需要时可采取贸易措施来加强环境安全。

在各种多边贸易协议中，WTO 协议是签约国最多、影响最大的。在 WTO 协议中环境政策不像投资、知识产权等问题那样以单独文本出现，而是分散在技术性壁垒、农业、补贴、知识产权和服务等数个协定或协议之中。WTO 协议中与环境问题有关的条款见表10-5：

---

① Chichilnisky G. North-South trade and the dynamics of renewable resources[J]. Structural Change and Economic Dynamics, 1993, 4: 219—248.

② Tobey, J. A. The effects of domestic environmental policies on patterns of world trade: an empirical test[J]. Kyklos,1990, 43(2): 191—209.

表 10-5　WTO 协议中与环境有关的条款

条款	内容
《贸易技术壁垒协议》《卫生与植物检疫措施协议》	不得阻止任何成员方采取保护人类、动植物的生命或健康所必需的措施。各成员方政府有权采取必要的卫生与检疫措施保护人类和动植物的生命和健康，使人畜免受饮食或饲料中的添加剂、污染物、毒物和致命生物体的影响，并保护人类健康免受动植物携带的病疫的危害等，只要这类措施不在情况相同或类似的成员方之间造成武断的或不合理的歧视对待。
《农业协议》	对于包括政府对与环境项目有关的研究和基础工程建设所给予的服务与支持，以及按照环境规划给予农业生产者的支持等与国内环境规划有关的国内支持措施，可免除国内补贴削减义务。
《补贴和反补贴协议》	允许为了适应新的环境标准对改造现有设备进行补贴，但补贴需要满足以下条件：补贴是一次性的、非重复性的措施；补贴金额限制在适应性改造工程成本的 20% 以内；补贴不包括对辅助性投资的安装与投试费用的补助；补贴应与企业减少废料和污染有直接的和适当的关联；补贴应能给予所有相关企业。
《与贸易有关的知识产权协议》	可以出于环保等方面的考虑而不授予专利权，并可阻止某项发明的商业性运用。
《服务贸易总协定》第 14 条	允许成员方采取或加强保护人类、动植物生命或健康所必需的措施，只要这类措施不对情况相同的成员方造成武断的或不合理的歧视，且不对国际服务贸易构成隐蔽的限制。

虽然多边贸易协议中的环境条款反对进行不合理的贸易限制，但是在现实中，一些国家以卫生、健康和保护环境的名义制定限制或者禁止贸易的政策，往往会成为新型的贸易壁垒，被称为绿色贸易壁垒（green trade barriers）。绿色贸易壁垒多以技术壁垒的形式出现，范围广阔，不仅涉及产品质量本身，还涉及产品的生产流程和生产方式，对产品的设计开发、原料投入、生产方式、包装材料、运输、销售、售后服务，甚至工厂的厂房、后勤设施、操作人员医疗卫生条件等整个周期的各个环节提出绿色环保的要求。由于发展中国家的技术水平相对较弱，所以更易受到绿色壁垒的影响。

一般地，按所实施措施的针对对象不同，各国的贸易应对措施大致可分为三种类型：

① 针对产品的措施。包括产品标准、环境税费、边界调节、包装和再循环要求。

② 针对与产品相关的生产流程和生产方式（Product-related Process and Production Methods，PPMs）的措施。为了保护本国的自然资源和环境，各国制定了以产品的生产过程为管理对象的环境政策，如开采限制、排放控制、对生产技术的约束性规定等。但将这些措施延伸到针对进口产品，则可能引起贸易争端。在 WTO 框架下，如果生产方式会影响进口产品的品质，则可在 WTO 框架下应用边界调节税。

③ 针对与产品无关的生产流程和生产方式（Non-product related PPMs）的措施。对这种生产流程和生产方式采取措施，是 WTO 规则所禁止的，如不能因为本国行业的环境达标成本高就对进口产品征收边界调节税。

可见，第一、第二类措施是 WTO 框架下允许使用的，但有时这两类措施会被滥用，加上第三类措施，往往成为环境壁垒争议的对象。

为了防止扭曲正常的贸易秩序,《21世纪议程》提出在利用与环境有关的贸易措施时,应遵守以下原则:

① 非歧视原则。非歧视原则是WTO的基石,由无条件最惠国待遇和国民待遇组成。"最惠国待遇"是指在货物贸易的关税、费用等方面,一成员给予其他任一成员的优惠和好处,都须立即无条件地给予所有成员。而"国民待遇"是指在征收国内税费和实施国内法规时,成员对进口产品和本国(或地区)产品要一视同仁,不得歧视。非歧视原则要求保证有关环境的条例和标准,包括卫生和安全标准,不会成为任意的或不合理的贸易差别待遇或变相的贸易限制。

② 选用的贸易措施应对贸易造成最低限制。要避免以限制、扰乱贸易等措施来抵消因环境标准和法规方面的差别引起的成本差额,因为实行这些措施可能引起不正常的贸易扭曲和增加保护主义。

③ 透明度原则。指与环境保护有关的影响进出口货物的销售、分配、运输、保险、仓储、检验、展览、加工、混合或使用的法令、条例,与一般援引的司法判决及行政决定,以及其他影响国际贸易政策的规定,必须迅速公布。

④ 考虑发展中国家的特别情况和发展需要。鼓励发展中国家通过特别过渡期等机制参加多边协定,处理跨国界或全球环境问题的措施应尽可能以国际共识为基础,避免采取进口国管辖权以外的应付环境挑战的片面行动。

美—墨金枪鱼案和美国汽油标准案

美—墨金枪鱼案发生在1991年。该案起源于美国1972年《海洋哺乳动物保护法》的有关规定。按照美国的规定,如果某种商业性捕鱼技术对海洋哺乳动物造成意外死亡或者伤害,而且死亡率超过美国国内法律允许的死伤标准,那么使用该方法捕获的海鱼或海鱼产品,将被禁止进口。在东太平洋热带海域,海豚常与金枪鱼相伴,墨西哥船队使用拖网围捕方法捕捉金枪鱼常误捕海豚,导致美国于1990年对其金枪鱼产品实施进口禁令。1991年,墨西哥向GATT(关税及贸易总协定)申诉请求干预此事。GATT专家组认定:美国违背了GATT第11条关于取消进口数量限制的规定,而且不具备GATT有关规定的环境例外措施的正当性。专家组建议GATT缔约国大会要求美国修改其进口管制措施,并使其符合美国在GATT下的国际义务。

美—墨金枪鱼案几乎涉及了环境与贸易争议中所有的关键问题,包括产品和生产方法问题、单边贸易主义与国际合作机制问题、国内环境法规的域外适用问题、环境标识问题以及GATT中的环境例外措施的适用等。GATT专家组对这些问题的界定是:环境贸易措施不应针对生产方法;一个国家基于环境采取的贸易限制措施,只能适用于其国家管辖范围内,不能域外适用;国际贸易和环境保护中的单边主义,应让位于多边合作机制等。

委内瑞拉和巴西诉美国精炼汽油和常规汽油标准案(以下简称"汽油标准案")发生在1995年,是WTO成立后通过其争端解决机制处理的涉及贸易与环境保护问题的第一个法律争端。

依据1990年修订的《清洁空气法》,美国环境保护署制定了新的汽油环保标准,规定汽油中硫苯等有害物质的含量必须符合特定的化学成分标准,同时还规定,美国生产的汽油可以逐步达到这个标准,而进口汽油必须在1995年1月1日标准生效时立即达标,否则禁止进口。1995年3月,委内瑞拉和巴西向WTO提出起诉,认为美国的新汽油标准带有明显的歧视性,限制了外国汽油进口。紧接着,美国反对指控并上诉。

该案双方争论的核心问题是,美国新汽油标准中对国产汽油和进口汽油所适用的不同待遇是否符合1994年GATT第3条有关国民待遇的规定、第1条有关最惠国待遇的规定、TBT(贸易技术壁垒协议)第2条以及可否援引1994年GATT第20条所规定的国民待遇一般例外。专家组认为,新汽油标准不符合1994年GATT第3条,且不能被GATT第20条证明正当,不必考虑是否违反TBT协议。特别是上诉机构裁决美国措施符合GATT第20条第7款但不符合第20条前言,因此不能构成第20条第7款的例外。WTO协定不妨碍成员采取措施保护环境,但采取环保例外措施的首要条件是不能构成变相歧视。

汽油标准案经历了双边磋商、专家组程序、中期评审程序、上诉审程序、多边监督与执行程序,成为WTO争端解决机制的典范,也奠定了WTO争端解决机制处理国际贸易关系中有不当影响的环境保护措施的基础。

10.4 环境—经济影响的分析模型

为了实现环境目标,政府需要对经济活动进行干预,将外部成本内部化,此外,政府还要进行大量的环境投资用于污染防治和环境修复。这些干预和投入会通过产业关联对整体经济产生影响。其中有的影响是直接的,有的则是间接的,要全面分析其对经济各部门的影响,可以参考使用本节介绍的两个模型。

10.4.1 投入—产出模型

用经过改造的投入—产出表可以分析环境投入对经济产出的影响,计算污染削减措施的价格效应。方法是在传统的投入—产出表的右边加一列和下面加一行,成为表10-6。

其中,

a_{ij}是生产一单位j产品需要投入的i产品的数量,$i,j=1,2,3,\cdots,m$;

a_{ig}是产生一单位g污染物排放需要投入的i产品的数量,$i=1,2,3,\cdots,m,g=m+1,m+2,\cdots,n$;

a_{gi}是生产一单位i产品排放的g污染物的数量,$i=1,2,3,\cdots,m,g=m+1,m+2,\cdots,n$;

a_{gk}是消除一单位k污染物产生的g污染物的数量,$g,k=m+1,m+2,\cdots,n$。

表 10-6　投入—产出结构

A_{11}	A_{12}
A_{21}	A_{22}
$v_1 v_2 v_3 \cdots v_m$	$v_{m+1} \cdots v_n$

这里，

a_{11}	a_{12}	$\cdots$	a_{1m}	$a_{1\,m+1}$	$a_{1\,m+2}$	$\cdots$	a_{1n}
a_{21}	a_{22}	$\cdots$	a_{2m}	$a_{2\,m+1}$	$a_{2\,m+2}$	$\cdots$	a_{2n}
	$\vdots$				$\vdots$		
a_{m1}	a_{m2}	$\cdots$	a_{mm}	$a_{m\,m+1}$	$a_{m\,m+2}$	$\cdots$	a_{mn}
$a_{m+1\,1}$	$a_{m+1\,2}$	$\cdots$	$a_{m+1\,m}$	$a_{m+1\,m+1}$	$a_{m+1\,m+2}$	$\cdots$	$a_{m+1\,n}$
$a_{m+2\,1}$	$a_{m+2\,2}$	$\cdots$	$a_{m+2\,m}$	$a_{m+2\,m+1}$	$a_{m+2\,m+2}$	$\cdots$	$a_{m+2\,n}$
	$\vdots$				$\vdots$		
a_{n1}	a_{n2}	$\cdots$	a_{nm}	$a_{n\,m+1}$	$a_{n\,m+2}$	$\cdots$	a_{nn}
v_1	v_2	$\cdots$	v_m	v_{m+1}	v_{m+2}	$\cdots$	v_n

$v_1\ v_2\ v_3 \cdots v_m$ 是各行业单位产出的价值附加，$v_{m+1} \cdots v_n$ 是反污染措施产生的价值附加。受统计数据可得性限制，实际上只有 A_{11} 和 A_{21} 中的数据是可得的。由于 A_{12} 和 A_{22} 的数据无法得到，所以无法使用投入—产出表来估算污染削减措施的投入结构对产出和需求的影响。设这两个矩阵对价格的影响为 0，用“三废”的削减成本代替反污染措施，计算其对常规价值附加的增加量，就可以依照标准的静态价值附加方程来估算污染削减措施的价格效应：

$$\begin{cases} P^k = V^k (I - A)^{-1} \\ V^k = (v_1, v_2, v_3, \cdots, v_m) + (v_1^k, v_2^k, v_3^k, \cdots, v_m^k) \end{cases} \qquad (\text{式 } 10\text{-}2)$$

这里 v_i^k 是 i 产业由于使用了污染控制政策 k 所产生的价值增加量。

Leontief 和 Ford(1986)用这种方法分析了 1967 年实施《清洁空气法》对美国经济各部门物品和服务价格的影响，发现 20 个产生空气污染物的主要产业进行污染削减使其物品和服务的价格有不同程度的轻微上升。①

10.4.2　瓦尔拉斯-卡塞尔模型

对于资源价格的变动对经济各部门的影响，可以用瓦尔拉斯-卡塞尔模型进行分析。该模型模拟了在 n 个部门分配 m 种资源进行生产的情形。模型中的变量如下：

$$\begin{cases} R = (r_1, r_2, \cdots, r_m) \\ V = (v_1, v_2, \cdots, v_m) \\ X = (x_1, x_2, \cdots, x_n) \\ P = (p_1, p_2, \cdots, p_n) \\ Y = (y_1, y_2, \cdots, y_n) \end{cases}$$

---

① Leontief, Wassily, Ford, Daniel. Air pollution and the economic structure: empirical results of Input-Output computations. in Leontief, Wassily. Input-Output Economics(Second Edition)[M]. Oxford: Oxford University Press, 1986.

其中 R 是投资于生产的资源和服务，V 是资源 R 的价格，X 是产出的物品或服务，P 是物品或服务的价格，Y 是最终产品。

$$\begin{cases} r_1 = a_{11}x_1 + a_{12}x_2 + \cdots a_{1n}x_n \\ r_1 = a_{21}x_1 + a_{22}x_2 + \cdots a_{2n}x_n \\ \vdots \\ r_m = a_{m1}x_1 + a_{m2}x_2 + \cdots a_{mn}x_n \end{cases}$$

即

$$r_j = \sum_{k=1}^{n} a_{jk}x_k, \quad j = 1,2,\cdots,m \qquad \text{（式 10-3）}$$

写成矩阵形式，就是

$$\begin{bmatrix} r_1 \\ r_2 \\ \vdots \\ r_m \end{bmatrix} = \begin{bmatrix} a_{11} & a_{12} & \cdots & a_{1n} \\ a_{21} & a_{22} & \cdots & a_{2n} \\ \vdots & \vdots & \vdots & \vdots \\ a_{m1} & a_{m2} & \cdots & a_{mn} \end{bmatrix} \begin{bmatrix} x_1 \\ x_2 \\ \vdots \\ x_n \end{bmatrix} \qquad \text{（式 10-4）}$$

即

$$R = AX$$

投入产出关系为 $CX + Y = X$，这里 C 是里昂惕夫矩阵系数。设 $B = (I - C)^{-1}$，I 是单位矩阵，有

$$X = BY$$

即

$$x_j = \sum_{k=1}^{n} b_{jk}y_k, \quad j = 1,2,\cdots,n \qquad \text{（式 10-5）}$$

把式 10-5 代入式 10-3，有

$$r_j = \sum_{k=1}^{n} a_{jk} \sum_{l=1}^{n} b_{kl}y_l = \sum_{k,l=1}^{n} a_{jk}b_{kl}y_l, \quad j = 1,2,\cdots,m \qquad \text{（式 10-6）}$$

写成矩阵形式，是 $R = ABY$。

设 $G = AB$，则有 $R = GY$。

资源价格与产品价格间的关系为

$$p_k = \sum_{j=1}^{m} g_{jk}v_j, \quad k = 1,2,\cdots,n$$

$$P = (p_1 \quad p_2 \quad \cdots \quad p_n) = (v_1 \quad v_2 \quad \cdots \quad v_m) \begin{bmatrix} g_{11} & g_{12} & \cdots & g_{1n} \\ g_{21} & g_{22} & \cdots & g_{2n} \\ \vdots & \vdots & \vdots & \vdots \\ g_{m1} & g_{m2} & \cdots & g_{mn} \end{bmatrix} \qquad \text{（式 10-7）}$$

即

$$P = VG$$

在瓦尔拉斯–卡塞尔模型中引入环境部门（x_e）和最终消费部门（x_c），把 R 分为资源和服务两部分

$$R = GY = \begin{bmatrix} G^Z \\ G^S \end{bmatrix} Y \qquad \text{（式 10-8）}$$

$$P = VG = V^Z G^Z + V^S G^S \qquad \text{（式 10-9）}$$

对于环境部门来说，物质的流动是平衡的，

$$\sum_{k=1}^{n} c_{ek}x_k = \sum_{j=1}^{l} r_j^z = \sum_{j=1}^{l}\sum_{k=1}^{n} a_{jk}^z x_k = \sum_{j=1}^{l}\sum_{k=1}^{n} g_{jk}^z y_k \qquad (式 10\text{-}10)$$

对于最终部门来说，物质的流动是平衡的，

$$\sum_{k=1}^{n} c_{kc}x_c = \sum_{k=1}^{n} c_{kc}x_k + c_{ce}x_e \qquad (式 10\text{-}11)$$

对于中间产品部门来说，物质也是平衡的，

$$\sum_{j=1}^{l}\sum_{k=1}^{n} g_{jk}^z y_k - \sum_{j=1}^{n} y_j + \gamma\sum_{j=1}^{n}\sum_{k=1}^{n} c_{cj}b_{jk}y_k = \sum_{k=1}^{n} c_{ke}x_e \qquad (式 10\text{-}12)$$

流入环境的全部污染物等于中间产品部门和最终消费部门流出的污染物：

$$c_{te}x_e = \sum_{k=1}^{n} c_{ke}x_e + c_{ce}x_e$$

来自环境的物质流减去再循环的产品，等于来自中间产品部门的污染物流加上最终消费产出的污染物流：

$$\sum_{j=1}^{l}\sum_{k=1}^{n} g_{jk}^m y_k - (1-\gamma)\sum_{j=1}^{n}\sum_{k=1}^{n} c_{cj}b_{jk}y_k = \sum_{k=1}^{n} c_{ke}x_e + c_{ce}x_e \qquad (式 10\text{-}13)$$

来自环境的物质最终将以污染物的形式回到环境中：

$$\sum_{j=1}^{l}\sum_{k=1}^{n} g_{jk}^m y_k = \sum_{k=1}^{n} c_{ke}x_e + c_{ce}x_e + (1-\gamma)\sum_{j=1}^{n}\sum_{k=1}^{n} c_{cj}b_{jk}y_k \qquad (式 10\text{-}14)$$

10.5　环境管制对企业竞争力的影响

在技术和市场需求不变的情况下，环境管制会加大企业的成本负担，损害企业的竞争力。但如果考虑到技术进步、消费者的偏好改变等因素，环境管制对企业的影响可能就不是负面的。

波特等人在案例研究的基础上，认为环境管制与竞争力之间并没有必然的冲突。严格的环境管制会迫使企业分配一些资源（资本和劳动）去削减污染，从商业的角度来看，这将使企业不得不把一部分资金从生产性投资转移到非生产性的活动，在短期内这将会增加企业的成本，但这是一种静态的分析。从长期和动态的角度来看，环境管制给企业和产业带来的压力类似于市场竞争压力，设计合理的环境管制会激励企业进行技术创新和管理创新。这些创新不但可以补偿企业为环境达标而付出的成本，还可能激励企业开发出资源使用效率更高的新工艺和新产品，增强企业和产业的竞争力。也就是说，严格但设计合理的环境管制不仅可以减少污染排放，还可以使企业和产业具有更好的环境表现和声誉，并能产生“创新补偿效应”（innovation offsets），部分甚至完全抵消环境管制带来的额外成本。对于企业和产业而言，环境管制不但不会损害其竞争力，反而还会增强其在世界市场上的竞争优势和地位，环境管制与竞争力可以实现“双赢”（Porter, 1991; Porter & Linde, 1995）。学术界将波特等人的这些观点称为“波特假说”（Porter Hypothesis）。

按“波特假说”的理解,在静态的分析框架下,企业被认为是在技术、产品、工艺和顾客需求等都不变的情况下进行成本最小化决策,因此,一旦政府加强环境管制,企业就需要额外增加环保投入,这必然会造成企业成本的增加及市场竞争力的下降,导致企业或产业在国内市场和全球市场份额的减少。但实际上,企业总是处在动态环境中,技术、产品、工艺和消费者需求都是不断变化的,企业潜藏着无限创新与效率改进的空间。在这种动态环境下,具有竞争力的企业并不是因为使用较低的生产投入或拥有较大的规模,而是企业本身具备不断改进与创新的能力。具有国际竞争力的公司不是那些投入最廉价或规模最大的公司,而是那些能够持续改进和创新的公司。竞争优势也不再是通过静态效率,而是通过创新等动态效率来获得的。

只有在静态的竞争模式下,环境管制与竞争力的冲突才是无可避免的,而在新的、建立在创新基础上的动态竞争模式下,企业在从事污染减排和防治的初始阶段可能会因成本增加而出现暂时的竞争力下降。但是,这种情况不会持续不变,企业在环境管制压力下会调整生产工艺,利用新技术来提高生产效率,消费者的需求也会改变,他们会增加对绿色产品的消费。最终,环境管制加强会激发企业创新,实现减少污染与增强竞争力“双赢”的结果。

在动态竞争的模式下,企业往往要面对高度不完备的信息以及瞬息万变的环境(包括技术、产品及顾客需求等),生产投入组合与技术也都是在不断变化的,在企业内部也往往存在着“X 低效率”现象。在这种背景下,企业潜藏着创新与效率改进的机会。如果没有环境管制,企业通常没有动力去采用新的绿色技术。环境管制加强能够促使企业了解潜在的获利机会,改进生产组合,产生采用新技术的压力的动力。

环境管制与创新①

波特假说成立的一个核心假定是环境管制会促进创新,创新补偿带来的收益抵消了环境成本。为了检验环境管制是否促进创新,Jaffe 和 Palmer(1997)使用美国 1973—1991 年间行业级别的面板数据进行了分析,研究美国工业减污成本与私人部门研发投资、专利申请数量间的关系。该研究使用的计量模型是

$$\log(\text{R\&D})_{i,t} = \beta_1\log(\text{VA}_{i,t}) + \beta_2\log(\text{GR\&D}_{i,t}) + \beta_3\log(\text{PACE}_{i,t-1}) + \alpha_i^R + \mu_t^R + \xi_{i,t}^R \qquad (\text{式 10-15})$$

和

$$\log(\text{patent})_{i,t} = \gamma_1\log(\text{VA}_{i,t}) + \gamma_2\log(\text{FP}_{i,t}) + \gamma_3\log(\text{PACE}_{i,t-1}) + \alpha_i^P + \mu_t^P + \xi_{i,t}^P \qquad (\text{式 10-16})$$

式中,i 是工业部门,t 是年份,R&D 是企业研发支出,VA 是工业增加值,GR&D 是政府对工业研发的资助,PACE 是污染控制成本,patent 是美国企业申请的专利批准量,FP 是外

① Jaffe, A., Palmer, K. Environmental regulation and innovation: a panel data study[J]. Review of Economics and Statistics, 1997, 79: 610—619.

国企业申请的专业批准量,α_i 反映工业部门的固定效应,μ_t 反映时间固定效应,ξ 为误差项。经过统计分析,该研究发现在控制了其他变量后,滞后的环境成本(分为一年滞后与五年滞后)与研发投资有正相关关系,专利申请数量与环境成本无关。

小结

为了达到预定的环境目标,需要将大量的资源投入到非生产性的环境保护中去,环境管制的实施也要花费一定的成本。这些支出是否会对经济增长、就业、国际贸易中的竞争力等造成负面影响一直是各国政府和学者们研究的问题。一般认为环境管制对这些经济变量的影响是有限的,在有的情况下还可能表现为积极影响。

进一步阅读

1. Leontief, Wassily, Ford, Daniel. Air pollution and the economic structure: empirical results of Input-Output computations. in Leontief, Wassily. Input-Output Economics (Second Edition) [M]. Oxford: Oxford University Press, 1986.

2. Chichilnisky, G. North-South trade and the global environment [J]. American Economic Review, 1994, 84(4): 851—874.

3. Dean, J. M., M. E. Lovely, H. Wang. Are foreign investors attracted to weak environmental regulations? evaluating the evidence from China. World Bank Policy Research Working Paper 3505, 2005.

4. Jaffe, A. B., et al. Environmental regulation and the competitiveness of U. S. manufacturing: what does the evidence tell us? [J]. Journal of Economic Literature, 1995, 33 (1): 132—163.

5. OECD. The Macro-economic impact of environmental expenditure [M]. OECD Publications, 1985.

6. Porter, M. E., C. van der Linde. Toward a new conception of the environment competitiveness relationship [J]. Journal of Economic Perspectives, 1995, 9: 97—118.

7. Wheeler, D. Racing to the bottom? foreign investment and air pollution in developing countries [J]. The Journal of Environment Development, 2001, 10(3): 225—245.

8. Palmer, K., W. E. Oates, P. R. Portney. Tightening environmental standards: the benefit-cost or the no-cost paradigm? [J] Journal of Economic Perspectives, 1995, 9: 119—132.

思考题

1. 环境管制对经济增长可能产生的负面影响有哪些？
2. 环境管制对经济增长可能产生的正面影响有哪些？
3. 什么是环境比较优势？
4. 什么是绿色贸易壁垒？
5. 在利用与环境有关的贸易措施时,应遵守什么原则？
6. 简述“波特假说”的主要内容。

第 11 章 环境经济核算

学习目标

- 了解传统经济核算方式的不足
- 掌握 SEEA 的核算框架
- 了解中国进行环境经济核算的尝试历程和面临的困难

传统的经济核算方式没有考虑经济活动的环境成本,过分夸大了的生产率和社会财富。康芒纳认为"这些财富一直是通过对环境系统的迅速的短期掠夺所获取的,而且它还一直在盲目地累计着对自然的债务,这个债务是那样大和那样具有渗透力,以至于在下一代人中,如果还不付讫,那么就会把我们赢得的大部分财富都摧毁了"。[①] 为了正确反映经济活动的成果和成本,需要对传统经济核算方式进行改革,进行环境经济核算。

11.1 环境经济核算思想

传统的国民经济核算体系(system of national accounting, SNA)有助于人类认识经济活动的成本和收益,其核心指标 GDP、GNP 是衡量经济发展状况的重要参数。但这种核算体系只能计量有市场价格的物品和服务,衡量参与市场交易的经济活动,对于没有进行市场交易的活动则无法衡量。大多数的环境因素没有直接的市场价格,传统经济核算无法反映环境变化,因此需要探索新的核算方法。

11.1.1 传统经济核算的不足

传统国民经济核算体系的中心指标是 GDP(GNP),它们衡量的是货币化的物品和服务,被用来计算国民经济增长速度,衡量地区经济发展水平。但自 20 世纪 60 年代以来,人们注意到污染、生态退化、自然资源消耗、国民社会福利停滞等问题无法反映在 GDP 体系中,会带来 GDP 的虚增。这种虚增主要表现在两个方面:

① 没有考虑资源质量下降和资源枯竭等问题,结果高估了当期经济生产活动创造的新价值。在各种初级生产中,自然资源往往是生产过程的重要的甚至是主要的劳动对象和劳动手段,如矿业生产中的矿产资源,森林工业中的森林资源,农业生产中的土地资源等。同时,经济活动会排放大量的废弃物,自然环境是这些废弃物的主要处理和消纳场所。反过来说,自然资源会因经济过程的开采而逐渐减少,自然环境也会因经济过程的干预而变化。依照目前的核算方法,国民经济核算只核算经济过程对自然资源的开采成

---

① 巴里·康芒纳. 封闭的循环[M]. 长春:吉林人民出版社, 1997: 237.

本,却不计算其资源成本和环境成本,显然低估了经济过程的投入价值,其结果是过高地估计当期生产过程新创造的价值。实际上,这些高估的价值是由自然资源与环境的价值转化而来的。

可以用一个例子来说明这个问题。一个农夫将自己拥有的一片林木砍掉,出售后获得一笔收入。按照国民经济核算原理,这笔收入扣除砍伐成本后的净值即可作为该农夫当期的生产成果,并进而形成可支配收入,但实际上这笔净收入不过就是该农夫原本所拥有的林木的价值。进一步看,农夫对这笔收入可以有两种用途,一是用这笔收入购买食品和衣物,一是购买资产如建造房屋或购买农具。按照国民经济核算原理,这都属于当期生产成果的使用,前者满足了农夫的生活需要,后者则增加了农夫的资产。但实际上,前一种情况下,农夫在满足消费的同时,其拥有的资产不可避免地减少了;后一种情况下,一种资产增加的背后是另一种资产的减少,充其量是不同资产类型的转换,而不是资产的增加。

将农夫的例子放大到一个国家,道理是同样的。对那些主要依靠自然资源建立其经济结构获得就业、财政收入、外汇收入的国家来说,当期产出的增加很大程度上是以牺牲自然资源和未来生产潜力为代价的,其结果是人们在得到收入的同时失去了财富,从长远来看,这种经济发展是不可持续的。

② 传统核算方法将防御性支出、防控污染的支出、环境修复的支出等都记为投资活动,结果污染物排放越多,环境破坏越严重,这类环境保护支出就越多,GDP 也就越大。

这样,一个企业以向河道排放污水为代价进行生产会带来 GDP 的增加,而附近的居民为了避免损害不得不购买净水设备会带来 GDP 的增加,污染企业治理污染会带来 GDP 的增加,政府组织清理河道又带来 GDP 的增加。这就类似于在平整的路面上挖坑然后把坑填平会带来两次 GDP 增长一样,这些活动对社会福利并没有真正的贡献,不能真实反映人们福利水平的变化。

11.1.2 环境经济核算的思路

20 世纪 60 年代以后,在资源短缺、环境破坏的压力下,人们开始对传统的经济发展观进行反思,同时,也对传统的衡量经济发展的国民经济核算体系进行反思,探讨构建一种新的统计核算体系,在计量经济发展成果时可以将资源消耗和环境破坏的成本纳入其中。自 70 年代起,许多国际组织、国家、地区政府和学者一直在这一领域进行理论探讨和核算实践。环境经济核算的总体思路是将资源消耗和环境损害作为经济增长的成本从 GDP 中剔除。在环境经济核算方面处于领先地位的组织和国家主要有联合国统计处(UNSD)、联合国环境规划署(UNEP)、世界银行(WB)、欧盟统计局(Eurostat)、欧洲环境署(EEA)、经合组织(OECD)、挪威、加拿大、瑞典、德国、日本、南非等。使用环境经济核算方法计算,人类的经济发展成果往往会打折扣(表 11-1)。

表 11-1 一些环境经济核算指标和思路

指标	提出者	年份	内容	应用和评价
生态需求指标(Ecological Requisite Index,ERI)	麻省理工学院	1971	测算经济增长对资源环境的压力。计算公式为 $E=\sum(R_i, P_j)$,式中,E 表示生态需求;R 代表对资源的需求;P 代表接受废弃物的需求	此指标被一些学者认为是 1986 年布伦特兰报告的思想先锋,但缺点是过于笼统,因而未获广泛应用
净经济福利指标(Net Economic Welfare,NEW)	James Tobin 和 William Nordhaus	1972	在 GDP 中扣除污染产生的社会成本,同时加上家政服务、义务劳动等活动	美国 1940—1968 年,NEW 几乎只有同期 GDP 的一半,1968 年后,二者的差距加大,NEW 不及 GDP 的一半
净国内产值(Net Domestic Product, NDP)	Rober Repetoo	1989	NDP = GDP - 固定资产折旧	印尼 1971—1984 年,GDP 的增长率为 7. 1%,扣除资源环境损失后 NDP 增长 4.8%
可持续经济福利指标(Index of Sustainable Economic Welfare, ISEW)	Herman Daly	1990	ISEW = 个人消费 + 公共非防御性支出 - 私人防御性支出 + 资本形成 + 家务服务 - 环境退化成本 - 自然资本退化成本	澳大利亚 1950—1996 年,实际经济增长率只有公布的 GDP 增长率的 70%
生态足迹(Ecological Footprint, EF)	Wackernagel	1996	一定的人口和经济规模下,维持资源消费和废弃物吸收所需的生产土地面积	从全球范围看,人类的生态足迹已超过全球承载力的 30%
国民福利(National Wealth, NW)	世界银行	1997	NW = 净储蓄 - 资源损耗 - 环境污染损失,资源包括人造资本、自然资源、人力资源	OECD、中国、东南亚等
真实储蓄(Genuine Saving, GS)		1999	GS 为国内总储蓄扣除人造资本、自然资源和环境折损,以国际价格及标准折现率进行估算	
环境和自然资源账户(Environmental and Natural Resources Accounting Project, ENRAP)	Peskin 提出,USAID 提供基金协助,菲律宾试行	1990	把天然环境作为可生产非市场价值的生产部门,不仅计算对环境有害的减项项目,也计算对环境有利的加项项目	美国部分地区、菲律宾、尼泊尔
环境与经济综合核算体系(System for Environmental and Economic Accounts, SEEA)	联合国	1989	建立与国民经济核算账户相联系的环境卫星账户,绿色国内生产总值 EDP = GDP - 固定资产折旧 - 自然资源损耗和环境退化损失	美国、德国、加拿大、荷兰、挪威、芬兰等国在 SEEA 的基础上对本国的 EDP 进行了核算

11.2 环境与经济综合核算体系[①]

联合国的环境与经济综合核算体系(System for Environmental and Economic Accounts, SEEA)是在传统国民经济核算体系基础上建立的,SEEA账户可以与传统国民账户体系(SNA)相衔接,在许多国家被试算应用。联合国统计署分别于1993、2000、2003、2012年发布了《环境与经济综合核算体系(SEEA)》指南,通过SEEA(2012),人们可以获得资源消耗、环境损害、生态效益、生态承载力、生态赤字等指标。

11.2.1 SEEA的核算思路

按照2012年版的指南,SEEA的核算思路是:

① 将国民经济核算账户中与自然资源和环境相关的存量和流量识别出来。

② 在资产负债表中将实物账户与自然资源和环境相关的账户进行连接。

③ 纳入环境影响成本和效益;对自然资源和环境变化进行估值,SEEA建议尽量使用市场价值法进行估值计算,对于没有市场价值的,可使用替代成本法(written down replacement cost)或收益折现法(discounted value of future returns)进行估算。

④ 得出能反映考虑了环境因素后的收入和产出指标。将自然资源耗减与环境质量衰退从国内生产净值中扣除,估计出修正指标。

11.2.2 SEEA的核算框架

SEEA的环境账户以卫星账户的形式表现,是相对独立于SNA体系的。在这个账户中,依功能将环境物品和服务进行分类,将环保活动与一般的经济活动区分开来,对自然资源的消耗主要考虑自然资源存量及其变化对国民收入的影响,共包括四个部分:

① 实物流量账户。记录经济与环境之间以及经济体系内部发生的实物流量,包括自然投入、产品、废弃物三类。

> ✓ 自然投入指从环境流入经济的物质,分为自然资源投入、可再生能源投入和其他自然投入三类。自然资源投入包括矿产和能源资源、土壤资源、天然林木资源、天然水生资源、其他天然生物资源以及水资源;可再生能源投入包括太阳能、水能、风能、潮汐能、地热能和其他热能;其他自然投入包括土壤养分、土壤碳等来自土壤的投入,氮、氧等来自空气的投入和未另分类的其他自然投入。
>
> ✓ 产品指经济内部的流量,是经济生产过程所产生的物品与服务,与SNA的产品定义和分类一致。
>
> ✓ 废弃物是生产、消费或积累过程中丢弃或排放的固态、液态和气态废弃物。

收集到各实物流量信息后,在SNA(2008)中的价值型供给—使用表的基础上增加相关的行或列,即可得到实物型供给—使用表,以此记录从环境系统到经济系统、经济系统

---

① System of Environmental-Economic Accounting Central Framework 2012.

内部以及从经济系统到环境系统的全部实物流量。

实物流量核算的逻辑基础是两个恒等式：

一是供给使用恒等式：产品总供给 = 产品总使用，具体表现为

国内生产 + 进口 = 中间消费 + 住户最终消费 + 资本形成总额 + 出口

二是投入产出恒等式：进入经济系统的物质 = 流出经济系统的物质 + 经济系统的存量净增加，具体表现为：

自然投入 + 进口 + 来自国外的废弃物 + 从环境系统回收的废弃物 =（流入环境系统的废弃物 + 出口 + 流入国外的废弃物）+（资本形成总额 + 受控垃圾填埋场的积累 − 生产系统和受控垃圾填埋场的废弃物）

SNA 中供给—使用表的基本框架如表 11-2 所示。实物流量有不同的计量单位，对表 11-2 进行改造后形成的表 11-3 可用于记录实物流量信息。

表 11-2　供给—使用表的基本框架

	生产部门	家庭	政府	累积量	国外	合计
供给表						
产品	产出				进口	总供给
使用表						
产品	中间消费 增加值	家庭消费	政府消费	资本形成	出口	总使用

注：灰色部分为空。

表 11-3　实物型供给—使用表的基本形式

	生产部门	家庭	累积量	国外	环境	合计
供给表						
自然投入					来自环境的流量	自然投入的总供给
产品	产出			进口		产品总供给
废弃物	生产部门的废弃物	家庭消费的废弃物	资产的报废和拆除			废弃物总供给
使用表						
自然投入	自然投入的使用					自然投入的总使用
产品	中间消费	家庭消费	资本形成	出口		总使用
废弃物	废弃物的收集处理		在填埋场的废弃物积累		直接排放到环境的废弃物	废弃物的总使用

注：该表用于记录能源、水资源、各种排放和废弃物流量，灰色部分为空。

② 环境活动账户和相关流量。记录与环境活动相关的交易。环境活动指以降低或消除环境压力为主要目的的经济活动，以及更有效地利用自然资源的经济活动，分为环境保护与资源管理两类。其中，环境保护活动指以预防、削减、消除污染或其他环境退化现象为主要目的的活动，资源管理活动指以保护和维持自然资源存量、防止耗减为主要目的的活动。环境活动提供的物品与服务称为环境物品与服务，包括专项服务、关联产

品和适用物品。生产环境物品与服务的单位统称为环境生产者,若环境物品与服务的生产是其主要活动,则称为专业生产者,否则称为非专业生产者,若仅为自用则称为自给性生产者。

可以用两套方法编制环境活动信息:环境保护支出账户(environmental protection expenditure accounts,EPEA)和环境物品与服务部门统计(environmental goods and services sector,EGSS)。

EPEA 从需求角度出发核算经济单位为环境保护目的而发生的支出,以环境保护支出表为核心,延伸到环境保护专项服务的生产表、环境保护专项服务的供给—使用表、环境保护支出的资金来源表。

EGSS 从供给角度出发展示专业生产者、非专业生产者、自给性生产者的环境物品与服务的生产信息,它将环境物品与服务分为四类:环境专项服务(环境保护与资源管理服务)、单一目的产品(仅能用于环境保护与资源管理的产品)、适用货物(对环境更友好或更清洁的货物)、环境技术(末端治理技术和综合技术)。主要核算指标有:各类生产者的各类环境物品与服务的产出、增加值、就业、出口、固定资本形成。

相比较而言,EPEA 由系列账户组成,核算结构完整,而 EGSS 仅侧重于环境物品与服务的生产。

③ 资产账户。该账户用于记录各种环境资产在核算期间的存量及其变动情况。环境资产指地球上自然存在的生物和非生物成分,它们共同构成生物—物理环境,为人类提供福利,包括矿产和能源资源、土地、土壤资源、林木资源、水生资源、其他生物资源以及水资源。资产账户分为实物资产账户和货币资产账户两种形式。资产账户从期初资产存量开始,以期末资产存量结束,中间还记录因采掘、自然生长、发现、巨灾损失或其他因素使资产存量发生的各种增减变动。

资产账户的动态平衡关系是

$$期初资产存量 + 存量增加 - 存量减少 + 重估价 = 期末资产存量$$

在资产账户中需要计量环境资产耗减,并对环境资产进行价值评估。矿产和能源资源等非再生自然资源的耗减等于资源开采量,计算林木资源和水生资源等可再生自然资源的耗减时则要考虑资源的开采和再生。

要记录价值型资产账户,需要对环境资产进行估价,SEEA(2012)对单项环境资产,即矿产和能源资源、土地资源、土壤资源、林木资源、水生资源、其他生物资源、水资源的核算方法分别进行了介绍,界定了这些资产各自的测度范围与分类。资产账户的基本框架见表 11-4。

表 11-4　资产账户的基本框架

环境资产的期初存量
新增存量
存量增长
新存量的发现
溢价

（续表）

重新分类
总新增存量
存量减少
开采
正常损耗
灾难性损失
折价
重新分类
总存量减少
存量的重估*
环境资产的期末存量

* 只用于货币价值计量的资产账户。

可以用表 11-5 建立供给—使用表与资产账户的联系。

表 11-5　供给—使用表与资产账户的联系

						资产账户（实物和货币）	
		生产部门	家庭	政府	国外	生产性资产	环境资产
						期初资产	
价值型供给—使用表	产品供给	产出			进口		
	产品使用	中间投入	家庭消费	政府消费	出口	总资本	
实物型供给—使用表	自然投入—供给						开采自然资源
	自然投入—使用	投入					
	产品—供给	产出			进口		
	产品—使用	中间消费	家庭消费		出口	资本形成	
	废弃物—供给	生产部门产生的废弃物	家庭产生的废弃物		从其他地区接收的废弃物	资产报废和拆除形成的废弃物	
						填埋厂的排放	
	废弃物—使用	废弃物的收集处理			输送到其他地区	填埋厂的积累	排放到环境
						资产的其他改变（如自然增长、新发现、灾难性损失、重新估价）	
						期末存量	

注：灰色部分为空。

④ 结果—综合调整账户。SEEA 结果账户是综合展示经自然资本和环境调整的国民经济账户。表 11-6 是这个账户的框架。

表 11-6 SEEA 核心账户主要结果框架

项目	部门				合计
	产业部门	政府	家庭	NPISH*	
生产账户					
产出					
⋮					
增加值					
⋮					
净增加值					
- 自然资源耗减					
经调整的净增加值					
收入账户					
增加值					
⋮					
总经营盈余					
- 固定资本消耗					
- 自然资源消耗					
经调整的经营余额					
初次分配的收入账户					
经调整的经营余额					
⋮					
经调整的初次分配收入余额					
二次分配的收入账户					
经调整的初次分配收入余额					
⋮					
经调整的净可支配收入					
可支配收入的使用账户					
经调整的净可支配收入					
⋮					
经调整的净储蓄					
资本账户					
经调整的净储蓄					
⋮					
净借/贷					

* NPISH 指非营利家庭服务机构(Non-Profit Institutions Serving Households)。

而考虑到用于环境的开支和社会人口变量,可以类比 SNA 账户结构将 SEEA 各账户信息综合在一个框架里呈现,表 11-7 是 SEEA(2012)推荐的统计结果综合汇报示范表,该表同时涵盖价值和实物单位的数据,综合了价值流、实物流、环境和固定资本的存量和流量,以及相关指标。根据实际需要,可以在该表的四个大项下增减次级分类的小项,从而反映更为详细的统计内容。

表 11-7　综合各账户结果的框架表

	产业部门（ISIC 分类）	家庭	政府	积累	国外	合计
价值供给和使用：流量（货币单位）						
产品的供给						
中间消费和最终消费						
总增加值						
经调整的增加值						
环境税、补贴及其他						
实物供给和使用：流量（实物单位）						
供给						
自然投入						
产品						
废弃物						
使用						
自然投入						
产品						
废弃物						
资本账户和流量						
环境资本的期初存量（价值单位和实物单位）						
消耗（价值单位和实物单位）						
固定资本的期末存量（价值单位）						
总固定资本形成（价值单位）						
相关的社会—人口数据						
就业						
人口						

注：灰色部分为空。

11.3　国外的环境经济核算实践

各国的实践主要可分为两种形式，一种是以挪威、芬兰、法国等国为代表的资源环境实物核算；另一种是以日本、美国、墨西哥等国为代表的环境经济综合核算。

挪威从 1978 年开始建立矿产资源、森林资源、土地资源、渔业资源以及空气污染、水污染的核算，并建立了详尽的统计制度，为绿色国民经济核算体系奠定了重要基础。

芬兰继挪威之后，也建立起了自然资源核算框架体系，其环境经济核算的内容有三项：森林资源核算、环境保护支出费用统计和空气排放调查，森林资源和空气排放的核算采用实物量核算法，环境保护支出费用核算则采用了价值量核算法。

法国建立了针对空气污染、废物、废水的环境保护账户、生物多样性账户、核废料管理账户，以及一个独特的账户——遗产账户，这个账户主要记录代际遗传的自然资源和文化资源,但目前尚未得到一个全面的遗产数据。

日本由国家环境研究院负责环境核算工作,从 1991 年起开始研究和建立环境核算体系和相关指标。目前,日本已建立了一个包括实物量和价值量核算的、比较全面综合的环境经济核算体系,又称国民环境经济核算矩阵。日本对 1985—1990 年的绿色 GDP 进行了估算,主要是考虑和扣除了地下矿产资源耗减成本、土地使用成本、废水和空气污染成本以及固定资本的消耗。

美国的环境经济核算的时间虽短,但也有重要的基础。美国环保局从事污染控制、有毒化学物的排放等环境统计工作,世界资源研究所负责自然资源实物量的资产统计数据,如森林、矿产、渔业、野生生物等,目前已经建立了国家自然资源流量账户。此外,美国还在 SEEA 的框架基础上开展了环境经济核算,对环境保护支出、资源耗减成本和环境退化成本进行了核算。

1990 年在联合国的支持下,墨西哥建立了石油、土地、水、空气、森林等自然资源的实物量和价值量的统计账户,测算出石油、木材、地下水的耗减成本,另外还进行了环境退化成本的核算,由此测算出扣除了这两类成本的绿色 GDP。

由于环境经济核算在估价方法和资料来源方面的巨大困难,目前世界上还没有一个国家就全部资源的耗减成本和全部环境损失代价计算出一个完整的绿色 GDP,各国研究案例也大都限于局部的、特定的资源环境领域,而且多集中在实物量核算方面。一些国家测算得到的绿色 GDP 数据,也只是扣除了部分资源环境成本,仅作为研究分析的参考,并未作为各国政府正式数据使用。

11.4　中国的环境经济核算

由于伴随经济增长的资源环境损失日益引人关注,我国的学术界和政府部门也进行了环境经济核算研究。其中国家统计局、国家环保部(原环保总局)、国家林业局等部门积极推动了有关绿色国民经济核算的实践工作,主要的有:

① 国家统计局在新国民经济核算体系中,新设置了附属账户——自然资源实物量核算表,制订了核算方案,试编了 2000 年全国土地、森林、矿产、水资源实物量表。

② 国家统计局与挪威统计局合作,编制了 1987、1995、1997 年中国能源生产与使用账户,测算了中国八种大气污染物的排放量,并利用可计算的一般均衡模型分析并预测了未来二十年中国能源使用、大气排放的发展趋势。

③ 国家统计局在黑龙江、重庆、海南分别进行了森林、水、工业污染、环境保护支出等项目的核算试点。

④ 2004 年起原国家环保总局和国家统计局就绿色 GDP 核算工作进行过 10 个省市的试点,后推广到对全国 31 个省市自治区和 42 个部门的环境污染实物量、虚拟治理成本、环境退化成本进行了统计分析。2006 年 9 月两局联合公布《中国绿色 GDP 核算报告 2004》。报告显示,2004 年全国环境退化成本(因环境污染造成的经济损失)为 5 118 亿元,占 GDP 的 3.05%。由于基础数据和方法的限制,对 2004 年的核算没有包含自然资

源耗减成本和环境退化成本中的生态破坏成本，只计算了 20 多项环境污染损失中的 10 项。

⑤ 2010 年环保部环境规划院公布《中国绿色 GDP 核算报告 2008》，报告显示 2008 年的生态环境退化成本达到 12 745.7 亿元，占当年 GDP 的 3.9%。

我国的资源环境核算尽管取得了一定的进展，但与其他国家一样，仍处于研究摸索试行阶段，距离全面应用仍面临不少困难，目前面临的困难主要有：

① 由于资源环境问题的出现具有分散性的特点，而且其造成的影响往往有滞后性和长期性，使得搜集建立实物账户的数据十分困难。

② 由于环境变化和许多自然资源没有市场价格，需要使用替代手段对其进行货币化评估，但各种评估手段在使用中都有局限性，难以准确反映实际的价值变动。

③ 地方政府的阻力。长期以来，经济增长是各级地方政府追求的核心目标，也是考核政府政绩的核心指标，而绿色 GDP 核算会扣除资源环境损失成本，一般会使经济增长成绩“打折”，因此会在应用中受到阻力。

由于这些问题的存在，我国相关部门曾希望利用绿色 GDP 作为生态补偿、环境税收的依据和考核干部的标准之一，以扭转以资源环境为代价换增长的错误做法，但由于目前核算方法尚待完善，离这些应用目标还有不小的距离。

以往我国国家统计局和环保部的资源环境核算思想主要是在国民经济核算的基础上减去资源环境损耗，没有考虑生态环境改良可能带来的价值增加。2015 年，国家环保部计划进行新一期的绿色 GDP 核算研究和实践，计划在前期工作的基础上增加环境容量核算和生态系统生产总值核算。这样绿色 GDP 就既有“减”又有“加”，可以更加全面地反映经济增长的资源环境代价。

小结

传统的国民经济核算不考虑没有进入市场交易的活动和服务，为了反映经济活动中的资源环境代价，许多学者和机构进行了环境经济核算，作为对国民经济核算的补充。从理论上看，环境经济核算的思路是清晰的，就是要加上自然资本的增加，减去自然资本损失和环境质量下降引起的损害。但在实践中，由于资源环境因素的多样性、复杂性、环境变化没有市场价格等，收集计算资源环境数据存在较多的争议和困难。尽管许多国家和地区进行了环境经济核算的尝试，但其计算结果只能作为传统国民经济核算的一个补充，不能替代传统国民经济核算。我国也进行了这一领域的研究和实践，但核算技术仍不成熟，尚在完善中。

进一步阅读

1. 雷明. 可持续发展下绿色核算[M]. 北京：地质出版社，1999.

2. 过孝民,王金南,於方. 绿色国民经济核算研究文集[M]. 北京: 中国环境科学出版社, 2009.

3. 王金南,蒋洪强,曹东. 绿色国民经济核算[M]. 北京:中国环境科学出版社, 2009.

4. 联合国经济和社会事务部统计司. 2012 年环境经济核算体系中心框架. http://unstats.un.org/unsd/envaccounting/seeaRev/CF_trans/SEEA_CF_Final_ch.pdf

思考题

1. 传统国民经济核算有哪些不足?
2. 联合国 SEEA 的核算思路是什么?
3. 环境经济核算在我国面临的主要困难是什么?

第12章　跨界环境问题

学习目标

- 掌握跨界外部性的特点
- 了解全球气候变化研究的科学背景
- 掌握全球气候合作的进展、成果和困境
- 了解全球环境治理的含义
- 掌握生态补偿原理

跨界外部性引起气候变化、跨界污染等跨界环境问题,这类问题与国内环境问题不同,需要通过协商谈判构建起联合行动框架,争取达到使整体收益最大化的合作解。

12.1　跨界外部性

当污染的外部性影响不仅局限于一国范围时,就出现了污染的跨界外部性。

这里考虑只有两个国家(X 国和 Y 国)的情形,两个国家的经济活动都产生一定的污染,如果每个国家的污染影响都限制在本国之内,这时各国都采用国内环境管制政策管控本国的污染问题。但如果污染的影响超出了国界,如 X 国的污染排放影响 Y 国的环境,或者两个国家的污染排放都对别国的环境有不利影响,就出现了污染的跨界外部性。

在污染的跨界外部性存在时,单个国家的污染行为决策依赖于别国的污染行为。经济学用两种方法研究这种参与者的行为决策相互依赖的现象。一种方法是用优化分析法考察个人的无合作行为,将这些行为的结果与使参与者的集体利益最大而进行合作的结果进行比较,找出最优方案;另一种方法是使用博弈论进行分析。

为了进行优化分析,需要指定一个或多个优化函数,以 Q 代表排放,U 代表效用。以两国为例,在污染的影响为单向流动时,Y 国的排放只影响本国,X 国的排放对两国都有影响,两国的效用函数分别为:

$$U_X = U_X(Q_X)$$
$$U_Y = U_Y(Q_X, Q_Y)$$

在污染的影响双向流动时,两国的排放对双方都有影响,它们的效用函数分别为:

$$U_X = U_X(Q_X, Q_Y)$$
$$U_Y = U_Y(Q_X, Q_Y)$$

在无合作的情况下,每个国家都忽视自身排放对其他国家造成的影响,他们分别选择自己的污染水平,使得自身的净效用最大。其效用最大化的条件分别是 $\mathrm{d}U_X/\mathrm{d}Q_X = 0$ 和 $\mathrm{d}U_Y/\mathrm{d}Q_Y = 0$。

即使每个国家最终感兴趣的只是本国的福利,无合作行为也不一定保证能获得最好的结果,与其他国家进行合作可能更有利于提高本国的福利水平。合作是一个共同决策的过程,指两个国家共同选择排放水平,使集体福利最大。

在污染的影响为单向流动时,Q_X 和 Q_Y 的值同时选取,使得两个国家的总效用 $U = U_X + U_Y$ 达到最大。最大化所需的条件为:

$$\partial U/\partial Q_X = 0$$

$$dU_X/dQ_X + \partial U_Y/\partial Q_X = 0$$

$$dU_X/dQ_X = -\partial U_Y/\partial Q_X \quad (式\ 12\text{-}1)$$

$$\partial U/\partial Q_Y = 0$$

$$\partial U_Y/\partial Q_Y = 0 \quad (式\ 12\text{-}2)$$

这一条件的政策含义是:为了获得有效的结果,两国需要通过协商进行单边支付或赔偿。但由于没有超国家的管理机构来强制各国进行合作,一国向另一国进行单向支付往往很难实现。

在污染的影响为双向流动时,总效用最大化所需的条件为:

$$\partial U/\partial Q_X = 0$$

$$dU_X/dQ_X + \partial U_Y/\partial Q_X = 0$$

$$dU_X/dQ_X = -\partial U_Y/\partial Q_X \quad (式\ 12\text{-}3)$$

$$\partial U/\partial Q_Y = 0$$

$$dU_X/dQ_Y + \partial U_Y/\partial Q_Y = 0$$

$$dU_X/dQ_Y = -\partial U_Y/\partial Q_Y \quad (式\ 12\text{-}4)$$

这一条件的政策含义是,为了获得最优的结果,两国的污染对本国环境的边际影响应与对他国环境的边际影响相等。

在污染的跨界外部性存在时,任何一个国家在排放削减上的支出不仅使实施削减的国家受益,还使其他国家受益。这同时也意味着搭便车的可能:如果一个国家选择不进行任何污染控制,只要其他国家进行污染控制,它仍然可以受益。因此一国的成本—收益情况是随着其他国家的选择的变化而变化的,对于这种污染问题也可使用博弈论进行分析。

① 合作解。这里讨论两个国家的博弈。国家 X 和 Y 的污染排放都跨越它们共有的国境线,从而对本国和他国的居民造成影响。假设两个国家的人口数、收入和污染水平、污染损失和污染削减费用都相同,每个国家必须选择是否进行污染削减。由于只有两个国家,每个国家只有两种可能的行动(策略),因此有 4 种组合结果,如表 12-1 所示(其中的数字是假设的)。

表 12-1　有占优战略的两方博弈

X \ Y	不削减	削减
不削减	0,0	5,-3
削减	-3,5	3,3

表 12-1 中矩阵单元中的数字表示在国家 X 和 Y 的每一对策略选择下,每一个国家获得的净收益(报酬)。由于我们假设这两个国家在所有相关方面都相同,所以表中的数字显示出对称的性质。在假设世界由这两个国家组成的情况下,世界的总收益是这两个国家的净收益的和。世界的总收益在两国间的分配有三种情况:如果所有国家都削减,或者都不削减,世界的总收益在这两个国家中平均分配;如果一国选择削减而对方不削减,则削减方会受到损失。

当某种策略选择对一个国家是最好的,而不管别的国家作何选择时,这种策略就是占优决策。从表 12-1 中可以看出,不削减是 X 和 Y 的占优决策,因此可以预测两国都将不会削减污染。但从福利的角度看,这一结果不如两国合作的方案有利。通过合作,两个国家中的每一个都可以得到报酬。之所以会出现这种情况,是由于对于全球污染物来说,污染削减是全球公共物品,一旦可以获得,所有国家都可以分享它的收益,每个国家都有强烈的动机去试图通过搭便车获得别国削减带来的收益。

② 无合作解。在合作解的分析中,所有国家都具有占优决策,但事实上这种结果并非总能实现。如果改变两国决策的净收益水平,就可能出现另外的局面(表 12-2)。

表 12-2　无占优战略的两方博弈

Y / X	不削减	削减
不削减	0,0	5, -3
削减	-3,5	7,7

表 12-1 和表 12-2 中收益矩阵的唯一不同是后者在所有国家都削减时的回报均高于前者。事实上,该收益比每个国家都选择搭便车时获得的回报还高。但在表 12-2 中,每个国家都没有占优策略。在这种情况下,它们的行为将取决于个体选择何种行为"规则"。

一种可能是,每个国家都决定采取最大极大(Maximax)策略,即每个国家都选择使获得极大收益的可能性增加的策略。由于选择削减,X 和 Y 都可能得到最大收益,所以 X 和 Y 的最大极大策略都是削减污染。这里最大极大策略得到了有效的结果,但它并不是唯一正确的行为规则,而且最大极大策略往往意味着相当冒险的行为。如 X 国采用最大极大策略选择削减,当 Y 国也选择削减时,X 国可获得最大收益 7,而如果 Y 国选择不削减,X 国的收益为 -3。

另一种可能是每个国家都采取最小极大(Maximin)策略,即增加最不坏可能结果的策略。在表中,如果 X 选择削减,Y 可能获得的最坏结果是 -3,如果他选择不削减则最坏的可能结果是 0。比较起来,0 是这两种结果中较不坏的结果,Y 最小极大策略的选择是不削减。这一结果对 X 也一样。因此在这种情况下两个国家都不削减污染。尽管从回避风险的角度看,最小极大策略是合理的,但它产生了无效的结果。

总之,不论是用优化分析法还是用博弈论进行跨界外部性分析,都可以发现这种外部性的存在可能导致对最优结果的偏离,虽然合作方案是最优选择,但各国从自身利益最大化或自身风险最小化的角度出发,往往不会选择合作方案。

12.2 气候变化与全球环境治理

学者们的研究认为全球气候正在发生重大的变化,近年来,这一结论得到以联合国和世界银行为代表的国际机构和越来越多的国家政府的认同:气候变化是人类21世纪面对的最复杂的挑战之一,没有哪个国家能置身事外,也没有哪个国家能独自承担气候变化所带来的相互关联的挑战,包括有争议的政治决定、令人畏惧的技术变革,以及影响深远的全球后果。为了防止灾难性后果的出现,世界各国要共同行动,构建起联合行动框架,争取达到使整体收益最大化的合作解。

12.2.1 温室效应与气候变化

近代以来的气候监测发现,地球表面的温度逐渐上升(图12-1)。地表温度增高可能将导致地球气候发生较大的变化。预测的变化主要包括:北半球冬季将缩短,并更冷更湿,而夏季则变长且更干更热;由于气温增高水汽蒸发加速,各地区的降水形态将会改变;冰川融解,极地生态平衡发生改变;海洋变暖,海平面上升,导致低洼地区海水倒灌,居住在海岸边的人口将受到威胁;粮食、水源、渔业资源的分布发生改变,因此引发国际经济和社会冲突等。

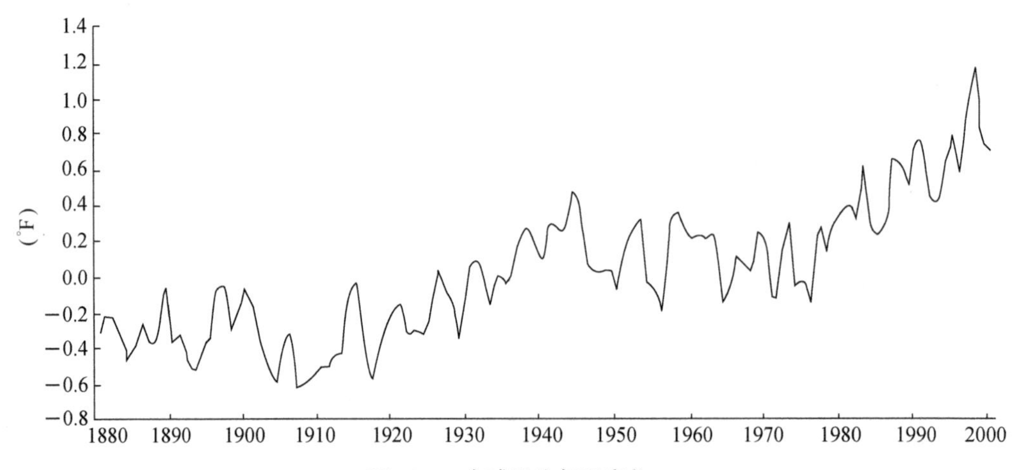

图12-1 全球平均气温变化

资料来源:美国国家环保局数据中心,http://yosemite.epa.gov。

相对于漫长的地质时期,近年来地表温度的上升速度较快,因此引起了学者们的关注。对于这种变化的原因,许多学者认为是温室效应。大气能使太阳短波辐射到达地面,但地表受热后向外放出的大量长波热辐射线却被大气吸收,作用类似于栽培农作物的温室,使地球表面温度变暖。自然状态下也存在温室效应。如果没有温室效应,地球的平均温度会比现在低33℃,那是不利于人类生存的。但过度的温室效应会使地表温度上升,引起气候变化。

一些气体有助于产生温室效应,被称为温室气体,包括CO_2、N_2O、氟氯烃、CH_4、O_3等。自然原因,如火山喷发,也会排放温室气体,但近200年来自然原因的排放量变化不大，排放量明显增长的是人为原因的排放。人类大规模的经济活动，如化石能源燃烧，化石能源开采过程中的排放和泄漏，工业、农业和畜牧业生产，废弃物处理等经济活动，向大气中排放了大量的温室气体。其中以化石能源燃烧排放的 CO_2 最多。计算化石能源燃烧的碳排放量的公式是

$$\text{碳排放量} = \sum \text{能源}\, i\, \text{的消费量} \times \text{能源}\, i\, \text{的排放系数} \qquad (\text{式 12-5})$$

各种化石能源的碳排放系数可查政府间气候变化专门委员会（Intergovernmental Panel on Climate Change，IPCC）的碳排放计算指南表得到（见附录 3）。

大量的排放使大气中温室气体的浓度增加，温室效应增强。据测算，2011 年，大气中 CO_2 的浓度达到了 391 毫克/升，比工业化前的 1750 年高了 40%。CH_4 和 N_2O 的浓度分别达到 1 803 微克/升和 324 微克/升，分别比工业化前高了 150% 和 20%。目前这三种温室气体的浓度都达到八十万年以来的最高值，同时，上世纪温室气体浓度的增加速率也达到过去 2.2 万年来的最大值。

地球升温会带来气候变化、冰川融化、海平面上升、部分物种生存受到威胁等问题，由于担心全球气候变化的趋势持续下去，可能给人类和地球生态系统带来灾难性的不可逆的影响，所以科学家们建议人类使用预防性原则①，立刻开始削减温室气体的排放量。

12.2.2　气候变化问题的研究和谈判

对气候变化的研究为讨论和应对气候变化问题提供了科学基础。自 1979 年以来，各国开始就削减温室气体排放和应对气候变化的国际合作进行谈判，《京都议定书》是代表性的合作成果，但是进一步谈判面临许多困难。

1. IPCC

在 1979 年第一次世界气候大会上，气候变化首次作为一个引起国际社会关注的问题提上议事日程。1988 年在世界气象组织和联合国环境规划署的共同促成下，政府间气候变化专门委员会成立了。该组织有三个工作组，分别处理有关气候变化的科学证据研究、对人类和自然系统的影响和响应对策的问题。

图 12-2 是 IPCC 提出的气候变化的综合分析框架。这一分析框架的含义是，经济活动引起了温室气体的排放，并因此增加了大气中温室气体的浓度，引起气候变化。这种气候变化可能会对人类和地球生态系统造成不利的影响。为了应对温室效应，需要进行政策响应，设法减少温室气体的排放，降低大气中温室气体的浓度，改变生产和生活方式，对气候变化进行适应。这些政策措施会对人类的生活和生产造成一定的影响。

IPCC 的任务是为政府提供权威的气候变化状况的评估，至今它已发表了 4 份评估报告（1990、1995、2001、2007 年）。这些评估报告对国际社会应对气候变化的政治走向起到很大甚至是决定性的作用。例如，IPCC 第一次评估报告发布后不久，1992 年里约热内卢峰会通过了《气候变化框架公约》；IPCC 第二次评估报告发布后不久，1997 年通过了《京

---

① 预防性原则（precautionary principle）是要求决策者对不确定的风险保持关注的一项原则，指在没有科学证据证明人类的行为确实会造成环境损害的情况下，要求国家和社会采取预防措施，防止可能发生的损害。

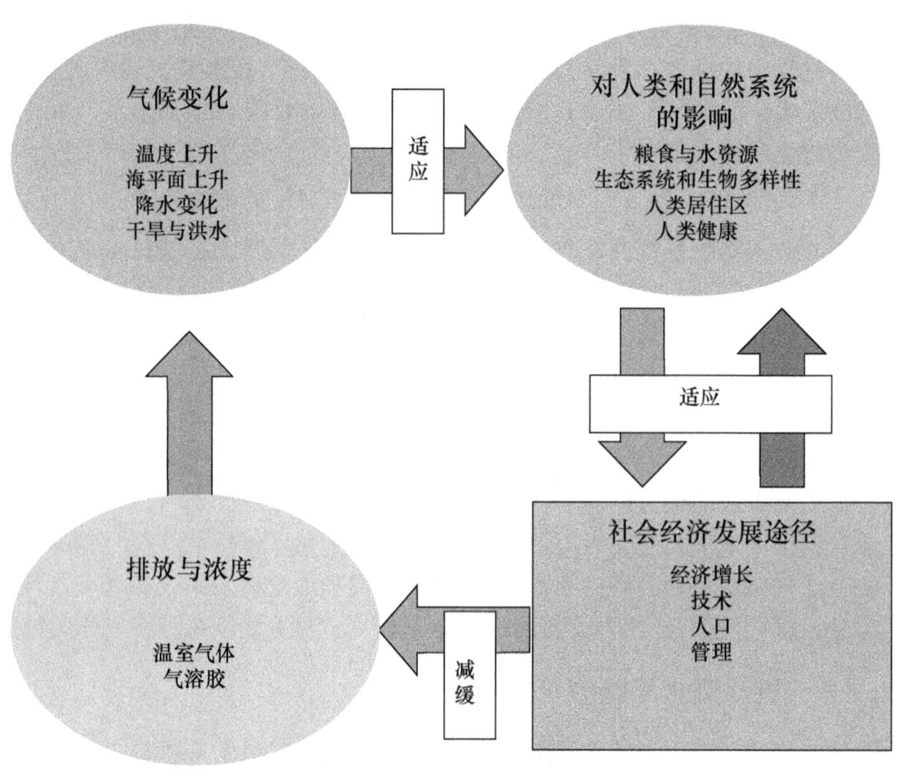

图 12-2　分析温室效应的框架图①

都议定书》;IPCC 第四次评估报告提出的要把气候变暖限制在工业化之前的 2℃以内(也就是后来所谓的"2℃阈值"),及 2℃阈值所对应的温室气体浓度 450ml/m^3 应成为碳减排的控制目标,如今也成为政府间气候谈判的政治共识之一,2015 年通过的《巴黎协定》就采纳了这一研究结果。

IPCC 的主要观点

气候变暖是非常明确的。从 20 世纪 50 年代以来的气候变化是千年以来所未见的。从有详细气象记录的 19 世纪 50 年代开始,刚刚过去的三个十年每一个都刷新了气温最高的纪录;1983—2012 年这三十年可能是北半球自 1400 年以来最热的三十年。1880—2012 年,全球海陆表面的平均温度呈线性上升趋势,升高了 0.85℃;2003—2012 年的平均温度比 1850—1900 年的平均温度升高了 0.78℃。

1951—2010 年间,温室气体的排放贡献了地表平均温度升高中的 0.5—1.3℃;其他的人为影响,如气溶胶的增加等,贡献了 -0.6—0.1℃;各种自然因素的影响在 -0.1—0.1℃之间。IPCC 的研究模型很好地解释了这一时期 0.6—0.7℃的升温。全球水循环

① 所谓"适应",是指自然或人类系统为应对环境变化做出的调整。这种调整能够减轻损害或开发有利的机会。各种不同的适应形式包括预防性适应和应对性适应、个体性适应和集体性适应以及自发性适应和计划性适应。

的变化、冰雪的消融、海平面升高和某些极端天气的变化也与人类活动关系紧密。因此,人类活动极可能(95%以上的可能性)导致了20世纪50年代以来的大部分的(半数以上)全球地表平均气温升高。相比之下,这一确认度在2007年时为90%,在2001年时为66%,在1995年时只有大约50%。

在21世纪,全球变暖将影响地球的水循环,使地球更加干湿分明,海水继续升温,冰川消融,海冰面积缩小,北半球春季积雪减少。即使人类停止排放CO_2,全球变暖带来的许多影响,如地表的平均温度处于高位、冰川的损失、海平面上升等仍将持续多个世纪。

气候变化的影响已在全球海陆发生,而在大多数情况下,全球并未做好应对气候变化的准备。2000—2010年间温室气体的排放增长速度,比此前三个十年中的任何一个十年都要快。通过采取各种技术措施以及行为改变,有可能在本世纪末将全球平均温度升高的幅度限制在2℃以内。但是,只有通过重大体制和技术变革才能实现这一目标。

各种模拟的情景显示,将全球平均温度的上升限制在2℃以内是可能的。这意味着,与2010年相比,到本世纪中叶全球温室气体排放应减少40%—70%;到本世纪末,减至近零。

NIPCC

科学监测结果显示,近百年来,全球平均地表气温上升。尽管在IPCC和欧盟的强力推动下,越来越多的人认为近百年来全球升温的主要原因是人类排放温室气体,但是对于气温变化的背后原因是什么,目前科学界并没有形成共识,在人类是否需要立刻采取行动,以及人类行动的效果等方面也都仍然存在较大的争议。

一批不同意IPCC观点的科学家组成了NIPCC(Nongovernmental International Panel on Climate Change),并出版报告提出与IPCC相反的观点,其观点主要有①:

(1) 历史上地球表面气温的波动本来就很大,IPCC宣称的人类活动是近期大气升温主要原因的结论科学证据不充分,IPCC引用的科学证据与观测和分析相矛盾。

(2) 多数现代升温是自然因素造成的,太阳和地球系统的振荡是引起气候变化的不可忽视的因素。

(3) IPCC的气候模型存在各种缺陷而不可信。

(4) 人为排放的温室气体不能加热海洋。关于海面温度上升的结论可能受不同时期测量工具的影响,如早期海面温度是由船只测的水面以下几米的温度,而最近25年来的测量主要用浮标测试海面温度,因为海水下部温度低,上部温度高,因此很可能造成虚假的海面温度上升。海平面上升速率不太可能加速。

(5) 人类对大气中CO_2的循环机制的了解并不全面,而且对未来的预测不是基于科学而是基于依赖社会—经济假设的排放情境,这不可避免地带来不确定性。

(6) 人为排放的CO_2对人类的影响是温和的。IPCC基于未来排放情境的CO_2排放

---

① 参见 http://climatechangereconsidered.org/

估计过高；高 CO_2 浓度对植物和动物的生长有益；而且较高 CO_2 浓度与极端气候事件没有必然联系。

(7) 在人类历史上，气候的温暖期多对应于人口增长和经济繁荣期，适度增温对经济的影响可能是正面的。

因此，《京都议定书》等国际协议是没有必要的。

2.《联合国气候变化框架公约》

1990 年 IPCC 发表了第一份气候变化评估报告，这份报告提供了气候变化的科学依据。以这份报告为基础，各国开始进行气候变化国际合作的谈判。在 1992 年联合国环境与发展大会（里约地球峰会）上，154 个国家签署了《联合国气候变化框架公约》（United Nations Framework Convention on Climate Change，UNFCCC，以下简称《公约》），于 1994 年 3 月 21 日正式生效。《公约》的最终目标是“将大气中温室气体的浓度稳定在防止气候系统受到危险的人为干扰的水平上”。《公约》由序言及 26 条正文组成，主要内容有：

①《公约》的目标是将大气中温室气体的浓度稳定在防止发生由人类活动引起的、危险的气候变化的水平上。《公约》呼吁缔约方在一定的时间内达到这一目标，使生态系统可以自然地适应气候变化，确保粮食生产不受威胁，并促使经济以可持续的方式发展。

② 气候变化的全球性要求所有国家根据其“共同但有区别的责任”和各自的能力，及其社会和经济条件，尽可能地开展最广泛的合作，并参与有效和适当的国际应对行动。它将世界各国分为两组：对人为产生的温室气体排放负主要责任的工业化国家和未来将在人为排放中增加比重的发展中国家。历史上和目前全球温室气体排放的最大部分源自发达国家。发展中国家的人均排放仍相对较低，但其在全球排放中所占的份额将会增加，以满足其社会和发展需要。

③《公约》强调预防措施的重要性，它认为当存在造成严重或不可逆转的损害的威胁时，不应当以科学上没有完全的确定性为理由而推迟行动。各国应将行动与经济发展计划相融合，促进可持续发展。它要求所有缔约国编定国家温室气体排放源[①]和汇[②]的清单[③]，制定适应和减缓气候变化的国家战略，在社会、经济和环境政策中考虑气候变化。

④《公约》制定了一项资金机制向发展中国家提供赠款或优惠贷款帮助它们履行公约、应对气候变化。《公约》指定全球环境基金（GEF）作为它的资金机制，GEF 向缔约方大会负责，缔约方大会决定气候变化政策、规划的优先领域和获取资助的标准，并定期向资金机制提供政策指导。

⑤《公约》强调国家主权原则，认为不应使气候变化问题成为新的国际贸易障碍。

⑥《公约》生效后，缔约方每年召开一次缔约方会议（Conference of Parties，COP），就削减温室气体排放和应对气候变化的国际合作进行谈判。

---

① “源”指向大气中排放温室气体、气溶胶或温室气体前体的任何过程或活动。

② “汇”指从大气中清除温室气体、气溶胶或温室气体前体的任何过程、活动或机制。

③ 在温室气体排放的讨论中，还有一个“库”的概念。“库”指气候系统内存储温室气体或其前体的一个或多个组成部分。

3. 气候变化国际合作的成果和分歧

一些因素使就气候变化进行国际合作面临困难：

① 气候变化的影响是全球性、长期的，而且存在巨大的不确定性。

② 不存在具有强制权力的超国家的政治机构能将温室气体排放的外部性内部化，所以要进行全球气候治理只有依靠谈判，在各国一致同意的基础上达成合作解。

③ 大气圈是典型的公共物品，很难避免搭便车现象。安全大气圈是公共财产资源，具有非排他性和非竞争性的特点。如果某个国家不参与气候治理，安全的大气环境也会被参与全球气候治理的国家所提供。对于非参与国来说，既可以免去参与全球气候治理所需要的成本，又可以共享全球气候治理带来的有益成果，共享安全大气环境的使用权。

④ 由于受影响的国家太多，而各国的收入水平不同，每个国家面对的和迫切需要解决的问题有很大的差异。比如对许多发展中国家来说，最迫切的环境问题是地方性的水污染和空气污染问题，而不是全球气候变化。

⑤ 由于收入不同，人们的支付能力和支付意愿会存在很大差异，导致不同国家的人对全球环境质量的估价也存在很大差异。

⑥ 气候变化造成的损失在不同国家间存在很大差异，各国从合作中得到的效益和损失的期望值差别很大。一些国家，如太平洋岛国，可能因海平面上升而面临"灭顶之灾"，但有的国家可能因气候变化有更多的降水，使原本干旱的荒漠地区变为可耕地。它们对气候变化的紧迫感自然不同。

⑦ 国家的控制费用和危害损失的相关程度不高。要在全球进行碳减排，承担更多削减任务的国家自然要付出更大的削减成本，但是这些国家往往不是受损更大的国家。

实际上，《公约》生效后，缔约方就开始就温室气体减排问题进行艰难的谈判。经过历年的缔约方会议的谈判，在气候变化的国际合作领域取得了一些重要的成果和共识，主要有：

1997 年在第三次缔约方大会上达成了《京都议定书》。规定附件 I 中所列的国家（发达国家和经济转轨国家）在第一约束期间（2008—2012 年）的温室气体排放水平要在 1990 年的基础上削减 5.2%。为了帮助这些国家实现削减任务，降低削减成本，《京都议定书》引入了三个灵活机制（国际排放贸易、联合履行和清洁发展机制），允许附件 I 国家利用这些灵活机制在全球范围内减少温室气体排放。

✓ 国际排放贸易（international emission trading, IET）：用市场方法达到环境目的的一种手段，允许那些减少温室气体排放低于规定限度的国家，在国外使用或交易剩余部分来弥补其他源的排放。

✓ 联合履行（joint implementation, JI）：允许附件 I 国家或这些国家的企业联合执行限制或减少排放、增加碳汇的项目，共享排放量减少单位。

✓ 清洁发展机制（clean development mechanism, CDM）：允许附件 I 缔约方与非附件 I 缔约方联合开展 CO_2 等温室气体减排项目。这些项目产生的减排数额可以被附件 I 缔约方作为履行他们承诺的限排或减排量。对发达国家而言，CDM 提供了一种灵活的履约机制；而对于发展中国家，通过 CDM 项目可以获得部分资金援助和先进技术。

在2007年的缔约方会议上,各缔约国制定了“巴厘路线图”,为《京都议定书》后的第二承诺期的关键议题确立了明确的议程,要求发达国家在2020年前将温室气体减排25%至40%。一方面,签署了《京都议定书》的发达国家要履行《京都议定书》的规定,承诺2012年以后的大幅度量化减排指标;另一方面,发展中国家和未签署《京都议定书》的发达国家(主要指美国)则要在《联合国气候变化框架公约》下采取进一步应对气候变化的措施。这就是所谓的“双轨”谈判。

在2015年的缔约方会议上,各方共同签署了《巴黎协定》,提出各国决定加强对气候变化威胁的全球应对,把全球平均气温较工业化前水平升幅控制在2℃之内,并为把升温控制在1.5℃之内而努力。全球将尽快实现温室气体排放达峰,本世纪下半叶实现温室气体净零排放(使人为碳排放量降至森林和海洋能够吸收的水平),各方将以“自主贡献”的方式参与全球应对气候变化行动。发达国家将继续带头减排,并加强对发展中国家的资金、技术和能力建设支持,帮助后者减缓和适应气候变化。

经过多轮谈判,目前世界各国在气候变化问题上的意见还存在许多分歧,这些分歧主要体现在以下方面:

① 发展中国家的减排责任问题。是否应该限制以及如何限制发展中国家排放量的增长和在世界排放量中所占比重的增加?

② 发达国家向发展中国家提供资金和技术援助的问题。如何落实早在1994年就已生效的《联合国气候变化框架公约》中发达国家所做出的承诺,向发展中国家提供资金、转移技术和帮助其进行能力建设?

③ 对“灵活机制”的监督核查问题。

④ 关于土地利用、土地利用变化和森林在碳循环中的作用及其核算等问题。其中关键问题是,如何为具有温室气体减排和控排义务的国家确定利用碳汇抵消其减排负荷的数量。

⑤ 违约的处罚问题。关键问题是监督执行机构的人员组成规则和违约罚则的确定。

碳排污权交易市场

1997年,全球100多个国家因全球变暖签订了《京都议定书》,该条约规定了发达国家的减排义务,同时提出了三个灵活的减排机制,碳排放权交易是其中之一。目前世界主要的碳排放权交易市场有:

① 2002年,英国建立了全球第一个碳排放权交易市场(UK ETS)。这是一个包括6种温室气体的国内贸易体制,以自愿参与并配合经济激励、罚款为特征。

② 2003年,美国建立芝加哥气候交易所。芝加哥气候交易所实行会员制,会员自愿参与,分别来自航空、汽车、电力、环境、交通等数十个不同行业。2004年,芝加哥气候交易所在欧洲建立了分支机构——欧洲气候交易所,2005年又与印度商品交易所建立了伙伴关系,此后又在加拿大建立了蒙特利尔气候交易所。2008年,芝加哥气候交易所与中

油资产管理有限公司、天津产权交易中心合资建立了中国第一家综合性排放权交易机构——天津排放权交易所。

③ 2005 年,欧盟建立了欧洲碳排放交易体系(EU-ETS)。EU-ETS 属于限量和交易(cap-and-trade)计划。该计划对成员国设置排放限额,各国排放限额之和不超过《京都议定书》承诺的排量。排放配额的分配综合考虑成员国的历史排放、预测排放和排放标准等因素。EU-ETS 只交易经核实的减排量(Verified Emission Reductions, VERs)。被纳入排放交易体系的排放实体在一定限度内允许使用欧盟外的减排信用,目前只允许使用清洁发展机制(CDM)项目的核证减排量(CERs)和联合履行(JI)项目减排单位(ERUs)。

CERs 是 CDM 项目下允许发达国家与发展中国家联合开展的 CO_2 等温室气体核证减排量。这些项目产生的减排数额可以被发达国家作为履行他们所承诺的限排或减排量。在碳金融交易过程中,首先是相关企业向政府部门及联合国申请清洁发展机制项目,申请通过后,其减排量用核证减排量来衡量,并以此来交易。

现在 EU-ETS 已形成场内、场外、现货、衍生品等多层次交易市场,是世界上最大的碳排放交易市场。2010 成交 1 198 亿美元,占全球碳交易成交额的 84%。

截至 2010 年,全球已建立了 20 多个碳交易平台,遍布欧洲、北美、南美和亚洲市场。碳排放权成为国际商品,大量金融机构参与其中。基于碳交易的远期产品、期货产品、掉期产品及期权产品不断出现,年交易额超过 1 400 亿美元(图 12-3)。

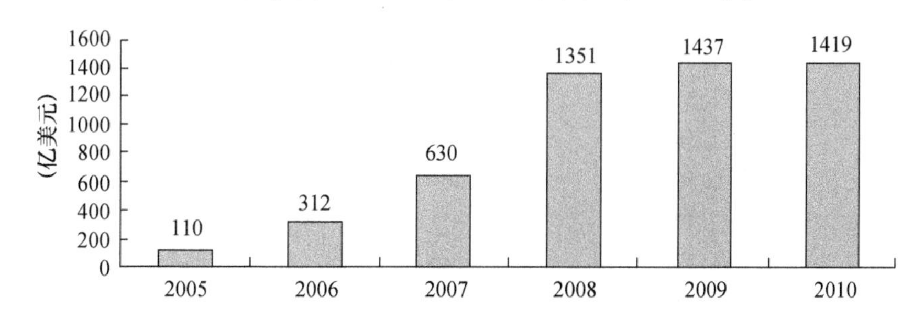

图 12-3　全球碳市场交易额

资料来源:World Bank. State and trends of the carbon market 2011.

为了更有效率地实现节能减排目标,我国已在深圳、上海、北京、广州、天津、武汉、重庆建立了 7 个碳排放权交易试点平台。从各交易平台的运行情况来看,各地方市场的交易活跃度和交易价格相差较大。我国规划在 2016 年启动全国统一碳交易市场。

中国的碳减排问题

中国是世界上最大的发展中国家,不仅人口众多,而且正处在工业化和城市化的进程中,经济增长速度较快,经济规模快速扩张,人均收入水平逐年上升。在这样的背景下,中国的碳排放总量和人均排放量都在上升。可以从人均排放量、排放总量、排放强度三个方面来认识中国的碳排放形势(表 12-3)。

表 12-3　中国的碳排放变化

年份	人均 CO_2 排放量(吨/人)	排放总量(千吨)	排放强度(吨/万美元)
1960	1.17	780 726.30	131.91
1961	0.84	552 066.85	111.40
1962	0.66	440 359.03	94.33
1963	0.64	436 695.70	87.17
1964	0.63	436 923.05	73.98
1965	0.67	475 972.93	68.28
1966	0.71	522 789.52	68.90
1967	0.57	433 234.05	60.12
1968	0.61	468 928.63	67.00
1969	0.73	577 237.14	73.33
1970	0.94	771 617.47	84.32
1971	1.04	876 633.02	88.94
1972	1.08	931 575.68	83.06
1973	1.10	968 542.71	70.82
1974	1.10	988 014.48	69.45
1975	1.25	1 145 607.47	71.08
1976	1.29	1 196 193.74	78.89
1977	1.39	1 310 310.78	76.03
1978	1.53	1 462 168.58	98.54
1979	1.54	1 494 859.88	84.52
1980	1.50	1 467 192.37	77.36
1981	1.46	1 451 501.28	74.68
1982	1.57	1 580 260.65	77.64
1983	1.63	1 667 029.20	72.81
1984	1.75	1 814 908.31	70.32
1985	1.87	1 966 553.43	63.96
1986	1.94	2 068 969.07	69.24
1987	2.04	2 209 708.53	81.43
1988	2.15	2 369 501.72	76.26
1989	2.15	2 408 540.61	69.62
1990	2.17	2 460 744.02	68.55
1991	2.25	2 584 538.27	67.75
1992	2.31	2 695 982.07	63.44
1993	2.44	2 878 694.01	65.00
1994	2.57	3 058 241.33	54.39
1995	2.76	3 320 285.15	45.36
1996	2.84	3 463 089.13	40.23
1997	2.82	3 469 510.05	36.21

（续表）

年份	人均 CO_2 排放量（吨/人）	排放总量（千吨）	排放强度（吨/万美元）
1998	2.68	3 324 344.52	32.42
1999	2.65	3 318 055.61	30.46
2000	2.70	3 405 179.87	28.25
2001	2.74	3 487 566.36	26.18
2002	2.89	3 694 242.14	25.27
2003	3.51	4 525 177.01	27.43
2004	4.08	5 288 166.03	27.23
2005	4.44	5 790 016.98	25.52
2006	4.89	6 414 463.08	23.50
2007	5.15	6 791 804.71	19.28
2008	5.31	7 035 443.86	15.43
2009	5.78	7 692 210.90	15.20
2010	6.17	8 256 969.23	13.67
2011	6.71	9 019 518.22	12.04

注：本表中的数据来源于 World Bank Statistics，不同组织计算的中国的排放量可能有差异，与本表相比偏高或偏低。

与其他国家相比，中国的人均排放量仍处于较低水平，但增长趋势明显，目前中国的人均排放量与欧盟国家相当（图 12-4）。从排放总量上看，中国已超过美国，成为世界上最大的排放国（图 12-5）。从排放强度上看，中国的排放强度持续下降，但与其他国家相比仍处于较高水平（图 12-6）。因此，中国在国际气候谈判中承担着较大的减排压力。

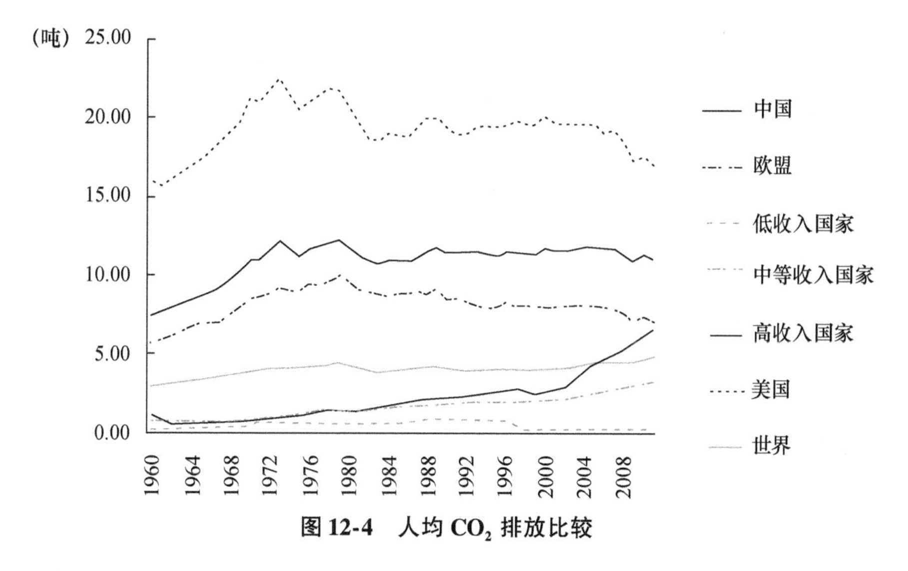

图 12-4　人均 CO_2 排放比较

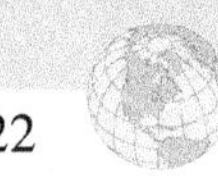

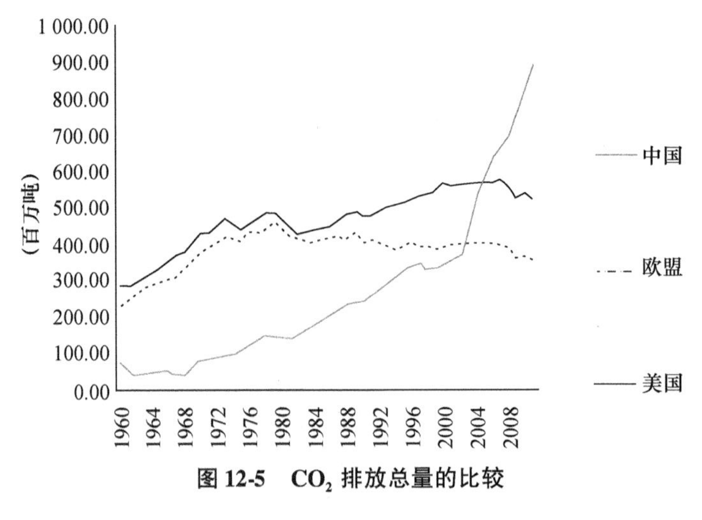

图 12-5　CO_2 排放总量的比较

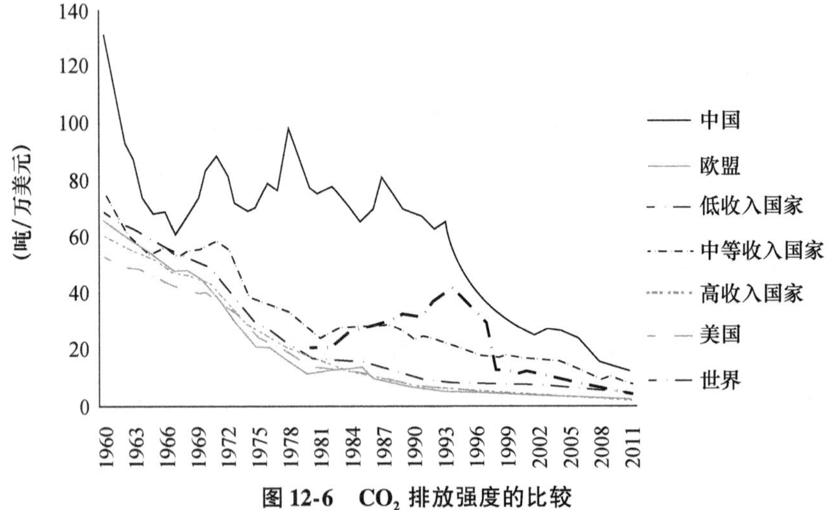

图 12-6　CO_2 排放强度的比较

按照 1997 年达成的《京都议定书》的条款，我国属于发展中国家，不需要承担温室气体的量化减排任务。但是到了第二承诺期的谈判阶段，情况就发生了变化。在 2009 年的哥本哈根会议上，我国自愿削减排放强度，承诺到 2020 年前碳排放强度（指单位 GDP 的碳排放量）比 2005 年下降 40% 至 45%，已不能得到其他国家的认同。以美国为首的发达国家希望对中国的碳排放量设定峰值指标，要求中国承担量化的、可核查的减排任务。到 2014 年，我国宣布到 2030 年单位国内生产总值 CO_2 排放比 2005 年下降 60%—65%，在中美发表的《气候变化联合声明》里，我国宣布计划到 2030 年左右 CO_2 排放达到峰值且将努力早日达到峰值，并计划到 2030 年使非化石能源占一次能源消费①的比重提高到 20% 左右。这些承诺成为 2015 年第 21 次缔约方会议达成《巴黎协议》的重要推动力。

要理解我国在气候谈判中的立场和承诺，需要了解中国未来碳排放量的变化趋势，我

① 一次能源（primary energy），也称天然能源，是指从自然界取得未经改变或转变而直接利用的能源，如原煤、原油、天然气、水能、风能、太阳能、海洋能、潮汐能等。

国是一个发展中的人口大国,工业化、城镇化进程中的能源消费刚性是不可回避的因素:

① 中国经济仍保持着中高速增长,经济规模扩张会带来能源消费的增长;

② 伴随收入水平的提高,中国人的生活消费水平也将提高,消费结构会发生改变,汽车、空调、冬季取暖等方面的能源消费量将增长;

③ 未来有数以亿计的农村人口进入城市,而城市的人均能源消费是农村人口的4到5倍,城镇化将加大中国的生活能源消费量;

④ 偏重型的经济结构难以迅速改变,高耗能产业的发展会拉动能源消费的增长;

⑤ 以含碳量高的煤为主的能源消费结构难以改变。

因此,我国的碳排放量在一定时期内还将增长。特别是虽然目前中国的人均生活能源消费还处于低水平,但未来随着收入水平的提高,人均生活能源消费量会有较大的增长,不过这也是符合环境公平的原则的。

化石能源的燃烧是温室气体排放的最大来源,燃烧过程除了排放 CO_2 外,还会排放烟尘、SO_2、NO_x 等多种空气污染物,造成雾霾、酸雨等污染问题。我国的能源结构以煤为主,使得这些问题更加严重。因此,我国的节能减排不仅是要为全球的温室气体减排承担起"共同但有区别的责任",同时也是解决国内严重的空气污染问题的必然选择。

总之,削减温室气体排放既是国际上应对气候变化的要求,也是我国治理国内空气污染的要求。但是受到经济规模扩张、收入水平上升、居民消费升级、经济结构转型、城乡结构转换、以煤为主的能源消费结构、技术能力不足等因素的制约,在短期内要求我国停止或大幅减少温室气体排放是不现实也是不公平的。

因此,在国际气候谈判中我国坚持的原则是"共同但有区别的责任"的原则、"公平"的原则和"各自能力"的原则。

12.2.3 全球环境治理

环境问题有不同的规模,相应地需要建立不同层次的环境管理系统和环境决策系统。对于跨区域问题,不能用传统的自上而下的行政体制进行管理,而是要探索建立一个新的应对体系,实现全球环境治理就是要建立这样的应对体系。

治理(governance)是一个政治概念,指"各种公共的或私人的个人和机构管理其共同事务的诸多方法的总和,是使相互冲突的或不同的利益得以调和,并采取联合行动的持续过程"。这既包括有权迫使人们服从的正式制度和规则,也包括各种人们同意的或符合其利益的非正式制度安排。治理不同于管理(management)或统治(government),政府管理或统治的权力的运行方向总是自上而下的,它运用政府的政治权威,通过发号施令、制定政策和实施政策,对社会公共事务实行单一向度的管控。治理是建立在市场原则、公共利益和认同之上的合作,是一个上下互动的管理过程,它主要通过合作、协商、伙伴关系、确立认同和共同的目标等方式来实施对公共事务的管理,通过国家与公民社会的合作、政府与非政府组织的合作、公共机构与私人机构的合作达成某种目标。

按照联合国的总结,治理的目的是实现社会公正、生态可持续性、政治参与、经济有效性和文化多样性。治理有四个特征：

✓ 治理不是一整套规则,也不是一种活动,而是一个过程;

✓ 治理过程的基础不是控制,而是协调;

✓ 治理既涉及公共部门,也包括私人部门;

✓ 治理不是一种正式的制度,而是持续的互动。

由于全球环境具有公共物品的性质,没有哪个国家对其拥有主权,而世界各国间没有管辖关系,也不能依靠行政威权来进行环境管理,所以传统的环境管理手段在应对全球环境问题时是无效的。为了解决这些问题,需要有与以往不同的政治体制。可以想象的是,类国家的全球管理体制有独裁的可能,但没有强制力和约束力的管理体制又无异于一盘散沙。而治理这种创新性的政治理念适用于对跨界的全球环境问题的讨论,于是就有了全球环境治理(global environmental governance)的概念。全球环境治理指致力于全球环境保护的组织、政策、金融机制、规范、程序和标准的组合。自20世纪70年代早期以来,环境保护逐渐成为国际讨论的议题,各国在生物多样性保护、臭氧层变薄、气候变化、荒漠化等问题上进行协商谈判,达成协议,还在联合国框架下建立了可持续发展委员会(Commission on Sustainable Development),成立了全球环境基金(Global Environment Facility),构造了国际环境行动的筹资框架,建立了为一些国家提供资金、技术援助和支持的渠道。除了联合国提供的平台,还有一些组织也为全球环境合作提供了平台,如世界银行、世界贸易组织、区域性的合作组织等。此外,各国间的多边、双边谈判也是就环境保护议题进行协商的渠道,这些都促进了全球环境治理的发展。

全球环境治理的成果集中反映在国际环境协议上。由于没有超国家的组织来强制实施,所以有效的国际环境协议必须对缔约方有足够的吸引力,从而是自律的。目前各国签订的国际环境协议主要有:《联合国气候变化框架公约》、《关于消耗臭氧层物质的蒙特利尔议定书》、《控制危险废物越境转移及其处置巴塞尔公约》、《濒危野生动植物物种国际贸易公约》、《生物多样性公约》及《卡塔赫纳生物安全议定书》、《联合国防治荒漠化公约》等。

治理理论可以弥补国家和市场在调控和协调过程中的某些不足,但治理也不是万能的,它也内在地存在着许多局限。在实施过程中,参与国要面对合作与竞争的矛盾、开放与封闭的矛盾、原则性与灵活性的矛盾、责任与效率的矛盾,这些矛盾的存在也使全球环境治理面临着许多现实的困难,如不同组织间缺乏合作与协调,环境治理的规定有冲突、重复的地方;谈判结果的实施和执行难以保障,这可能使全球环境治理只停留在“全球集体谈判”的阶段上,而不能落实;全球环境治理筹集的资金难以到位、运行效率偏低等。

12.3 生态补偿

尽管在气候变化问题上要实现跨界的单边支付不太可行,但对于生态环境保护来说,却可能做到这一点,这就是由生态环境的受益方向保护方支付生态补偿。生态补偿的基本原理是当发展带来外部环境不经济时,从发展中获益的一方应对给他人造成的外部环境损害进行赔偿;而当一方为了保护环境放弃发展机会时,他有权获取相应的补偿。

无论是从正面激励性补偿,还是从负面惩罚性补偿,生态补偿的目的都是调和"效率"与"公平"间的矛盾,保证发展在和谐稳定的环境下进行。

生态补偿机制是以恢复、维护和改善生态系统服务功能为目的,以相关利益者因保护或破坏生态环境而产生的环境利益及经济利益的分配关系为对象的一种制度安排。生态补偿机制的建立以内化外部成本为原则。对生态保护行为的正外部性的补偿依据包括:保护者为改善生态服务功能所付出的额外的保护成本、相关建设的成本和牺牲的发展机会成本;对生态破坏行为的负外部性的收费依据是恢复生态服务功能的成本和因破坏行为造成的他人发展机会成本的损失。实现生态补偿机制的政策途径有公共政策和市场手段两大类。①

建立生态补偿机制的基础是自然界中支持经济增长的生态系统和自然资源的稀缺性。在快速经济增长的压力下,这种稀缺性越来越强。按照我国《宪法》和《环境保护法》的规定,任何自然人和法人都有平等地保护生态、维持生态平衡的基本义务,任何人也都有平等地获取和享受生态服务功能的基本权利,具有利用所占有或使用的自然资源或生态要素来满足其基本需要的权利,有追求和实现利益最大化的权利。而在实际上,这种权利并不平等。例如处于河流上游的人群为了保护水质,要比下游的人群遵守更严格的水质标准,这是对上游人群的经济权利的限制,会造成上游人群发展权利的损失或丧失。从环境公平的角度出发,就需要对上游人群进行补偿。

对于生态补偿,国际上比较通用的概念是"生态/环境服务付费",是指向生态系统服务管理者或提供者支付费用。从实施形式来看,可分为直接公共支付、私人直接支付、生态产品认证计划、限额交易市场等形式。按补偿目标不同,可分为流域服务付费、生物多样性服务付费、碳捕捉与储存付费、风景与娱乐付费等。

从 20 世纪 80 年代起,我国就开始探索开展生态补偿的途径和措施。现行的生态补偿资金来源主要有纵向财政转移支付、横向财政转移支付以及矿业开发企业缴纳的生态税费三类。2010 年国务院将制定《生态补偿条例》列入立法计划,2013 年国务院将生态补偿的领域扩大到流域和水资源、饮用水水源保护、农业、草原、森林、自然保护区、重点生态功能区、区域、海洋等十大领域。我国各地的实践项目主要有四类:

① 国家项目补偿。主要由中央政府提供专项基金,通过补偿机制实现国家对生态服务功能的购买。如生态公益林补偿、退耕还林补偿、天然林保护补偿、三江源防护补偿等。

② 跨省水权交易。国家起宏观调控作用,通过不同省份的政府财政转移来补偿水源区,可能跨多个行政区。如漳河流域跨省调水、东江源区生态环境保护等。

③ 省际地方政府为主导的补偿方式。在同一省内的政府财政转移支付或补贴,多是富裕的下游地区对水源区的补偿。如福建省的流域上下游间的补偿、浙江东阳和义乌的水权交易等。

④ 小流域上下游自发的交易模式。多是在村镇层次上自发参与的交易,涉及的补偿范围小。如云南的小寨子河的流域补偿。

---

① 任勇等. 中国生态补偿理论与政策框架设计[M]. 北京:中国环境科学出版社, 2008: 16.

目前我国的生态补偿的实践主要集中在林业、自然保护区、矿业和流域生态补偿等领域,还没有形成一个全面统一的生态补偿体系。实践中的生态补偿仍存在自然资源产权界定不清晰、补偿过程中缺乏市场协商机制、补偿政策和补偿项目缺乏长效性等问题。

可转让的发展信用

对于当地居民和土地所有者来说,将土地用于生态环境保护虽然使社会作为整体享受了收益,但他们却将付出机会成本——损失了开发土地可能获得的经济收益。所以生态环境保护计划往往受到当地居民和土地所有者的反对。为了顺利实施生态环境保护规划,需要对土地所有者进行补偿。美国新泽西州尝试建立了可转让的发展信用机制,在生态补偿领域引入市场机制,取得了良好的效果。

美国新泽西州东南部有约110万英亩的松树和橡树林,这片未开发的区域为几个濒危物种提供了栖息地。1978年美国国会根据《联邦国家公园和娱乐法》在这一地区设立了“松树林国家保护区”(Pinelands National Reserve),1979年《新泽西州松树林保护法》出台,该州依法成立了“松树林委员会”作为保护区的管理机构。

为了保护这片树林,将开发引向其他生态敏感性低的地区,1980年松树林委员会编制了《松树林综合性管理规划》,要求建立松树林发展信用计划(Pinelands Development Credit Program,PDC),该计划寻求新的管理途径来弥补强加于保护区、农业生产区、特殊农业生产区的土地开发限制。

这种新的管理途径就是由政府授予松树林保护区的土地所有者以发展信用(PDC),这是一种可出售转让的土地发展权。作为交换,土地所有者开发利用松树林的权利受到限制,但他们可以通过出售PDC来获得收益,出售PDC的土地所有者保留对土地的所有权并且可以继续将土地用于非建设用途。

对于手中的PDC,土地所有者可以有多种选择:

① 保有PDC,等待其升值。

② 将PDC出售给想在规划中的开发区增加建筑密度的土地所有者。

③ 将PDC转让给政府,按1单位的PDC交换39英亩的农田,或39英亩的被保护高地,0.2单位的PDC交换39英亩的湿地的标准换取其他土地。

④ 将PDC出售给政府换取现金。为了保证发展信用的市场化和方便交易,1985年新泽西州的立法机关从州财政资金中拨款创设了“松林地发展信贷银行”,作为PDC的最后购买者,承诺以1万美元的保护价收购PDC,为PDC作担保。

由于发展信用成为一种可交易的物品,这种机制成功地解决了生态补偿标准和发展权估价问题,使土地所有者得到了市场化的补偿,而松树林地被保护了起来。随着时间的推移,新泽西州PDC的市场价格上涨,1990年松林地发展信贷银行以2.02万美元的单价拍卖了它所积累的PDC,并由此也获得了收益。

小结

跨界环境问题发生和影响的范围不在同一个行政管辖区内,其解决需要通过利益相关方的协商和谈判,这是一个环境治理的过程。气候变化的影响是全球性的,是典型的跨界环境问题,要减缓气候变化、削减温室气体排放,需要世界各国承担“共同但有区别的责任”,通过协商达成合作。

与气候变化相比,区域间的生态影响范围要小得多,而且往往在一国范围内,这使得在区域间进行单边支付成为可能的选择,由生态环境的受益方向保护方支付生态补偿可以兼顾环境保护与发展的矛盾,也符合环境公平的原则。

进一步阅读

1. 张维迎. 博弈论与信息经济学[M]. 上海:上海三联书店,1996.

2. Stott P. A. , et al. Understanding and attributing climate change. In: Climate change 2007: the physical science basis. Contribution of working group I to the fourth assessment report of the Intergovernmental Panel on Climate Change[M]. Cambridge University Press, 2007.

3. 中国国家发展和改革委员会组织. 中国应对气候变化国家方案. 2007.

4. 解振华. 中国应对气候变化的政策与行动[M]. 北京:社会科学文献出版社,2010.

5. The World Bank. World development report 2010: development and climate change [M]. Washington D. C. , 2010.

6. Nordhaus, W. D. Managing the global commons: the economics of climate change [M]. Cambridge, MA: MIT Press, 1994.

7. Schelling, T. C. Some economics of global warming[J]. American Economic Review, 1992, 82: 1—14.

思考题

1. 跨界外部性有什么特点? 解决跨界外部性问题的主要途径是什么?
2. IPCC 分析气候变化的综合框架是什么?
3. IPCC 对气候变化问题的主要观点是什么?
4. 什么是全球环境治理?
5. 联合国气候变化框架公约的主要内容是什么?
6. 削减温室气体排放中的“三个灵活机制”是什么?
7. 国际气候谈判面临巨大困难的根源是什么?
8. 在气候变化问题的谈判上,各国的主要分歧是什么?
9. 如何理解中国在碳减排问题上的立场?
10. 什么是生态补偿机制?

第13章　中国的环境管理体系

学习目标

- 了解中国环境管理体系的发展
- 掌握中国环境管理体系的框架
- 了解中国环境管理体系的不足

中国的环境管理体系始建于20世纪70年代,采用的环境管制措施主要基于包含了广泛的污染物种类的环境标准,这些标准在全国范围内广泛使用,政府根据这些标准制定针对具体污染源的排放限制,排放限制以污染许可证的方式发放,每个重要污染源都必须获得排污许可证。新污染源必须提交一份污染许可申请,其内容包括污染物排放对周围环境影响的技术分析。为了激励污染源削减污染并为污染治理筹集资金,我国也建立了排污收费制度,基于排污许可证制度的排污权交易制度也在试行中。

13.1　中国环境管理体系的发展

20世纪70年代初,在联合国人类环境会议的推动下,中国的环境保护开始起步。经过四十多年的发展,我国逐步建立和完善了以"预防为主、防治结合","谁污染、谁治理"和"强化环境管理"为指导思想的环境保护政策体系:

预防为主、防治结合。考虑到环境污染与破坏的长期经济和环境影响及其治理费用,预先采取防范措施,不产生或尽量减少对环境的污染和破坏,是解决环境问题的最有效率的办法。强调预防为主、防治结合的目的是在大规模经济建设的同时防止环境污染的产生和蔓延。其主要措施有:在宏观层次上,把环境保护纳入国民经济和社会发展计划之中,进行综合平衡;在产业和地区发展层面上,把环境保护与调整产业结构和工业布局、优化资源配置相结合,促进经济增长方式的转变;在微观层次上,加强建设项目的管理,严格控制新污染的产生,实行环境影响评价制度和"三同时"制度,大力推行清洁生产。

谁污染、谁治理。这是国际上通行的"污染者付费"原则在中国的应用,目的是促使污染者承担起治理污染的责任和费用。其主要措施有:结合技术改造防治工业污染,规定在技术改造中控制污染是一项重要目标,并规定防治污染的费用要占总费用的7%以上;对污染严重的企业实行限期治理,根据企业对环境污染的轻重和经济能力,制定分期分批治理任务,资金主要由企业和政府筹措;征收排污费和生态破坏补偿费,专门用于污染防治。

强化环境管理。目的是通过强化政府和企业的环境管理,控制和减少因管理不善带来的环境污染和破坏。其主要措施有:建立和完善环境保护法规与标准体系,加大执法力度;加强和完善各级政府的环境保护机构及国家和地方的环境监测网络;建立健全环境管理制度,实行地方各级政府环境目标责任制,对重要城市实行城市环境综合整治定量考核、排污许可制度,实行污染排放总量控制等。

国务院环境保护委员会是我国环境管理体系的最高领导机构,它负责领导从中央到地方或部门环境管理系统,这个系统主要分为两个相对独立的次级体系:国家环境保护部体系和部门环境管理体系。

国家环境保护部是我国政府管理环境的行政机关,下设环境规划、科研、教育宣传、自然保护、大气污染防治、水污染防治、政策立法、标准、固体废物管理、放射性物质管理、有毒物质管理、外事活动与行政事务等机构。另外,国家环境保护部还设有直属单位,如环境科学研究院、环境保护监测总站、环境保护学院与学校、环境报社和环境科学出版社等事业机构。除台湾地区外,各省市自治区和计划单列市建有环境保护厅;各省辖市、地区及县、县级市基本均已建有环境保护局或专职机构,负责领导当地的环保工作。地方环境保护机构一般受当地地方政府和上一级环境保护局的双重领导。

部门环境管理体系是设立在有关部门的环保机构,如国家土地管理局负责土地资源的保护,水利部负责水资源的保护,农业部负责农业环境和水生生物的保护,林业部负责森林资源和野生动植物的保护,地质矿产部负责矿产资源的保护,冶金部、化工部等部门内建有以管理环境、治理污染为目的的职能机构,军队从中央军委到各大军兵种及地方军区、军分区内建有环境保护办公室,军工企业也建有相应的环保机构。

自 1973 年以来,为制定、贯彻环境保护方针、政策,研究在经济发展中产生的环境污染和带来的生态破坏,安排环境保护工作,加强环境管理和保护环境,国务院先后召开了 7 次全国环境保护会议,将环境保护确定为我国的基本国策,提出环境是重要的发展资源,良好环境本身就是稀缺资源,要坚持在发展中保护、在保护中发展的思想。

13.2　中国环境管理体系的框架

通过学习引进国外先进的手段并将其与中国的国情相结合,中国已经发展了八项基本环境管理制度,包括所谓的“老三项”制度和“新五项”制度。其中“老三项”制度包括:环境影响评价、“三同时”制度和排污收费制度。“新五项”制度包括:环境保护目标责任制、城市环境综合整治定量考核制度、排污许可证制度、污染集中控制和限期治理制度。八项管理制度把中国环境保护的大政方针具体化了,变为可以实际操作的管理措施,为中国特色环境保护道路奠定了制度基础。

目前,在八项基本环境管理制度的基础上,中国已建立了包括命令—控制手段、经济手段、运动手段、自愿手段和公众参与的多样化的环境监管体系(表 13-1)。

表 13-1 中国环境管理体制和政策框架

命令—控制手段	经济手段	运动手段	自愿手段	公众参与
污染排放的浓度控制	排污收费	关停“十五小”	环境标志体系	环境举报
污染排放的总量控制	超标罚款	淘汰落后产能	ISO 14000 体系认证	环境意识宣传行动
环境影响评价	环境补偿费		清洁生产计划	非政府环保团体
“三同时”制度	二氧化硫排放费		生态工业园区	环境教育
限期治理	排污权交易			
集中污染控制	对节能产品补贴			
双达标政策	拒绝向高污染企业发放信贷的规定			
排污许可证制度	环境保险			
城市环境综合整治定量考核				
区域限批				

13.2.1 环境影响评价

环境影响评价是指对规划和建设项目实施后可能造成的环境影响进行分析、预测和评估,提出预防或者减轻不良环境影响的对策和措施,并且进行跟踪监测的方法与制度。1969 年美国的《国家环境政策法》首先将环境影响评价作为一项法律制度确定下来,此后为各国所效仿。1979 年的《中华人民共和国环境保护法(试行)》对执行环境影响评价制度作了明确规定,标志着这一制度在中国的正式建立。如今环境影响评价作为一项重要的环境管理手段,对防止环境污染和生态破坏、提高决策和规划质量、协调经济与环境的关系发挥着重要作用。按照《中华人民共和国环境影响评价法》(2002)的规定,对区域规划、专项规划和建设项目应进行环境影响评价。

区域规划是指国务院有关部门、设区的市级以上地方人民政府及其有关部门组织编制的土地利用的有关规划,以及区域、流域、海域的建设、开发利用规划。有关单位应当在规划编制过程中组织进行环境影响评价,编写该规划的环境影响的篇章或者说明,对规划实施后可能造成的环境影响作出分析、预测和评估,提出预防或者减轻不良环境影响的对策和措施,并将此作为规划草案的组成部分一并报送规划审批机关。未编写有关环境影响的篇章或者说明的规划草案,审批机关不予审批。

专项规划是指国务院有关部门、设区的市级以上地方人民政府及有关部门组织编制的工业、农业、畜牧业、林业、能源、水利、交通、城市建设、旅游、自然资源开发的专项规划。这些规划应当在草案上报审批前,组织进行环境影响评价,并向审批该专项规划的机关提出环境影响报告书。专项规划的环境影响报告书应当包括下列内容:实施该规划对环境可能造成影响的分析、预测和评估;预防或者减轻不良环境影响的对策和措施;环境影响评价的结论。

建设项目是指对环境有影响的新建、改建、扩建、技术改造项目以及一切引进项目。国家根据建设项目对环境的影响程度,对建设项目的环境影响评价实行分类管理:可能造成重大环境影响的,应当编制环境影响报告书,对产生的环境影响进行全面评价;可能造成轻度环境影响的,应当编制环境影响报告表,对产生的环境影响进行分析或者专项评价;对环境影响很小、不需要进行环境影响评价的,应当填报环境影响登记表。建设项目的环境影响报告书应当包括下列内容:建设项目概况;建设项目周围环境现状;建设项目对环境可能造成影响的分析、预测和评估;建设项目环境保护措施及其技术、经济论证;建设项目对环境影响的经济损益分析;对建设项目实施环境监测的建议;环境影响评价的结论(参见附录 2:环境影响报告表样表)。

13.2.2 "三同时"制度

"三同时"是指建设项目(包括新建、改建、扩建和技改项目)需要配套建设的环境保护设施,必须与主体工程同时设计、同时施工、同时投产使用。这一制度与环境影响评价制度相配合,体现了"预防为主"的环境保护思路。"三同时"制度的具体管理措施主要包括:

可能对环境造成影响的建设项目必须执行环境影响评价制度,环境影响评价文件里应包括相应的环境保护措施。

建设项目的初步设计,应当按照环境保护的设计要求,编制环境保护篇章,并依据经批准的建设项目环境影响报告书或报告表,在环境保护篇章中落实防治环境污染和生态破坏的措施及环境保护设施投资概算。

在建设项目的主体工程完工后的试生产期间,其配套建设的环境保护设施必须与主体工程同时投入试运行,建设单位应对环境保护设施的运行和建设项目对环境的影响进行监测。

环境保护设施的竣工验收,应与主体工程的竣工验收同时进行。

13.2.3 环境保护目标责任制

环境保护目标责任制确定了一个区域、部门或单位进行环境保护的主要责任者和责任范围,它用目标化、定量化及制度化的管理方法,把环境保护作为各级责任者的行动规范,是一种使地方各级政府和产生污染的单位对环境质量负责的行政管理制度。环境保护目标责任制的执行主体是各级地方政府,由各级地方政府向上级政府签订环境保护责任书,责任书的内容包含环境质量指标、污染控制指标、改善区域环境质量所需完成的工作指标,同时还可将其他管理制度作为管理内容纳入责任书,如环境影响评价、"三同时"、污染集中控制、污染源限期治理等。责任书中的指标不仅包括本届政府的任期环境目标,还包括分年度的工作指标(图 13-1)。

环境保护目标责任制将责任明确到人,明确地方政府的行政首长和企业法人代表对本地区、本企业的环境应负的责任。这项制度的优点在于:加强了各级政府对环境保护的重视和领导;有利于把环境保护纳入到国民经济和社会发展规划及年度工作计划中,疏通环境保护的资金渠道,使环保工作落在实处;有利于协调政府各部门的工作,调动各方面的积极性;有利于由单项治理、分散治理转向区域综合防治;有利于把环保工作从软任务变成硬指标,实现由一般化管理向科学化、定量化、规范化管理的转变;增加了环保工作的透明度,有利于动员全社会参与环境保护并对它进行监督。

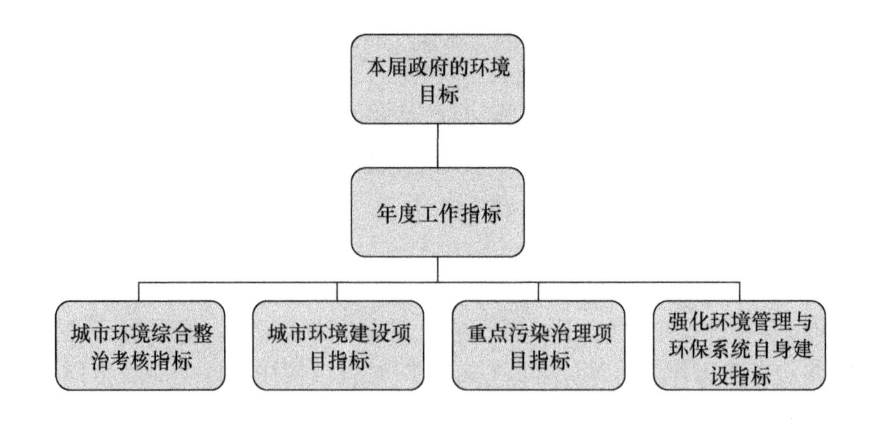

图 13-1　环境保护目标责任书的环境目标体系

“河长制”

“河长制”是江苏省无锡市针对水污染严重、河道长时间没有清淤整治、企业违法排污、农业面源污染严重等问题创立的一种污染控制手段。2007 年无锡市制定了《无锡市河(湖、库、荡、氿)断面水质控制目标及考核办法(试行)》和《关于对市委、市政府重大决策部署执行不力实行“一票否决”的意见》,安排市党政主要负责人分别担任了 64 条河流的“河长”,负责辖区内河流的污染治理,规定对环境污染治理不力、没有完成节能减排目标任务、贯彻太湖治理重大决策部署行动不迅速、措施不扎实、效果不明显的“河长”,实行“一票否决”。实行河长制后,无锡市河流的断面水质明显改善,79 个考核断面达标率从“河长制”实施之初的 53.2% 上升至 2008 年 3 月的 71.1%。

2008 年,江苏省在太湖流域借鉴和推广“河长制”。之后江苏全省 15 条主要入湖河流已全面实行“双河长制”。每条河由省、市两级领导共同担任“河长”,“双河长”分工合作,协调解决太湖和河道治理的重任,一些地方还设立了市、县、镇、村的四级“河长”管理体系,这些自上而下、大大小小的“河长”实现了对区域内河流的“无缝覆盖”,强化了对入湖河道水质达标的责任。此后,淮河流域、滇池流域的一些省市也纷纷设立“河长”,由这些地方的各级党政主要负责人分别承包一条河,担任“河长”,负责督办截污治污。

“河长制”的优点在于:能够对官员形成有效的压力,调动地方政府履行环境监管职责的执政能力;有利于统筹协调各部门力量,可以弥补环境部门在进行水环境管理时面临的行政权限、技术手段、人员配备等方面的不足,使得水污染的治理能够有效地贯彻下去。

13.2.4　城市环境综合整治定量考核制度

城市环境综合整治定量考核制度,是指通过实行定量考核,对城市政府在推行城市环境综合整治中的活动予以管理和调整的环境监督管理制度。城市环境综合整治自

1989 年起在我国得到广泛推行。

城市环境综合整治定量考核的考核范围有三个层次：① 全市域：包括城区、郊区和市辖县、县级市；② 市辖区：包括城区、郊区，不包括市辖县、县级市；③ 建成区：指市辖区建成区。考核内容包括环境质量、污染控制、环境建设及环境管理四个方面，每个方面的考核指标都有定量和定性两种类型，其中定量考核指标按得分制计算，定性考核指标按扣分制计算，将两类指标加总得到考核总得分。以国家"十二五"期间的城市环境综合整治定量考核指标为例，考核指标分为四个大项、16 个子项，对每个子项设定具体的环境质量指标，对具体指标赋予一定的权重和记分办法，得到各项指标的得分后进行加总，就可以计算出综合得分。

国家"十二五"期间城市环境综合整治定量考核指标

1. 环境空气质量(15 分)，考核指标包括全年优良天数比例、PM10、SO_2和 NO_2 的浓度年均值
2. 集中式饮用水水源地水质达标率(8 分)
3. 城市水环境功能区水质达标率(8 分)
4. 区域环境噪声平均值(3 分)
5. 交通干线噪声平均值(3 分)
6. 清洁能源使用率(2 分)
7. 机动车环保定期检验率(5 分)
8. 工业固体废物处置利用率(2 分)
9. 危险废物处置率(12 分)
10. 工业企业排放稳定达标率(10 分)
11. 万元工业增加值主要工业污染物排放强度(3 分)，考核指标包括万元工业增加值工业废水排放强度、万元工业增加值 COD 排放强度、万元工业增加值氨氮排放强度、万元工业增加值 SO_2 排放强度、万元工业增加值 NO_x 排放强度、万元工业增加值烟尘排放强度
12. 城市生活污水集中处理达标率(8 分)
13. 生活垃圾无害化处理率(8 分)
14. 城市绿化覆盖率(3 分)
15. 环境保护机构和能力建设(7 分)
16. 公众对城市环境保护的满意率(3 分)

13.2.5　排污收费制度

第 6 章介绍的庇古税是以经济效率为目标建立起来的模型，各国实际采用的排污税费制度由于考虑了政策可行性及其他影响因素，与标准模型不尽相同。我国实行的是排

污收费制度,虽然出发点与理想的排污税模型一样,都是要利用经济激励来促进污染者削减污染排放,但在收费标准、收费对象、收费资金的使用等多个方面也有自己的特点。

我国排污费的征收对象是直接向环境排放污染物的单位和个体工商户,征收机构为县级以上地方人民政府环境保护行政主管部门。征收的排污费主要包括:

① 污水排污费。对向水体排放污染物的,按照排放的污染物的种类、数量计征污水排污费;超过国家或者地方规定的水污染物排放标准的,按照排放的污染物的种类、数量和收费标准计征的收费额加一倍征收超标准排污费。对向城市污水集中处理设施排放的污水、按规定缴纳污水处理费的,不再征收污水排污费。对城市污水集中处理设施处理后的污水中有机污染物、悬浮物和大肠菌群超过国家或地方排放标准的,按上述污染物的种类、数量和收费标准计征的收费额加一倍向城市污水集中处理设施运营单位征收污水排污费,对氨氮、总磷暂不收费。对城市污水集中处理设施达到国家或地方排放标准排放的污水,不征收污水排污费。

② 废气排污费。对向大气排放污染物的,按照排放污染物的种类、数量计征废气排污费。对机动车、飞机、船舶等流动污染源暂不征收废气排污费。

③ 固体废物及危险废物排污费。对没有建成工业固体废物贮存、处置设施或场所,或者工业固体废物贮存、处置设施或场所不符合环境保护标准的,按照排放污染物的种类、数量计征固体废物排污费。对以填埋方式处置危险废物不符合国务院环境保护行政主管部门规定的,按照危险废物的种类、数量计征危险废物排污费。

④ 噪声超标排污费。对环境噪声污染超过国家环境噪声排放标准,且干扰了他人正常生活、工作和学习的,按照噪声的超标分贝数计征噪声超标排污费。对机动车、飞机、船舶等流动污染源暂不征收噪声超标排污费。

排污收费制度是我国实施时间最长的环境经济手段,这一制度的建立是一个逐步调整和完善的过程。在这个过程中,排污费的征收范围逐渐扩大,征收标准逐渐提高,对污染者的约束越来越强化,对排污费的使用管理也越来越严格。这一制度在促进污染者治污减排、为环保工作筹集资金方面发挥了重要的作用。

历年来我国发布的有关排污收费的主要法规有:

① 1978 年颁布的《环境保护法(试行)》规定:加强企业管理,实行文明生产,对于污染环境的废气、废水、废渣,要实行综合利用、化害为利;需要排放的,必须遵守国家规定的标准;……超过国家规定标准排放的污染物,要按照所排放的污染物的数量和浓度,根据规定收取排污费。

② 在《环境保护法(试行)》的基础上,1982 年出台的《征收排污费暂行办法》规定:一切企事业单位都应执行国家发布的《工业"三废"排放试行标准》等有关标准或本省的地区性排放标准,"对超过上述标准排放污染物的企业、事业单位要征收排污费。……排污单位缴纳排污费,并不免除其应承担的治理污染、赔偿损害的责任和法律规定的其他责任"。

③ 2003 年实行的《排污费征收使用管理条例》规定:排污费的缴纳主体是直接向环境排放污染物的单位和个体工商户(简称"排污者");排污费的征收对象扩大到包括水污染物、大气污染物、固体废物和噪声;对排污行为从超标收费改为排污即收费;排污者

按照排放的污染物的种类、数量缴纳排污费；排放的污染物超过国家或者地方规定的排放标准的，按照污染物的种类、数量加倍缴纳排污费；排污者缴纳排污费，不免除其防治污染、赔偿污染损害的责任和法律、行政法规规定的其他责任。

与前期政策相比，这一法规的主要改变在于：实现了由超标收费向排污即收费和超标加倍收费、由单一浓度收费向浓度与总量相结合收费、由单因子收费向多因子收费的转变；要求对排污费的征收、使用和管理严格实行收支两条线，征收的排污费一律上缴财政，列入环境保护专项资金，并全部用于污染治理。

④ 2003 年实行的《排污费征收标准管理办法》规定：对排放的污水和废气中的污染物，按排污者排放的污染物的种类、数量以污染当量计征。污水排污费每一污染当量的征收标准为 0.7 元。对每一排放口征收污水排污费的污染物种类数，以污染当量数从多到少顺序，最多不超过 3 项。超标排污加一倍征收超标准排污费。废气排污费每一污染当量的征收标准为 0.6 元。对每一排放口征收废气排污费的污染物种类数，以污染当量数从多到少顺序，最多不超过 3 项。对无专用贮存或处置设施和专用贮存或处置设施达不到环境保护标准工业固体废物的排放，一次性征收固体废物排污费。对以填埋方式处置危险废物不符合国家有关规定的，危险废物排污费的征收标准为每次每吨 1 000 元。对排污者产生的环境噪声，超过国家规定的环境噪声排放标准，且干扰了他人正常生活、工作和学习的，按照超标的分贝数征收噪声超标排污费。

⑤ 2014 年出台的《关于调整排污费征收标准等有关问题的通知》规定：在 2015 年 6 月底前将废气中的 SO_2 和 NO_x 的排污费征收标准调整至不低于每污染当量 1.2 元，将污水中的 COD、氨氮和五项主要重金属（铅、汞、铬、镉、类金属砷）污染物的排污费征收标准调整至不低于每污染当量 1.4 元。在每一污水排放口，对五项主要重金属污染物均须征收排污费；其他污染物按照污染当量数从多到少排序，对最多不超过 3 项污染物征收排污费。对污染物排放浓度值超标的，或者污染物排放量超标的，加一倍征收排污费；同时存在排放浓度和排放量超标的，加二倍征收排污费。对企业生产工艺装备或产品属于《产业结构调整指导目录（2011 年本）（修正）》规定的淘汰类的，加一倍征收排污费。对企业污染物排放浓度值低于标准 50% 以上的，减半征收排污费。

与前期法规相比，这一法规提高了收费标准，扩大了收费面，也根据排污者的不同表现进行了收费标准的调整，加大了经济激励力度。

《中华人民共和国环境保护法》（2014）规定"依照法律规定征收环境保护税的，不再征收排污费"。所以，一般人们认为费改税是我国排污收费制度未来的发展趋势。从正面效果来看，费改税不仅能够增强征管强制力，同时也是规范政府收入形式的要求。另外，环保税能够调整不同企业间的负担水平，有利于企业的公平竞争。但费改税后排污费的征收将由环境监管部门转移到税务部门，而排污费征收管理原是环境监管职能的一部分，需确切核算污染物的排放量，征收流程复杂，因此，改为由税务部门进行监管和核算会面临较大的困难。

13.2.6 排污许可证制度

排污许可证是环保主管部门根据排污单位的申请，核发的准予其在生产经营过程中排放污染物的凭证。排污许可证制度是一种命令—控制型的环境管理手段，是指凡是需要向环境中排放各种污染物的单位或个人，都必须事先向环境保护部门办理申领排污许可证手续，经环境保护部门批准、获得排污许可证后方能向环境中排放污染物的制度。许可证的内容包括：污染物排放、处置的方式、时间、去向；排污口的地点（经纬度）、数量；排污单位执行的污染物排放的浓度限值；重点排污单位的重点污染物的年度许可排放量、最高允许单日排放量等。

按照我国法律的规定，目前七类单位需要取得排污许可证：排放工业废气或排放国家规定的有毒有害大气污染物的排污单位，直接或间接向水体排放工业废水和医疗污水的排污单位，集中供热设施的运营单位，规模化畜禽养殖场，城镇或工业污水集中处理单位，垃圾集中处理处置单位或危险废物处理处置单位以及其他按照规定应当取得排污许可证的排污单位。取得许可证的条件包括：污染物的排放方式、去向要符合生态保护红线和环境功能区划的要求，建设项目的环评文件经环保主管部门批复或备案，有符合国家或地方规定的污染防治设施或污染物处理能力，重点排污单位还应当按照国家的有关规定和监测规范安装使用监测设备、设置符合国家或地方要求的排污口等。应当取得排污许可证而未取得的，不得排放污染物。

排污许可证制度可建立在排污总量控制的基础上，在此基础上，可以尝试进行排污许可证交易（见 6.4.3 节中国的排污权交易）。

13.2.7 污染集中控制制度

污染集中控制是指主要以改善流域、区域等控制单元的环境质量为目的，在一个特定的范围内，为保护环境所建立的集中治理设施和采用的管理措施。

为了有效推行污染集中控制制度，必须有相应的保障措施：首先，要以规划为先导，污染集中控制必须与城市建设同步规划、同步实施。如完善城市排水管网、建立城市污水处理厂、发展城市集中供热、建设城市垃圾处理厂、发展城市绿化等。其次，要与城市功能区划结合起来。由于各区域的污染物的种类和性质、环境功能不同，其主要的环境问题也各不相同，所以要根据不同的功能区划，突出重点，分别整治，以便对不同的环境问题采取不同的处理方法。最后，实行污染集中控制不能代替分散治理，而是必须与分散治理相结合。

废水污染的集中控制手段主要有：以大企业为骨干，实行企业联合集中处理；同等类型工厂联合对废水进行集中控制；对含特殊污染物的废水实行集中控制；工厂对废水进行预处理后再送到城市污水处理厂进行进一步处理。

废气污染的集中控制手段主要有：改变居民的能源消费结构，实行集中供热取代分散供热，改变供暖制度，将间歇供暖改为连续供暖，加强对烟尘的管理和治理等。

有害固体废物的集中控制手段主要有：提高固体废弃物的综合利用率，包括回收利用其中的有用物质、将废弃物转变成能源，建设固体废物集中处理设施，如卫生填埋场、固体废弃物处理厂等。

13.2.8 污染限期治理制度

污染限期治理制度，是指对严重污染环境的企业事业单位和在特殊保护的区域内超标排污的生产、经营设施和活动，由各级人民政府或其授权的环境保护部门决定并监督实施，令其在一定期限内治理并消除污染的法律制度，是限定治理时间、治理内容及治理效果的强制性措施。

限期治理的重点是对区域环境质量有重大影响的、社会群众反映强烈的污染问题。在实践中可按治理对象的性质将其分为区域限期治理、行业限期治理和点源限期治理。其中区域限期治理是指对污染严重的区域或流域实行的限期治理，如淮河流域的限制达标排放、太湖流域的限期达标排放等。行业限期治理是指对行业性污染实施的限期治理，如造纸行业、化工行业的限期治理等。点源限期治理是指对单个的污染物排放源进行限期治理，如对位于居民稠密区、水源保护区、风景游览区、自然保护区、温泉疗养区、城市上风向等环境敏感区的污染物排放超标、危害职工和居民健康的污染源进行限期治理。

13.3 中国参加的国际环境公约

本着对国际环境与自然资源保护负责的态度，中国积极参与全球环境治理，参加或者缔结了环境与自然资源保护领域的国际公约和条约三十多项。其中主要的公约名录如下：

《防止海洋石油污染国际公约》(1954年)
《捕鱼及养护公海生物资源公约》(1958年)
《国际捕鲸管制公约》(1946年)
《东南亚及太平洋植物保护协定》(1956年)
《大陆架公约》(1958年)
《南极条约》(1959年)
《世界气象组织公约》(1947年)
《国际油污损害民事责任公约》(1969年)
《关于特别是水禽栖息地的国际重要湿地公约》(1971年)
《禁止在海床洋底及其底土安置核武器和其他大规模毁灭性武器条约》(1971年)
《保护世界文化和自然遗产公约》(1972年)
《关于各国探测及使用外层空间包括月球与其他天体活动所应遵守原则的条约》(1967年)
《防止倾弃废物和其他物质污染海洋的公约》(1972年)
《关于禁止发展、生产和储存细菌(生物)及毒素武器和销毁此种武器的公约》(1972年)
《干预公海非油类物质污染议定书》(1973年)

《濒危野生动植物种国际贸易公约》(1973 年)
《国际防止船舶造成污染公约》(1978 年)
《核材料实物保护公约》(1979 年)
《联合国海洋法公约》(1982)
《保护臭氧层维也纳公约》(1985)
《核事故或辐射事故紧急情况援助公约》(1985 年)
《核事故及早通报公约》(1986 年)
《关于消耗臭氧层物质的蒙特利尔议定书》(1987 年)
《亚洲—太平洋水产养殖中心协议》(1988 年)
《控制危险废物越境转移及其处置巴塞尔公约》(1989 年)
《联合国气候变化框架公约》(1992 年)
《生物多样性公约》(1992 年)
《京都议定书》(1997 年)
《哥本哈根协议》(2009 年)
《生物安全议定书》(2000 年)
《联合国防治荒漠化公约》(1994 年)
《关于持久性有机污染物的斯德哥尔摩公约》(2001 年)
《关于在国际贸易中对某些危险化学品和农药采用事先知情同意程序的鹿特丹公约》(2005)
《中国—东盟环保合作战略》(2009 年)

另外,中国还积极支持了有关国际环境与资源保护的许多重要文件,并把这些国际文件的精神引入到中国的法律和政策之中。这些文件包括 1972 年在斯德哥尔摩发表的《联合国人类环境宣言》、1980 年在世界许多国家同时发表的《世界自然资源保护大纲》、1982 年在肯尼亚内罗毕发表的《内罗毕宣言》和 1992 年在巴西里约热内卢发表的《关于环境与发展的里约热内卢宣言》等。①

13.4 中国环境管理体系的不足

经过四十多年的建设,我国的环境管理制度基本形成了较完整的体系,但现有制度中不少法规和标准相互间不协调,法规标准的执行不到位。同时,在现有行政体制下,各级环境保护部门受制于各级政府,其监管能力和执法能力有限。在地方政府对促进经济增长有更大热情的情况下,环境保护议题往往被忽视和搁置,环境法规和制度的执行情况不令人满意。在环境管理中,命令—控制手段扮演主要角色,“风暴”式的、“运动”式的环境措施无法形成长效的约束机制,经济手段发挥的作用有限,公众参与的渠道不畅,也阻碍了环境目标的实现。

---

① 转引自:曲格平.环境保护知识读本[M].北京:红旗出版社,1999:173.

13.4.1　环境目标处于弱势,环境部门执行力不足

虽然国家把环境保护作为国策之一,要求把环境保护提高到与经济发展同等重要的位置上,要求在评估经济、交通、财政和其他部门机构的绩效时,对环境目标给予更高的分量,但是我国环境管理机构在行政体系中的地位不高、权限不大,这使得与经济目标相比,环境目标往往处于劣势。

在中央国家机关的行政结构中,2007 年国家环保总局升级为国家环保部,成为国务院的独立部委。但作为与其他部委平行的机构,其掌握的政策工具和行政能力仍有限。由于许多环境责任是由各级政府和机构共同承担的,没有其他政府机构的合作,国家环保部不能成功地履行保护环境的职责,特别是当环境保护和其他机构的优先领域发生冲突时,环境利益往往难以得到保护。

我国的地方环境管理体系是一个多层体系,地方环境保护机构缺乏充分的财力资源,主要由地方政府向本级环境保护机构提供资金支持并监督其工作。地方环保局的领导是地方政府任命的,其薪水是企业贡献的地方财政。而在许多地方,污染企业往往是当地的利税大户,企业的运营状况牵涉政府的政绩。因此在实际工作中,地方政府无论是从地方利益还是政治前途出发都可能会选择经济利益至上的战略,甚至为此牺牲环境利益。这是因为环境质量的改善通常要很长一段时间才可以显现,而经济增长带来的利益更为直接和明显,地方官员的任期通常比较短,在此前提下,忽视环境而发展经济就成为地方政府的一种理性选择。尽管没有公开反对环境保护,但许多地方政府对环境保护采取"口惠而实不至"的消极态度和做法。在这种局面下,当企业和政府为了追求利润最大化,牺牲环境质量时,地方环境部门往往难以真正发挥作用。

目前,我国除了《环境噪声污染防治法》规定"对小型企业事业单位的限期治理,可以由县级以上人民政府在国务院规定的权限内授权其环境保护行政主管部门决定"外,其他法律均将这些限期治理权赋予地方政府。但是,在环境保护方面,地方政府通常存在"破坏之手"、"治理之手"、"庇护之手"的三手互搏现象。许多环境污染问题的根源就在于地方政府为了获得政绩和收入发展经济的冲动和地方保护主义。① 他们往往为了经济发展而牺牲对环境的保护,给环保执法带来一定的困难。目前环境保护法律几乎未授予环保行政主管部门任何直接强制执行权力,尤其是没有工商税务等部门所拥有的查封、冻结、扣押、没收等强制手段,在出现环境违法情况时,环保行政主管部门只能通过申请人民法院强制执行的方式履行职责,而不能予以直接强制。这种状况使环保行政主管部门对层出不穷的违法行为难以有效地进行监督管理。"执法不严、违法不究",使环境法规和环境标准丧失了严肃性。

13.4.2　规划性环境问题难以解决

目前我国环境政策管理的重点在已经恶化或者激化的环境问题上,但是,许多引发

---

① 国合会报告. 实现"十一五"环境目标政策机制研究. 载 http://www.china.com.cn/tech/zhuanti/wyh/2008-02/26/content_10749001.htm

严重环境问题并导致环境污染屡屡出现反弹、环境治理难以取得根本性成效的根源，在于布局性、结构性环境污染难以得到有效控制，环境隐患难以从根本上消除。从环保角度审视区域发展规划有助于预防这些问题的产生。我国2003年起实施的《环境影响评价法》确立了规划的环境影响评价制度，规定政府及其有关部门组织编制的有关开发建设规划必须在报送审批前开展环境影响评价。

从理论上讲，规划环评制度的确立有助于促使环境保护的着力点从微观层面进入到中观和宏观层面。通过规划环评，可以统筹经济发展和环境保护的关系，将环境因素置于规划决策的前端，充分考虑经济社会建设需要的资源环境能力支持，预见区域和城市整体的生产和建设活动可能对生态环境造成的影响及可能引发的后果，从而未雨绸缪地采取措施从决策层面进行预防性控制，保障社会经济建设在健康、安全、可持续的轨道上进行。但是，规划环评要求根据环境资源承载力来优化生产力要素的配置，这同地区分割、部门分割的行政管理体制形成了直接冲突。相对于部门或地方政府而言，规划环评是决策的一种外在约束，与"重审批、轻规划"的部门利益和"短平快出业绩"的地方利益相冲突，地方部门和政府难以主动接受。而环境部门的"话语权"有限，法律强制力不足，缺乏足够的独立经济来源、有效的跟踪监控机制，推进规划环评"力不从心"。同时，作为政府的一个部门，环境部门也有自身的利益，这使得环评工作可能成为地方政府、环境部门和民众间博弈妥协的结果，其科学性和前瞻性打了折扣。

13.4.3 区域环境公平难以实现

由于地方利益保护和资源价格偏低等因素，我国许多区域性环境问题难以解决，出现了环境不公平现象：

① 我国自然资源在空间上的分布很不均匀，客观上造成了自然资源在地域范围内的大规模流动，而由资源开发带来的环境影响却留在了当地，造成了当地的污染和生态破坏，如果不能得到相应补偿，对资源富集区是不公平的。例如长期以来我国实行自然资源和能源低价政策，能源大省山西在大量开采煤炭、发展炼焦业之后，空气被严重污染、地表植被被破坏，不少地方由于地下煤炭采空还形成塌陷。

② 我国有的地区生态系统保护有全局性意义，进行保护与经济开发间存在矛盾，这些地区以破坏生态的方式搞经济开发，会给社会带来巨大的损失，而为了下游的利益禁止这些地方搞经济开发，又是不公平的。如西部环境保护给江河下游带来生态效益，如果没有相应的生态转移支付为其提供必要的激励，其生态保护将难以持续。

③ 我国有众多的河流穿起两个或多个行政辖区，由于河流的水量和水体对污染的承载能力是有上限的，在这些行政区间如何分配水资源和环境承载力成为一个难题，这使得一个流域的不同行政区间的利益往往存在冲突：下游地区需要有足够、清洁的水作为发展的条件，但上游却可能利用在地理上的先天优势充分利用水资源，并向水体排放污染物。由于缺乏相应的补偿和制约机制，使得省级及以下行政辖区因越界水污染问题导致的纠纷层出不穷。

按照科斯对外部性的分析思路，在产权界定清晰、不考虑交易费用的情况下，外部性是可以通过当事方的协商和权利的买卖自动解决的。但是我国目前的环境资源产权的界定并不清晰,如对于长在江河上游的森林,上游地区是否拥有森林的砍伐权,下游地区是否拥有保留森林作为生态用林的权利,对流经多个地区的河流,上游和下游地区在使用的河水的水量和水质上各有什么权利?这些问题在现实中就不容易界定,界定了的权利也难以得以保护。权利的不安全性使得即使法规对其进行了界定,就权利进行讨价还价也存在较大的交易成本。因此,在自由市场中,生态补偿几乎无法自由产生。我国目前涉及生态补偿的法规主要有《森林法》、《土地管理法》、《水法》、《水土保持法》、《矿产资源法》等。但这些法规涉及的是单种资源消耗和补偿,没有考虑到生态影响的补偿(很大原因是对生态影响的经济估价没有进行),还不足以解决跨区、跨界的生态影响和污染补偿问题。同时由于生态补偿缺乏有针对性的、持续稳定的资金来源,补偿不足现象较普遍。

④ 在"二元"分割的社会经济结构下,我国的环境管理力量和污染处理设施主要集中在城市,广大农村地区处于"边缘"状态,正面临土地退化、面源污染等严重环境问题。在一定意义上,城市环境的改善是以牺牲农村环境为代价的。通过截污,城区水质改善了,农村水质却恶化了;通过转二产促三产,城区空气质量改善了,近郊污染加重了;通过简单填埋生活垃圾,城区面貌改善了,城乡结合部的垃圾二次污染加重了。[①] 这使得即使在城市进行了大量的污染治理,区域性环境质量并不能得到改善。环境管理和环境保护是一项重要的政府公共职能,为了实现城乡间的环境公平,需要推进城乡间环境保护基本公共服务均等化,加强城乡和区域统筹,健全环境保护基本公共服务体系。

⑤ 目前我国不仅经济发展水平上存在地区间不平衡和城乡差距,在环境管理的严格程度和环境标准的高低上也存在地区间不平衡和城乡差距。上个世纪90年代以来东部沿海地区的乡镇企业和私有企业迅速发展,为促进当地的工业化、城镇化发展和带动就业发挥了巨大的作用。但在这种发展的同时,当地的环境遭到了巨大的破坏。曾经的鱼米之乡变成"有水皆污"。在严峻的环境压力下,当地群众和政府对环境保护的重视增强了,地方性的环境标准也随之提高。地方政府还希望利用产业政策,淘汰污染严重的产业和企业,使地区经济结构得到提升。而中西部地区经济发展水平低,政府决策部门急于发展经济,对环境议题更不重视(摆在地方决策者们面前的选择往往是两难的:要温饱,还是要环保?)。另外,各地城市的环境管理水平也明显高于乡村。在环境标准和环境管理严格程度存在这样的梯度差异的背景下,一些原来位于城市、东部沿海地区的污染密集型企业开始寻找新的落脚点,纷纷以产业梯度转移的名义,由发达地区向落后地区,由城市向农村"迁徙"。

13.4.4 过多依赖行政手段,环境处罚力度不足

行政命令和运动手段在解决大的污染问题时可以在短时间内取得明显效果。但是,它们从本质上不会促使削减成本低的企业持续削减污染,灵活性也较差,无法对提高动态效率提供有效的激励。在运动式的环境管理中,政策由中央一级制定,执行则依赖大规模的政府投资项目,同时辅之以行政命令手段和宣传运动。例如在治理"三河三湖两

---

① 潘岳.环境保护与社会公平[J].中国国情国力,2004,12:1—7.

区一市一海”污染的工作中，我国政府就采取过大规模的运动手段，投资总额超过180亿美元，同时关闭大量严重污染的企业。据统计，1995—2000年间，我国关闭了84 000多个重污染工厂。[①] 运动过后，为了保持取得的成果，还需要对违反规定的情况进行反复检查，严肃处理有关人员和企业，保持所谓的高压态势。与其他手段相比，运动手段的成本是巨大的，效果也不稳定。淮河是我国污染治理的重点之一，政府曾经用“零点行动”[②]使淮河水“变清”。但行动之后的调查发现，淮河污染并没有减轻，2004年淮河流域的大规模污染事件更是显现出运动式的环境管理手段难以真正达到预定的环境目标。如今，我国仍常沿用发动“战役”、掀起“风暴”的形式进行环境管理，这种方式往往缺乏稳定性和连续性，难以取得长期的环境效果（比如APEC会议期间可以用这种手段获得短期效果，但长期来看，却没能真正治理雾霾）。

自里约会议以来，以市场为基础的手段被用作激励清洁经济行为的一种方法得到了越来越多的应用，作为一种非强迫性手段，这类管理方法具有更大的灵活性和经济合理性。除了经济手段外，社会公众对环境污染防治的参与也是环境管理的一个重要方面。欧洲、日本和美国的经验教训说明，没有包括政府、企业、非政府组织和一般大众在内的全社会的积极参与，环境目标就不能实现。有研究表明，环境管理者受市民申诉的影响，人均申诉水平与平均受教育程度密切相关，申诉率与有效的污染税率正相关，与实际的污染强度负相关，申诉作为一种市民反馈的形式对环境改善是一个有力的促进因素。[③] 但目前我国社会公众参与环境管理的主要途径仅限于向我国的各级环保局进行环境举报。社区代表和环境管理者以及企业管理者一起参与环境政策协商的形式还很少见到。而有效的环境治理要求在计划、执行和决策过程中，融合不同方面的观点、经验和能力。公众作为利益相关者的广泛参与应该成为未来制定环境政策法律的一个主导原则。

我国的环境法律一般都对违法行为规定具体的最高罚款数额。罚款上限一般都很低，对违法行为没有约束力，污染者违法成本很低。这使得许多企业可以购置和安装污染控制设施，但是为了省钱却宁愿不运行，付了罚款后污染依旧。尽管环保法规也允许采取行政手段进行处罚，如关停造成高于处罚金额损失的个别违法企业，但这种极端行动会使环境保护主管部门与地方经济利益产生尖锐的冲突，一般不被使用。结果是，企业是有理性的污染者，他们在评估违法行为的后果时，考虑到被关停的可能性很小，因此并不严肃对待这种执行手段。

13.4.5 环境管理的重点还集中在末端治理上

由末端治理向源头治理转变，推行清洁生产和工业污染全过程控制管理是工业污染防治的一个基本趋势。清洁生产以提高资源利用水平、减少污染产生量、排放量为目标，既有经济效益又有环境效益，既可以减少末端治理造成的大量投入，也有助于防止末端

---

① 祝光耀. 新世纪我国环境形势与对策. http://www.china-epa.com/

② 按照环保部门计划，到1998年1月1日零点，淮河全流域所有超标排污企业都必须达标排放或关闭、停产治理，称为“零点行动”。这一工作方式后来为许多地区的水污染治理所借用。

③ Dasgupta, S., et al. Surviving success: policy reform and the future of industrial pollution in China. World Bank working paper, 1997.

治理可能造成的二次污染风险,同时还有助于改善职工的劳动环境和操作条件,易于为企业所接受。

美国在20世纪90年代,各州环保局都建立了清洁生产中心,推进污染预防工作,对巩固污染减排效果起到了很好的作用。20世纪90年代初期以来,在世界银行和联合国环境规划署的技术支持下,我国在清洁生产领域进行了一些实践。这些实践主要是原国家环保总局利用世界银行的贷款在各地建立的试点。

但是,我国长期以来推行的环境管理机制的特点是通过环境影响评价制度、"三同时"验收制度对新、改、扩建项目进行管理;对建成的项目通过排污收费、限期治理、排污许可证等制度进行环境管理,强调对排放污染物的末端治理,对于生产过程中的污染物减排和环境风险降低,一直没有建立起有效的管理机制。特别是清洁生产技术开发投资大、风险大,完全依靠企业研发,容易形成一家研发全行业受益、风险与利益不对称的局面,影响企业研发清洁生产技术的积极性,而我国政府投资在清洁生产技术的开发上长期不足。清洁生产技术的应用往往涉及生产设备的更新换代,需要大量的一次性投资,而目前我国用于支持企业进行清洁生产改造的资金渠道不畅,也影响了清洁生产技术的推广应用。

13.4.6 环境投资不足

尽管我国的环境投资不断增长,但远不能满足环境治理的需要。实际上长期以来,我国环境投资处于年年欠账的局面。例如,国家环保部2006年发布的《国民绿色经济核算研究报告》指出,我国需要花费108万亿元来清理所有的工业污染物和废旧家用电器,但是实际投资仅为1 900亿元。治污资金不落实导致"十五"规划中的许多污染治理项目没有完成,其中列入国家计划的2 130项治污工程,完成1 378项,仅占总数的65%,完成投资864亿元,占总投资的53%。三河、三湖等重点流域和地区的治理任务只完成计划目标的60%左右。脱硫项目建设滞后于总量控制要求,计划要求削减105万吨SO_2的任务只完成约70%,资金投入不足,政策支持不够、不配套,治污工程落实程度偏低,直接导致了"十五"环境保护目标落空。

有钱才能好办事。为了促进污染治理,我国政府提出了环境投资"不欠新账、多还旧账","十一五"以来,我国环境投资不断上升,2013年,其占同期GDP的比重达到1.62%。但是,尽管从账面上看,我国的环境投资占GDP的比例达到了一定水平,但目前环境投资口径存在"虚化"现象。统计环境投资时把具有间接环境效益的生产项目和基础设施建设项目、园林绿化等景观形象工程建设等投资纳入统计,真正用于污染治理的环境投资偏小,掩盖了环境污染治理投资不足的严峻现实。若以污水处理与垃圾处理作为城市环境基础设施建设投资口径,真正用于环境污染治理的投资只有现有投资口径统计量的一半左右,全国环境保护同期投资也将"缩水"50%。因此实际上,我国仍然处于环境污染"新账"不断增加的阶段,远没有进入大规模偿还历史污染"欠账"的阶段。①

总之,虽然我国加大了对环保的投资力度,但从环境保护面临的形势和生态建设及

---

① 吴舜泽等. 中国环境保护投资失真问题分析与建议[J]. 我国人口·资源与环境, 2007, 3: 112—117.

污染防治的需求看,投资仍然偏低,不足以解决环境保护投资严重不足的问题。

小结

20 世纪 70 年代以来,我国逐步建立和完善了以“预防为主、防治结合”,“谁污染、谁治理”和“强化环境管理”为指导的,以“老三项”和“新五项”为主体的环境管理体系。同时,我国还积极参与全球环境治理,参加或者缔结了数十项与环境和自然资源保护有关的国际公约和条约。

进一步阅读

1. 王金南等. 中国环境政策(第 1—10 卷)[M]. 北京:中国环境科学出版社.

2. 吴舜泽等. 国家环境保护十二五规划基本思路研究报告[M]. 北京:中国环境科学出版社, 2011.

3. 曲格平. 环境保护知识读本[M]. 北京:红旗出版社, 1999.

思考题

1. 我国环境管理的指导思想是什么?
2. 请简述“老三项”环境管理制度。
3. 请简述“新五项”环境管理制度。
4. 我国环境管理体系的不足有哪些?

第 14 章　绿 色 增 长

学习目标

- 了解传统增长模式的不足
- 掌握可持续发展的含义
- 掌握向绿色增长转变的政策支持体系

污染和生态环境退化显示出原有的增长模式是不可持续的,为了取得增长和环境的双赢,人类需要向新的绿色增长模式转变。按照经合组织的定义,绿色增长是指在确保自然资产能够继续为人类幸福提供各种资源和环境服务的同时促进经济增长。

14.1　传统增长模式

按照传统的厂商—家庭二部门模型,经济活动与自然环境无关:二部门模型中有两个经济活动主体——企业和家庭。前者生产并出售物品与服务、雇用并使用生产要素;后者购买并消费物品与服务、拥有并出售其所有的生产要素。在二者的经济互动中,形成了两个市场——产品市场和要素市场(图 14-1)。

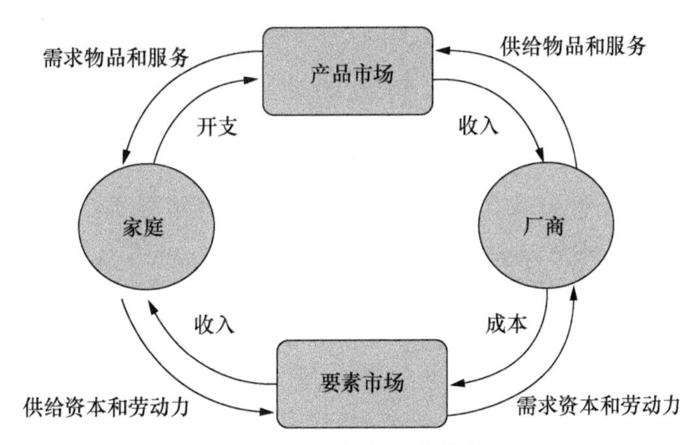

图 14-1　两部门经济模型

经济活动的基础是劳动和资本的投入,柯布-道格拉斯生产函数认为产出是资本和劳动的函数。随着资本投入和劳动投入的增加,产出随之增长。

$$Y = AK^{\alpha}L^{1-\alpha} \quad \text{(式 14-1)}$$

明显地,传统的增长模式没有考虑资本和劳动投入的物质基础,而没有物质基础,是无法凭空产生产品的。这一模型还隐含了一个假定:自然资源是不稀缺的,而且在将来也不会稀缺。[①]这样，在传统的经济增长模型中，稀缺的要素或决定经济增长的因素要么是资本(哈罗德-多马模型)，要么就是技术(新古典经济增长模型)和制度(制度经济学)。哈罗德-多马增长模型认为，任何经济单位的产出取决于向该单位投入的资本量，经济增长率主要取决于资本积累率。后来，索洛和丹尼森等人对哈罗德-多马增长模型进行了修正和补充，他们引入了自然资源存量和技术进步的因素，将产出视为资本、劳动、自然资源存量和投入要素效率的函数，用生产函数表示为

$$Y = K^{a_1} R^{a_2} L^{a_3} \qquad (式 14\text{-}2)$$

式中，K是资本，R是自然资源，L是劳动力，$a_1 + a_2 + a_3 = 1$，$a_i > 0$。这里隐含的假设是人造资本、劳动和自然资源是可以完全替代的，也就是说，自然资源的稀缺性不会对经济增长形成制约。

可见，在传统的增长模式下，经济增长是没有极限的，为了追求经济增长，只需要鼓励消费，不断加大市场规模，生产和经济规模就可以无限扩大。

14.2 向绿色增长模式转变

贫困会迫使人们过度开发环境脆弱地区的土地，带来土地退化、沙化等生态破坏问题，但更多环境问题的产生与传统增长模式下的经济发展过程直接相关。为了追求利润和收入增长，各国大力推动经济发展计划，而许多国家和地区的经济发展是通过采用从长远来看造成环境破坏的方式取得的，是建立在使用越来越多的原料、能源、化学品、化学合成物和制造出越来越多的污染的基础上的，环境成本并没有被计算在生产成本内。可见，环境挑战既来自发展的缺乏，也来自经济发展的后果。因此，如果要从根本上扭转环境退化的趋势，最终实现可持续发展，就不能排斥增长，而是要以不同的模式增长——由传统经济增长模式向“绿色增长”转变。

14.2.1 可持续发展

在20世纪50年代至80年代的三十多年时间里，所有国家，无论是穷国，还是富国，无论是资本主义国家还是社会主义国家，都迷信经济增长，认为只有不断增长，才能不断积累社会财富，人民的生活福利水平才能得到提高。然而，半个多世纪的发展实践却表明，传统的经济增长和工业化模式虽然在物质财富的增长以及人类发展的某些方面(如预期寿命和识字率的提高)取得了长足的进步，但生活质量的许多方面和环境质量方面却发展滞后了。伴随着经济增长和工业化，人类从环境中开发了越来越多的资源，也产生了越来越多的废物排放到环境中去，全球面临着环境日益恶化的风险。

正是在这种背景下，国际社会和学术界对可持续发展模式表现出了前所未有的浓厚兴趣。人们意识到，由于自然界的不可再生资源是有限的，在一定时间内环境吸收废物的能力也是有限的，因此，发展应立足于自然界的可再生资源能够无限期地满足

---

① P. 达斯古柏塔. 环境资源问题的经济学思考. 原载 *The Economics of the Environment*. 何勇田摘译. 国外社会科学，1997(3)：39—45.

当代人和后代人的需求，以及对不可再生资源的谨慎节约的使用上，也就是说，发展应具有可持续性。这意味着人类必须摆脱传统的经济增长模式，努力寻找新的发展模式。

这种新旧模式的转变，是当前人类面临的一场新的革命。如果说工业革命的成功导致了进一步的稀缺，不仅是猎物、土地、燃料和金属的稀缺，还有环境吸收能力的稀缺，那么，工业革命就又产生了对另一场革命的需求，这场革命就是可持续发展的革命。

由于对"可持续"和"发展"的不同理解，人们对可持续发展给出了许多不同的定义，但常用的可持续发展的概念是世界环境与发展委员会关于人类未来的报告《我们共同的未来》提出的：可持续发展是为后代保持发展的能力，而且经济增长是必需的。发展中国家必须恢复经济增长，因为经济增长是减少贫困、改善环境的最直接手段。工业化国家应保持3%—4%的年增长率，并逐步向低原材料消耗、低能耗的方向转变，提高物质和能源的使用效率。这样的增长才可能保障环境的可持续性。

1. 可持续性

可持续发展由可持续性(sustainability)和发展(development)这两个词组成。从字面上看可持续是指"持久、保持现状、在时间上绵延不断"，对这个词的定义有数百种。对于要"持续"的是什么，"持续"的路径是什么，人们有不同的理解。按照珀曼的分类，可以大致将这些定义分为6类①：

① 效用或消费不随时间而下降(哈特维克-索洛可持续性准则)。哈特维克(John Hartwick，1977，1978)用非下降的效用(或消费)来解释可持续性(在效用仅取决于消费时，非下降的效用和非下降的消费是等值的)。为了实现可持续性，人们应该将开发不可再生资源得到的收益(收入超过边际开采成本的部分)储蓄起来并投资于可再生资源，从而使产出和消费的水平在时间上保持为常数。索洛认为要在代际公平地分配效用，应保证人均消费的非贴现效用在无限时间上是常数。与哈特维克的非下降效用(或消费)相比，在时间上稳定不变的效用(或消费)是一个更严格的准则，但两者在本质上是相同的，所以二者被合称为哈特维克-索洛可持续性准则。但是，哈特维克-索洛可持续性准则没有提出不下降的效用(或消费)的初期水平是多少，如果初期水平很低，那么这样的可持续性就不是人们想要的结果。

阿拉斯加永久基金

1976年，在美国阿拉斯加的油管建设即将完成时，该州选民投票赞成设立一个名为"阿拉斯加永久基金"的基金，规定将至少25%的矿产租赁租金、特许权使用费、特许权使用费销售收入、联邦矿产收入和分红投入一个永久性的基金账户，基金只被允许投资于能产生收入流的项目，不能投资于以经济或社会发展为目的的项目，而且在没有经过绝

① 罗杰·珀曼等. 自然资源与环境经济学[M]. 北京：中国经济出版社，2002：56—69.

大多数选民同意的情况下,该基金也不能用于支付其他支出。设定“阿拉斯加永久基金”的目的是保护后代人的利益,使后代人与当代人共享自然资源带来的红利。

自成立以来,该基金被投资于资本市场并分散用于各类资产,包括债券、股票、房地产等。该基金的收益情况如图 14-2 所示,从长期来看,该基金的投资年收益率约在 5% 左右,高于同期银行储蓄的利率水平。基金的部分年收入作为分红分配给符合条件的阿拉斯加居民,其余部分用于增加本金。

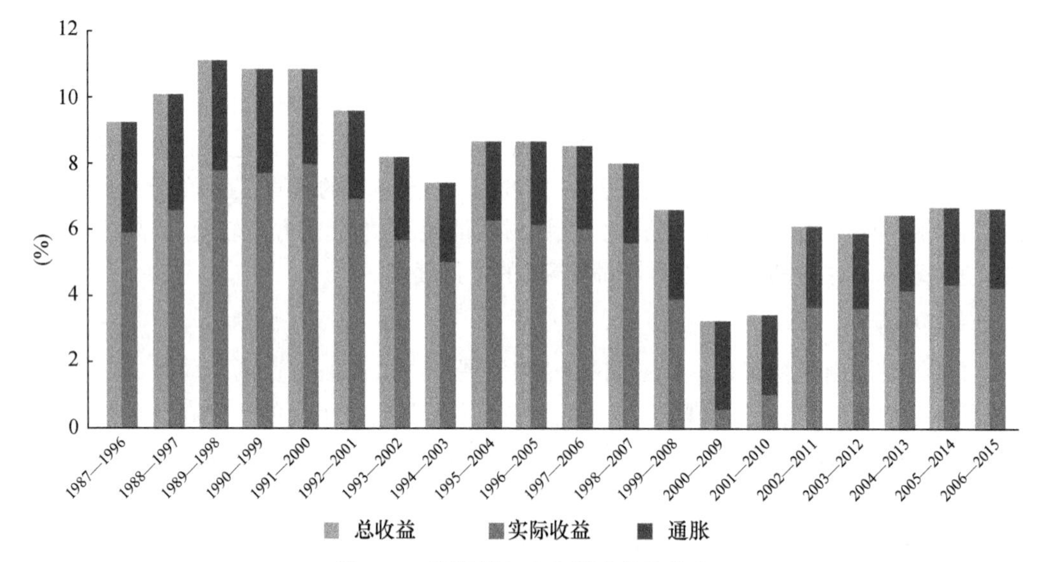

图 14-2 阿拉斯加永久基金的收益率

资料来源:The Alaska Permanent Fund. http://www.apfc.org

② 自然资源得到管理以维持未来的生产机会。现代人不能肯定地了解未来人的偏好,也不知道他们将会拥有什么技术,所以为了保证后代人的利益,不应只着眼于为后代保留不可再生资源,而是要为子孙后代保存生产机会,也就是说当代人对后代人应负的责任是让他们拥有与当代人一样的发展潜力。从这个角度看,如果能开发出更发达的科学知识作为补偿,那么留下较少的不可再生资源给下一代也是可行的。人们常引用的《我们共同的未来》一书中可持续发展的定义“既满足当代人的需求,又不损害后代人满足其需求的能力的发展”,就是按照这一思路来定义可持续性的。

从广义上看,人类拥有的资本包括自然资本和人造资本。自然资本是指由自然提供的全部资本,如含水层和水系、土壤、原油和天然气、森林、渔场及其他生物资源、基因物质和地球大气圈本身。人造资本包括实物资本、人力资本和智力资本。其中,实物资本指工厂、设备、建筑物和其他基础设施,它们通过向当前的生产进行一定的资本投资而积累;人力资本指体现在个人身上的技术存量,用于提高人们的生产能力;智力资本由知识存量组成,指无形的技术和知识。在一定程度上,不同类型的资本间能相互替代,任一时刻的生产潜力主要取决于可用的资本的存量,包括自然的和人造的资本。所以要保证产出水平不下降,有必要维持一定的资本累积以维持生产机会,而没有必要刻意保持自然资本存量不下降。

③ 自然资本存量不随时间下降。人造资本对自然资本的替代性不强,而且随着自然资本的减少替代性还会下降。另外,一些环境功能只能由自然资本存量来体现,这些功能不具有替代性。如果自然资本对生产既是必要的,又不能由其他生产资源替代,那么保持自然资本存量不下降是保证经济生产潜力得以持续的必要条件。因此,一个国家要使发展具有可持续性,要求发展不引起关键自然资本存量的下降。但是,由于自然资本的内容极其丰富,不能将不同的自然资源、环境质量进行加总合计。因此,要“保持自然资本存量不下降”是否意味着自然资本的所有方面都不下降是这一定义难以回答的问题。

④ 自然资源得到管理以维持资源服务的可持续产量。这一可持续性的概念常常用于森林和渔业等可再生资源,它指的是一种维持稳定水平的资源所提供的稳定流量,如一片森林通过合理的疏伐或更新可以提供持续的木材产量。但是,如果将这一定义扩大到不同类型的自然资源就会遇到量纲不同、不能加总的问题:“维持资源服务的可持续产量”是指每一种资源服务都保持稳定还是不同要素的加权数量保持稳定?如果选择后者,那么又如何选择权重?权重是保持不变的吗?这些问题都难以回答。

⑤ 满足生态系统在时间上的稳定性和弹性的最小条件(最低安全标准法则)。可持续性要求维持地球生态系统的完整性,以使人类经济系统与更广阔而又缓慢变化的生态系统之间保持一种动态关系。在这一生态系统中,人类可以无限延续、繁荣、发展,但人类的活动只能在环境允许的范围之内进行,以不破坏生命支持系统的多样性、复杂性及其功能为准则。

⑥ 建立相应的能力和共识。人们不能将环境目标(例如防止灾难性的环境破坏)和社会与政治目标(例如减少贫困)区别开来。为了达到这些目标,人们需要通过磋商达成共识,可持续发展是一种人们已经达成了共识的发展,这种发展保持在经济、社会、文化、生态和物质的限度之内,因而是可持续的。

将时间作为横坐标绘制人类长期福利在未来的可能发展趋势,可以得到如图 14-3 所示的 4 种基本的趋势(标记为 A、B、C、D)。其中趋势 D 表示指数形式的持续增长,未来只是过去的简单复制。在这种趋势下不仅当前的福利水平具有可持续性,而且福利水平

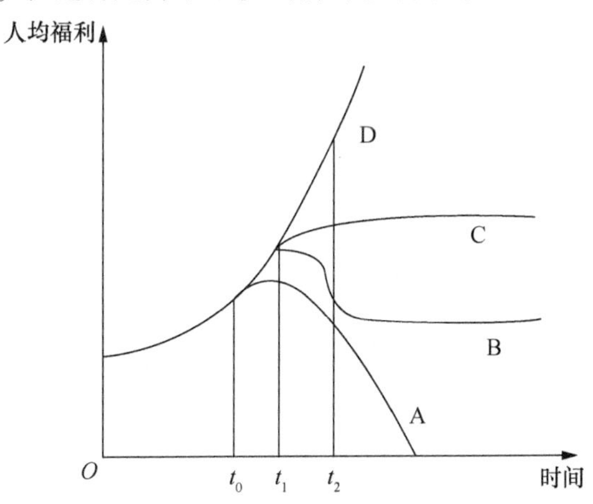

图 14-3 未来可能的发展趋势

的增长速度也具有可持续性。趋势C设想增长逐步放缓，直到一个稳态，即增长率下降到0。在这种趋势下，人们当前的福利水平具有可持续性，后代人的福利水平至少不下降，但福利水平的增长速度没有可持续性。趋势B的初期与C相似，但处于t_1和t_2间的人们的福利水平要急剧下降到一个较低的水平才能进入稳态。在这种趋势下，人们当前的福利水平及其增长速度都没有可持续性。趋势A则否定可持续的人类福利水平，它认为福利增长的结果是崩溃和人类文明的终结。

那么人类的未来是向哪种趋势发展呢？由于太阳能的源源不断和自然对一定数量的污染的消纳能力，人们可获得的可再生资源的数量是有一定的保障的，因此人类可以维持一个正的可持续的福利水平，所以可以首先排除趋势A。但是人类的福利水平究竟会达到什么层次却难以预言，趋势D是最乐观的预测，然而受地球生态系统有限性的限制，趋势C更有实现的可能，但是从目前地球生态环境已受到的破坏的状况来看，也没有人能完全排除趋势B。

当代人对后代人的福利可能产生正面和负面的双重影响。当代人可以用自己的资源积累资本存量，为后代人提供庇护场所、生产和交通工具，也可以通过人力资本投资为后代积累知识和技术，这些都有助于使后代达到更高的福利水平。但是，当代人的经济活动也开发自然资源、破坏生态环境，比如温室气体的排放可能改变气候、对未来农业发展带来危害，生物多样性的减少也缩减了未来医学进步的空间。要实现代际公平需要全面地了解当代人的选择可能给后代造成的影响，预测后代人的技术能力和偏好，这些都是难以完成的任务。因此，为了预防可能发生的福利水平的下降，人类需要谨慎地行动。

2. 发展和增长

“发展”是“可持续发展”的核心词。在过去的半个多世纪里，关于发展的含义和思想在不断地演变和深化。在20世纪50年代，发展等同于经济增长。“发展”被认为就是提高全体人民的物质生活水平，而提高生活水平的途径就是发展经济，增加人均收入水平，使每个人都能消费更多的物品和服务。到60年代中期，学术界对“发展”的解释出现了明显的变化，开始把“增长”与“发展”这两个概念明确地区分开来，认为“发展”包含了“增长”，但“发展”还是一个社会经济结构优化和人民生活质量改善的过程。到70年代，国际上甚至出现了一股否定经济增长的潮流，越来越多的人谴责把经济增长作为发展的目标，还出现了把国民生产总值赶下台的口号。①

20世纪80年代是“发展”概念极大丰富和扩展的年代，人们开始从更广泛、更长远的视角来看待发展，认为“发展”不仅包括经济增长、就业、消除贫困、收入分配公平、环境的改善等内容，还包括文化、制度等很多非经济方面的内容。联合国发展计划署1990年首次提出了“人类发展”这一概念，使国际学术界和各国领导人把发展的目标从单纯的经济增长转到人类发展上来。新的人类发展观着重于人类自身的发展，突出了“以人为本”的新观念，认为增长只是手段，而人类发展才是目的，一切以人为中心。人类发展主要体现在人的各种能力的提高上，这些能力包括：延长寿命的能力、享受健康身体的能力、获得

---

① 郭熙保. 论发展观的演变[J]. 学术月刊, 2001, 9:47—52.

更多知识的能力、拥有足够的收入来购买各种物品和服务的能力、参与社会公共事务的能力等等。“可持续发展”中的“发展”就是这样一个包含多维内容、全面体现各种进步指标的概念。

与发展的这些目标相背离，当今世界存在五种“有增长而无人类发展”的情形：一是“无工作的增长”(jobless growth)，经济增长没有伴随就业机会的增加；二是“无声的增长”(voiceless growth)，经济增长过程中民众缺乏参与公共事务管理的机会、不能自由地表达自己的观点；三是“无情的增长”(ruthless growth)，虽然经济增长较快，但收入分配不平等反而更加严重了；四是“无根的增长”(rootless growth)，具有排外性和歧视性的增长模式毁灭了文化的多样性，从而降低了人们的生活质量；五是“无未来的增长”(futureless growth)，不顾自然资源耗竭和人类环境恶化的增长不仅损害了当代人的生活条件和健康，而且更严重的是对后代人的发展造成了巨大的甚至是不可逆转的损害。这种增长是不可能持续下去的。

14.2.2 向绿色增长模式转变的政策支持

向绿色增长模式转变离不开相关政策的积极推动和引导，需要政府在多个方面发挥作用。

1. 建立经济与环境综合决策机制

向绿色增长模式转变要求建立以经济政策为核心的长效机制。各国过去的经验教训表明，为了实现可持续发展，环境保护工作应是发展进程整体的一个组成部分，不能脱离这一进程来考虑，只有从经济政策层面上减少破坏环境的因素，才能真正缓解和解决环境问题。因此，政府在制定经济、社会、财政、能源、农业、交通、贸易及其他政策时，要将环境与发展问题作为一个整体来考虑。

在发展规划层面，要求将规划环评、区域污染物总量控制前置，实行与区域资源环境承载能力及其结构特点相协调的社会经济发展战略，建立合理的经济布局、产业结构并进行有效的综合开发。这种决策既是提高区域资源配置效率的基本条件，也是防止资源耗竭、控制环境污染和生态破坏，进而实现可持续发展的重要保证。

在政策操作层面，要求将区域限批[①]等手段与经济发展方式转变、产业结构战略性调整相结合，将环境质量改善作为调控社会经济活动的基本依据之一，尤其是对环境质量造成重大危害的经济活动，要在决策源头严格把关。按照主体功能区规划要求确定重点产业发展的布局、结构和规模，重大项目原则上布局在优化开发区和重点开发区。新、改、扩建项目需要进行环境影响评价，对未通过环境影响评价审批的不准开工建设，对违规建设的依法进行处罚。加强产业政策在产业转移过程中的引导与约束作用，严格限制在生态脆弱或环境敏感地区建设高污染高耗能的“两高”行业项目。加强对各类产业发展规划的环境影响评价。严禁落后产能转移。开展战略环评和政策环评，加强部门政策联动评估，提高公共管理政策、宏观经济政策、资源开发利用和保护政策、环境保护政策

① 我国实行的一种污染管制措施，指如果一个地区出现严重的环保违规的事件，环保部门有权暂停这一地区所有新建项目的审批，直至该企业或该地区完成整改。

的协同性。

2. 促进产业结构调整

不同产业的污染排放强度不同，在相同的经济规模下，不同的产业结构会带来差异很大的环境后果。在经济总量增长的过程中，如果产业结构能成功地实现由资源消耗型、污染密集型向知识密集型和清洁型转变，那么污染物的总排放量有可能保持稳定甚至下降。相反，如果产业结构继续向污染密集型方向转变，污染物的总排放量则可能迅速增加，环境恶化的步伐还会加快。因此，要实现绿色增长，产业结构向绿色化方向转型是必然要求。

调整和优化产业结构需要引入产业政策，产业政策通常被认为是一种政府干预经济的政策。在经济学中，产业政策往往被看作是宏观经济政策中除了货币政策和财政政策之外的“第三边”。为了促进增长模式的转变，可从以下三个方面推进产业结构的调整：

① 推行可持续发展的产业政策，支持清洁生产和循环经济建设，建立节能降耗的生态产业体系，包括：建立生态农业生产体系，建立以节能、节材为中心，注重整体效益的清洁生产型工业生产体，以节省运力为中心，建立高效、节约型的综合运输体系，形成以适度消费、勤俭节约为特征的生活服务体系，建立以改善环境质量、增殖再生资源为主要任务的环境保护体系。

② 修订高耗能、高污染和资源行业的准入条件，明确资源能源节约和污染物排放等指标，控制高污染高耗能产业的新增产能。加大对环保违规的处罚力度，建立以节能环保标准促进“两高”行业过剩产能退出的机制。制定财政、土地、金融等扶持政策，支持产能过剩企业退出、加快淘汰落后产能，倒逼产业转型升级。

③ 促进环保产业的发展。环保产业是以防治环境污染、改善生态环境、保护自然资源为目的进行的技术开发、产业生产、商业流通、资源利用、信息服务、工程承包等活动的总称。环保产业的发展是防治环境污染和保护生态环境的物质基础，在发达国家已经成为一个重要的新兴产业。环保产业的发展在很大程度上依赖于环境管理的严格程度和环保投入的大小，政府在税收、融资等方面提供的支持也是促进这一产业发展的重要条件。

3. 建立政府和社会间的合作互动机制

国际经验证实，在环境政策的制定和实施过程中，多方利益相关者和公众的参与，能加深社会公众对政策目标的理解，增加环境政策成功的可能性。政府和社会公众的合作机制的建设重点主要有：

① 信息公开。公开信息能通过影响消费者而使企业增加收益，减少无知的个人行为，并且激励企业改善生产流程。因此，政府应鼓励企业主动公开新建项目环境影响评价、企业污染物排放、治污设施的运行情况等环境信息，接受社会监督。而对重污染行业，则应实行企业环境信息强制公开制度。环境质量的好坏直接影响到社会公众的安全和利益，各国的经验表明，经过合理引导，公众会成为对环境破坏行为的巨大监督力量和抵制力量，同时也会成为促进政府加强环境投入、提高环境标准的重要推动力。

② 开展可持续发展的教育和研究活动。目前人们对生态系统的结构和变化还没有

完全了解,在环境变化领域也还存在许多风险和不确定性,为了推进对这些问题的研究,政府的支持是不可或缺的。同时,对现有的环境知识进行普及,以及对社会公众进行环境保护的教育也离不开政府的支持和推广。

③ 增加环保投入。环境基础设施建设、污染防治、环境修复都需要大量的投入。政府财政资金和社会资本的合作对于满足这些投入需求来说至关重要。严格的环境标准和环境执法、税收优惠、资金支持政策是支持环境服务产业发展、吸引社会资本进入环境基础设施建设领域的重要推动因素。

PPP吸引私人部门进入环境基础设施投资领域

PPP是英文"Public Private Partnership"的简称,中文含义是"公共民营合作制",主要指为了完成某些有关公共设施、公共交通工具及相关服务项目的建设,公共机构与民营机构签署合同明确双方的权利和义务,达成伙伴关系,以确保这些项目的顺利完成。该模式兴起于20世纪80年代初的英国。PPP的基本特征为共享投资收益,分担投资风险和责任。PPP模式的本质是通过政府政策的引导和监督,在项目的建设期和运营期广泛采取民营化方式,向公用事业领域引入民间资本。PPP模式中,通常将公用事业的大部分甚至整个项目的所有权和经营权都交给社会投资者,从而引进专业化管理,达到建立市场竞争机制、提高服务水平的目的。PPP模式的核心就是随着市场竞争机制的形成,通过招标方式选择最佳投资商、建造商和运营商,降低项目建设和运营等环节的成本,从而保证公共事业的服务质量,进一步保障消费者利益。

近年来,我国中央和各级地方政府加大资金投入,鼓励在城镇基础设施建设领域推行PPP模式,培育了一批专业化的环境服务公司。在城镇环境基础设施领域,PPP模式已初步实现了运营主体企业化、投资主体多元化、设施运行市场化,而且改革还在不断深化,这主要表现在:

① 加快改组改制,实现运营主体企业化。全国大多数地区的城镇环境基础设施的运营单位已基本完成转制改企工作。据统计,2010年,仅有11.36%的污水处理厂仍由事业单位运营。

② 引进社会资本,实现投资主体多元化。2003年以来,国家出台了一系列鼓励民间资本和外资进入市政公用行业的政策,加快了城镇环境基础设施的建设步伐。截至目前,设市城市和县城的生活污水处理厂中采用BOT[①]、TOT[②]等模式引入社会资金建设的

---

① BOT(Build-Operate-Transfer),即"建设—运营—转让",是PPP的运作模式之一,指私营企业参与基础设施建设,向社会提供公共服务的一种方式。在BOT模式中,政府部门就某个基础设施项目与私人企业(项目公司)签订特许权协议,授权签约方的私人企业(包括外国企业)承担该项目的投资、融资、建设和维护,在协议规定的特许期限内,许可其融资建设和经营特定的公用基础设施,并准许其通过向用户收取费用或出售产品以清偿贷款,回收投资并赚取利润。政府对这一基础设施有监督权、调控权,特许期满,签约方的私人企业将该基础设施无偿或有偿移交给政府部门。

② TOT(Transfer-Operate-Transfer),即"移交—经营—移交",是PPP的运作模式之一,指政府部门或国有企业将建设好的项目的一定期限的产权或经营权,有偿转让给投资人,由其进行运营管理;投资人在约定的期限内通过经营收回投资并得到合理的回报,双方合约期满之后,投资人再将该项目交还政府部门或原企业。

共计1 550个,占总数的42.8%。

③ 推行特许经营,实现设施运行市场化。2004年,我国开放供水、污水和垃圾处理等市政公用领域市场,鼓励民企、外企通过招投标参与运营;在投资和运营上采取厂网分开、独立核算的方式,推行特许经营制度。据统计,2010年全国共建成污水处理厂3 022座,其中采取特许经营模式的占42.28%。

要推动PPP的进一步发展,环境产品和服务价格的市场化改革是最关键、最核心的问题。近年来,我国逐步建立和完善了环境基础设施的产品和服务价格形成和调整机制,推进了市场化改革。2008年以来,各地纷纷上调水价,以满足供水、污水处理设施正常运营的需求。

PPP有助于弥补环境基础设施建设领域的资金缺口,提高环境基础设施的运行效率,但政府和私人部门间要实现顺利合作,需要合理分担项目的风险和收益,政府对基础设施的投资、建设、运营负有指导、监管责任。为了吸引私人资本的进入,还可以制定运营环境基础设施的优惠政策,如采取免除或减轻税负、给予贴息或无息贷款、延长信贷周期等政策。而企业则要保证自己的处理结果达到国家及地方的排放标准。

---

4. 引导技术创新的方向

技术创新和扩散是增长的发动机,新技术的发明和扩散通常被认为是缓解经济福利与环境质量之间两难选择的主要手段。

技术进步有多种形式,有的技术进步可以开辟新的产业,有的技术进步是在旧产业内部进行改造,使更多的原料转化为产品,提高能源的利用效率,它们都可能使经济系统耗费更少的投入、产生更多的产出。但是,各国的实践表明,技术进步不一定有益于环境:对环境保护来说,技术进步是一把双刃剑。一些技术进步有利于环境质量的改善,这类技术进步既包括一些将改善环境质量作为技术创新的主要目标的技术进步,也包括不以改善环境为目标,但其客观上却起到了降低经济活动污染强度作用的技术进步;另一些技术进步则可能增加生产的污染排放,如近代在造纸、酿造、化工方面的技术进步开辟了污染密集型新行业,加大了环境压力。

在市场机制作用下,技术进步具有非对称性。现实中的许多技术进步源于资源开发,主要考虑如何降低开采或收获成本、如何增加资源利用率以获取更多收益、如何开采新的资源等问题。这些技术进步在客观上可能会促进自然资源的开发利用,但不利于环境保护。资源开发利用技术进步多是市场机制作用的结果,这类技术反应快、开发周期短、投入产出比高。而削减污染和修复环境方面的科技发展则往往反应慢、开发周期长、市场收益率低甚至为负数。因此,在市场机制作用下的技术进步往往倾向于资源的开发利用,忽视环境保护和发展的持续性问题。后者具有巨大的环境正效应,但在市场中往往供应不足。因此,促进这类科技的发展需要政府的干预。政府可以直接投资于环境保护技术的开发研制,也可以出台相关的政策,要求污染者负担污染成本,为促进企业进行环境保护技术的研发提供外部环境。

5. 构建高效的环境管理体系

高效的环境管理体系不仅要求具有可操作性，能实现环境目标，还需要能降低管理成本，具有灵活性，能促进动态效率。为了应对复杂的环境问题，要求在强调政府发挥主导地位的同时，还要重视利用市场经济手段和发挥公众参与的作用，形成政府引导、市场推动、公众广泛参与的更加完善的复合性环境管理体系。从发达国家环境保护发展历程来看，其遏制环境污染已由过去倚重行政手段的命令—控制手段，逐步转向基于市场的环境经济手段和基于意识转变的自愿手段，综合使用包括财政补助或奖励、税收减免、信贷优惠、排污征税或收费、排污权交易、建立环境高风险行业的保险金制度、环境认证、自愿协议等措施。

小结

经济增长是消除贫困、增进人们的福利水平的必由之路，但是传统的经济增长模式是建立在大量消耗自然资源、大量排放废弃物的基础之上的，它不仅损害人们的健康，也给生态环境带来了巨大的压力，从长期来看是不可持续的。可持续发展是一个内涵丰富的概念，它要求在自然资本可持续性的前提下实现经济增长，为后代保留发展的能力。

要实现可持续发展，需要经济增长由传统模式向绿色模式转变，要求提高物质和能源的使用效率，使经济增长逐步向低原材料消耗、低能耗的方向转变，要求通过“绿色”方式和途径，获得经济增长，最终实现经济与环境的协调发展。向绿色增长转变需要政府的积极推动和引导，在经济发展政策中综合考虑环境因素、优化产业结构、建立与公众的合作互动机制、引导技术创新的方向、构建高效的环境管理体系。

进一步阅读

1. 〔英〕大卫·皮尔斯等. 绿色经济的蓝图[M]. 北京：北京师范大学出版社，1996.

2. Boulding, K. E. The economics of the coming spaceship earth. http://www.geocities.com/RainForest/3621/BOULDING.HTM

3. Division for Sustainable Development, UNDESA. A guidebook to the green economy, issue 1: green economy, green growth, and low-carbon development history, definitions and a guide to recent publications. 2012.

4. OECD. Towards green growth. OECD Publishing, 2011.

5. Hartwick, J. M. Intergenerational equity and the investing of rents from exhaustible resources[J]. American Economic Review, 1977, 67:972—974.

6. Solow, R. M. On the intergenerational allocation of natural resources[J]. Scandinavian Journal of Economics, 1986, 88(1): 141—149.

7. UNEP. Decoupling natural resource use and environmental impacts from economic growth. 2011.

8. 世界银行. 碧水蓝天[M]. 北京: 中国环境科学出版社, 1997.

9. 世界银行. 中国:空气、土地和水[M]. 北京:中国环境科学出版社,2001.

10. 联合国开发计划署. 绿色发展,必选之路[M]. 北京: 中国财政经济出版社, 2002.

11. Beckerman, W. A poverty of reason: sustainable development and economic growth. Oakland, CA: The Independent Institute, 2002.

思考题

1. 什么是可持续发展?
2. 学术界对可持续性有哪些定义?
3. 请简述“增长”和“发展”这两个概念的异同。
4. 可以从哪些方面建立向绿色增长转变的政策支持体系?

附录1　污染物的简写形式

缩写	说明	缩写	说明
CO_2	二氧化碳,一种温室气体,人为活动排放的二氧化碳主要来自于化石能源的燃烧	N_2O	一氧化二氮,一种温室气体
SO_2	二氧化硫,空气污染物,主要来源于含硫煤的燃烧和工业生产	CH_4	甲烷,一种温室气体,是天然气、沼气、坑气等的主要成分
SO_x	硫氧化物,包括二氧化硫、三氧化硫等空气污染物	CO	一氧化碳,一种温室气体
PM10	可吸入颗粒物,指浮在空气中的粒径在10微米以下的固态和液态颗粒物,可被人体吸入,沉积在呼吸道、肺泡等部位从而引发疾病	PM2.5	细颗粒物,指浮在空气中的粒径在2.5微米以下的固态和液态颗粒物,可被人体吸入,进入人体肺泡甚至血液系统中而引发疾病。
NO_x	氮氧化物,由氮、氧组合的多种化合物,多有毒性,是重要的空气污染物。人为活动排放的氮氧化物主要来自化石燃料的燃烧和工业生产	DDT	滴滴涕,一种人工合成的有机氯类杀虫剂,在自然界中不可降解
O_3	臭氧,氧气的同素异形体,主要存在于距地球表面20千米的同温层下部,能吸收对人体有害的短波紫外线,也能产生温室效应	BOD	生物需氧量,指水中有机物由于微生物的生化作用进行氧化分解,使之无机化或气体化时所消耗水中溶解氧的总数量,是一种标示水污染严重程度的指标
COD	化学需氧量,指水中能被强氧化剂氧化的物质(一般为有机物)的氧当量,是一种标示水污染严重程度的指标		

附录2　环境影响报告表样本

环境影响报告表(样本)

项　目　名　称:____________________

建设单位(盖章):____________________

编制日期:　　年　月　日

国家环境保护总局制

《建设项目环境影响报告表》编制说明

《建设项目环境影响报告表》由具有从事环境影响评价工作资质的单位编制。

1. 项目名称——指项目立项批复时的名称,应不超过30个字(两个英文字段作一个汉字)。

2. 建设地点——指项目所在地详细地址,公路、铁路应填写起止地点。

3. 行业类别——按国标填写。

4. 总投资——指项目投资总额。

5. 主要环境保护目标——指项目区周围一定范围内集中居民住宅区、学校、医院、保护文物、风景名胜区、水源地和生态敏感点等,应尽可能给出保护目标、性质、规模和距厂界距离等。

6. 结论与建议——给出本项目清洁生产、达标排放和总量控制的分析结论,确定污染防治措施的有效性,说明本项目对环境造成的影响,给出建设项目环境可行性的明确结论。同时提出减少环境影响的其他建议。

7. 预审意见——由行业主管部门填写答复意见,无主管部门项目,可不填。

8. 审批意见——由负责审批该项目的环境保护行政主管部门批复。

建设项目基本情况

<table>
<tr><td>项目名称</td><td colspan="9"></td></tr>
<tr><td>建设单位</td><td colspan="9"></td></tr>
<tr><td>法人代表</td><td colspan="2"></td><td>联系人</td><td colspan="6"></td></tr>
<tr><td>通讯地址</td><td colspan="9"></td></tr>
<tr><td>联系电话</td><td colspan="2"></td><td>传　真</td><td colspan="2"></td><td colspan="2">邮政编码</td><td colspan="2"></td></tr>
<tr><td>建设地点</td><td colspan="9"></td></tr>
<tr><td>立项审批部门</td><td colspan="3"></td><td colspan="2">批准文号</td><td colspan="4"></td></tr>
<tr><td>建设性质</td><td colspan="3">新建□　改扩建□　技改□</td><td colspan="2">行业类别及代码</td><td colspan="4"></td></tr>
<tr><td>占地面积</td><td colspan="3"></td><td colspan="2">绿地率</td><td colspan="4"></td></tr>
<tr><td>总投资(万元)</td><td></td><td colspan="2">其中:环保投资(万元)</td><td></td><td colspan="4">环保投资占总投资比例</td><td></td></tr>
<tr><td>评价经费(万元)</td><td></td><td colspan="5">预期投产日期</td><td colspan="3"></td></tr>
<tr><td colspan="10">工程内容及规模
一、项目由来
二、编制依据
1. 法律法规依据
2. 建设项目依据
三、项目概况
与本项目有关的原有污染情况及主要环境问题
建设项目所在地自然环境社会环境简况
自然环境简况(地形、地貌、地质、气候、气象、水文、土壤植被、生物多样性等)
1. 地理位置
2. 地质、地形、地貌
3. 气候、气象特征
4. 水文特征
5. 土壤植被、生物多样性
社会环境简况(社会经济结构、教育、文化、文物保护等)
1. 社会环境概况
2. 社会经济情况</td></tr>
</table>

环境质量状况

<table>
<tr><td>建设项目所在地区域环境质量现状及主要环境问题(环境空气、地面水、地下水、声环境、生态环境等)
1. 环境空气质量现状
2. 水环境质量现状
3. 声环境质量现状</td></tr>
<tr><td>主要环境保护目标(列出名单及保护级别)</td></tr>
</table>

评价适用标准

环境质量标准	
污染物排放标准	
总量控制指标	

建设项目工程分析

工艺流程简述(图示) 污染因素分析

项目主要污染物产生及预计排放情况

类型＼内容	排放源（编号）	污染物名称	处理前产生浓度及产生量	排放浓度及排放量
大气污染物				
水污染物				
固体废物				
噪声				
其他				
主要生态影响(不够时可另附页)				

环境影响分析

施工期环境影响简要分析
营运期环境影响分析 1. 废水 2. 废气 3. 噪声 4. 固体废物 5. 环保治理措施及投资估算 6. 项目产业政策及选址符合性简要分析 7. 清洁生产分析 8. 总量控制分析 9. 减少环境影响的其他建议

建设项目拟采取的防治措施及预期治理效果

内容 / 类型	排放源（编号）	污染物名称	防治措施	预期治理效果
大气污染物				
水污染物				
固体废物				
噪声				
其他				
生态保护措施及预期效果				

结论与建议

1. 项目选址合理性及产业符合性分析结论
2. 环境质量现状分析结论
3. 运营期环境影响分析结论
4. 环保审批相符性分析
5. 建议

综合结论

注释

一、本报告表应附以下附件、附图

附件 1　立项批准文件

附件 2　其他与环评有关的行政管理文件

附图 1　项目地理位置图(应反映行政区划、水系、标明纳污口位置和地形地貌等)

附图 2　项目平面布置图

二、如果本报告表不能说明项目产生的污染及对环境造成的影响,应进行专项评价。根据建设项目的特点和当地环境特征,应选下列 1—2 项进行专项评价。

1. 大气环境影响专项评价
2. 水环境影响专项评价(包括地表水和地下水)
3. 生态影响专项评价
4. 声影响专项评价
5. 土壤影响专项评价
6. 固体废弃物影响专项评价

以上专项评价未包括的可另列专项,专项评价按照《环境影响评价技术导则》中的要求进行。

<table>
<tr><td>预审意见

　　　　　　　　　　　　　　　　　　　　　　　　　　公　章
经办人　　　　　　　　　　　　　　　　　　　　　年　　月　　日</td></tr>
<tr><td>上一级环境保护行政主管部门审查意见

　　　　　　　　　　　　　　　　　　　　　　　　　　公　章
经办人　　　　　　　　　　　　　　　　　　　　　年　　月　　日</td></tr>
<tr><td>审批意见

　　　　　　　　　　　　　　　　　　　　　　　　　　公　章
经办人　　　　　　　　　　　　　　　　　　　　　年　　月　　日</td></tr>
</table>

附录 3　不同能源的碳排放系数[①]

能源种类	碳排放系数(kg/GJ)	CO_2 排放系数(kg/TJ)
原油	20.0	73 300
天然气液体	17.5	64 200
汽油	18.9	69 300
页岩油	20.0	73 300
天然气/柴油	20.2	74 100
液化石油气	17.2	63 100
沥青	22.0	80 700
无烟煤	26.8	98 300
焦煤	25.8	94 600
褐煤	27.6	101 000
油页岩和焦油砂	29.1	107 000
天然气	15.3	56 100
城市废弃物(非生物量部分)	25.0	91 700
工业废物	39.0	143 000
地沟油	20.0	73 300
泥炭	28.9	106 000
木材/木材废料	30.5	112 000
生物柴油	19.3	70 800
沼气	14.9	54 600
城市废弃物(生物质组分)	27.3	100 000

注:TJ = 1 000 GJ,如需用标准煤为单位计算,可使用转化系数 10 000 吨标准煤 = $2\,193 \times 10^5$ GJ。

① 2006 IPCC Guidelines for National Greenhouse Gas Inventories, Volume 2 Energy. http://www.ipcc-nggip.iges.or.jp/public/2006gl/pdf/2_Volume2/V2_1_Ch1_Introduction.pdf

参考文献

1. 〔美〕阿兰 · V. 尼斯,詹姆斯 · L. 斯威尼. 自然资源与能源经济学手册[M]. 北京：经济科学出版社，2007.

2. 〔美〕芭芭拉 · 沃德. 只有一个地球[M]. 长春：吉林人民出版社，1997.

3. 〔加〕彼得 · A. 维克托. 不依赖增长的治理[M]. 北京：中信出版社，2012.

4. 曹东等. 经济与环境：中国 2020[M]. 北京：中国环境科学出版社，2005.

5. 韩国绿色增长国家战略. http://www.unep.org/PDF/PressReleases/201004_UNEP_NATIONAL_STRATEGY.pdf

6. 〔美〕赫尔曼 · E. 戴利. 超越增长：可持续发展的经济学[M]. 上海：上海译文出版社，2001.

7. 克尼斯. RFF 环境经济学丛书：环境保护的费用效益分析；改善环境的经济动力；自然环境经济学；稀缺与发展；自然资源经济学；经济学与环境；理论环境经济学；环境改善的效益研究；排污权交易；环境保护的公共政策等[M]. 上海：上海三联书店，1992.

8. 〔美〕蕾切尔 · 卡逊. 寂静的春天[M]. 长春：吉林人民出版社，2004.

9. 联合国开发计划署. 可持续与宜居城市——迈向生态文明[M]. 北京：中国对外翻译出版有限公司，2013.

10. OECD. OECD 环境经济与政策丛书：发展中国家环境管理的经济手段；国际经济手段和气候变化；环境管理中的经济手段；环境管理中的市场与政府失效；环境税的实施战略；贸易的环境影响；生命周期管理和贸易；税收与环境：互补性政策[M]. 北京：中国环境科学出版社，1996.

11. OECD. 绿色增长战略中期报告：实践我们对可持续未来的承诺. http://www.oecd.org/document/3/0,3343,en_2649_37465_45196035_1_1_1_1,00.html

12. 〔美〕汤姆 · 泰坦伯格. 环境经济学与政策[M]. 北京：人民邮电出版社，2011.

13. 〔瑞典〕托马斯 · 思德纳. 环境与自然资源管理的政策工具[M]. 上海：上海三联书店，2005.

14. UNEP. 全球环境展望. www.unep.org

15. 〔美〕威廉 · J. 鲍莫尔，华莱士 · E. 奥茨. 环境经济理论与政策设计[M]. 北京：经济科学出版社，2003.

16. 姚洋. 发展经济学[M]. 北京：北京大学出版社，2012.

17. 张帆，李东. 环境与自然资源经济学[M]. 上海：上海人民出版社，2007.

18. 中国 21 世纪议程——中国 21 世纪人口、环境与发展白皮书[M]. 北京：中国环境科学出版社，1994.

19. 〔美〕朱利安 · 林肯 · 西蒙. 没有极限的增长[M]. 成都：四川人民出版社，1985.

20. Bator, F. M. The anatomy of market failure [J]. The Quarterly Journal of Economics, 1958, 72(3).

21. Bromley, D. W. The handbook of environmental economics [M]. Oxford, Blackwell, 1995.

22. Lomborg, B. The skeptical environmentalist: measuring the real state of the world[M]. Cambridge, UK: Cambridge University Press, 2001.

23. Solow, R. M. The economics of resources or the resources of economics [J]. American Economic Review, 1974, 64: 1—14.

24. Stern, D. I. Progress on the Environmental Kuzents Curve? [J] Environment and Development Econom-

ics, 1998, 3(2).

25. UNEP. Waste crime-waste risks: gaps in meeting the global waste challenge. http://www.unep.org/environmentalgovernance/Portals/8/documents/rra-wastecrime.pdf., 2015.
26. Van den Bergh, J. C. J. M. Handbook of environmental and resource economics[M]. Cheltenham: Edward Elgar, 1999.

教辅申请说明

北京大学出版社本着“教材优先、学术为本”的出版宗旨，竭诚为广大高等院校师生服务。为更有针对性地提供服务，请您按照以下步骤通过**微信**提交教辅申请，我们会在1~2个工作日内将配套教辅资料发送到您的邮箱。

◎扫描下方二维码，或直接微信搜索公众号“北京大学经管书苑”，进行关注；

◎点击菜单栏“在线申请”—“教辅申请”，出现如右下界面：

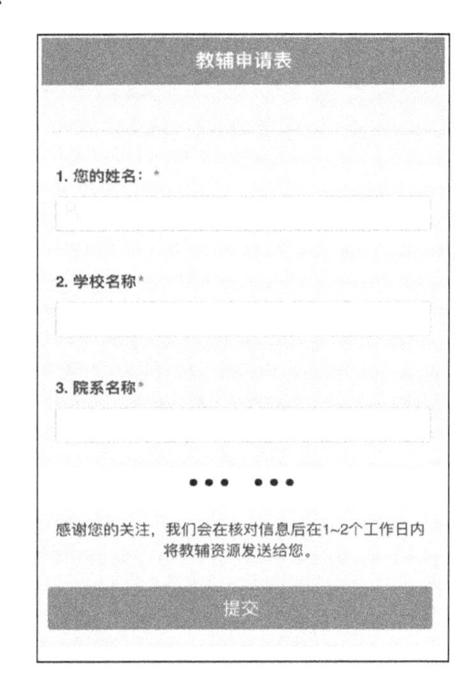

◎将表格上的信息填写准确、完整后，点击提交；

◎信息核对无误后，教辅资源会及时发送给您；如果填写有问题，工作人员会同您联系。

温馨提示：如果您不使用微信，则可以通过以下联系方式（任选其一），将您的姓名、院校、邮箱及教材使用信息反馈给我们，工作人员会同您进一步联系。

联系方式：

北京大学出版社经济与管理图书事业部
通信地址：北京市海淀区成府路205号，100871
电子邮箱：em@pup.cn
电　　话：010-62767312 /62757146
微　　信：北京大学经管书苑（pupembook）
网　　址：www.pup.cn